教育部人文社会科学研究一般项目（11YJA760024）

李渔的
生活美学思想

贺志朴 著

LIYU DE
SHENGHUO MEIXUE
SIXIANG

人民出版社

目　录

引　言

　　中国当代学术有两个基本走向，一个是强调"致用"，另一个是面向过去。致用突出学术的现实功利价值，即它"为经济社会发展服务"或解决现实社会人生重大问题的一面；面向过去突出学术本身的价值，即它"自律"的一面，表现在以历史上的古籍、学说、思潮为研究对象，这种现象蔚为大观。古代思想家荀子说："知之而不行，虽敦必困。"[①]学以致用，一直是中国为学的基本目的，形成了中国式学习的思维定式，以及"X有什么用？"的普遍性提问方式；面向过去则可摒弃浮躁的学风，以严谨踏实之态度治学，它是清代以来优良学术传统的延续。梁启超在《清代学术概论》中讲到"清代思潮"时说："其治学根本方法，在'实事求是'、'无征不信'。其研究范围，以经学为中心，而衍及小学、音韵、史学、天算、水地、典章制度、金石、校勘、辑逸等等。"[②]面向过去进行研究，有着永恒的学术价值。

　　在现实维度之外，人生有着理想的维度。艺术在关切现实的同时，还通过面向未来，探索人类新的情感方式、新的对世界的理解方式来呼应人生的理想追求。同样，学术研究在探索存在之合理性的同时，也需要以其自身的创新而面向未来，回答即将到来的社会和人生中重大的理论话题，为社会进步和人类情感品位的提升开辟道路。鲍姆加通的感性学、叔

---

① （清）王先谦：《荀子集解》，中华书局1988年版，第142页。
② （清）梁启超：《清代学术概论》，朱维铮校注，中华书局2010年版，第7页。

本华的哲学、弗洛伊德的精神分析学等诸多创新的学术成果都是如此。唯有如此，才能显示学术的青春和生命，以学术本身的价值（而不是其直接服务现实的功利价值）展现魅力，激动人心。

因此，强调致用，除面对眼下亟待解决的问题外，还可以着眼于学术所具备的长远、普遍性和精神性的功利。面向过去，在为学术获得踏实的历史依据的同时，也可以为情感价值的提升、人文精神的丰富提供新的素材，这表明学术研究的两个走向可以会通。

李渔的生活美学，是清代特定的历史条件下学术向生活世界开放的理论成果，它代表着中国文化的新趋向，包含了一种文化转型的新质，对这种文化新质的探讨是有意义的。当然，研究对象的意义，不能定义研究本身的价值；研究对象中的文化新质，也不意味着研究本身具备了未来的向度。李渔生活在三百多年之前，本书的选择，仍然属于"面向过去"的范畴。

面向过去，回答不了社会上和生命中现实以及未来的重大课题。然而，在书中实现三百多年前的文化新质和现代性生存中人生的对话，仍然是可能的。李渔关涉的部分话题有特定的时代背景，在今天已无意义；但李渔生活美学的基本思想和原理，对当代现实生活中的审美话题还有启示的价值，它能够与今天的生活审美互文：扩充当今生活审美的意义，并在当今生活审美活动中得到验证和升华。或许这就是李渔生活美学的价值：虽然没有直接的功利效果，但能够丰富当今生活的情趣，提升当代生活的审美品位，为缓解后现代语境中的现代性焦虑提供思想资源。

历史的资源，只有在和当代现实的对话中，才能绽放出它的光彩。在本书中我们将努力，让历史资源生成现实生活的审美之花。

第一章　李渔生活美学思想的渊源

　　一种思想的形成、生长，离不开特定的文化背景。它或是特定文化理念的延伸，或是特定文化理念的逆反，或是特定文化理念生发出的新质。李渔的生活美学思想，以中国传统的文化理念为基础，以李渔生活活动所在的特定文化场为背景，成为中国社会发展过程中文化新质的美学呈现。其中，重生乐生的"乐感文化"决定了李渔生活美学的文化品性，高扬感性的晚明思潮成为李渔生活美学的哲学基础，追求享乐的商业氛围关联着李渔美学的生活转向。乐生、感性、享乐成为理解李渔生活美学的关键语汇，在此基础上，李渔的生活美学又超出感性和享乐的范围，具备了超越性的文化品位。

一、重生乐生的"乐感文化"

　　从对文化做特征概括、身份描述的角度，美国学者本尼迪克特把以基督教的道德绝对性为基础的西方文化叫作罪感文化，把以外部强制力约束为基础的日本文化叫作耻感文化。① 相对而言，当代美学家李泽厚把以

---

① "罪感文化源自于西方基督教神学家奥古斯丁所提出的原罪论。这种原罪论指出，在人的本性中，人人都有缺陷，并非完美……一旦人们做了不道德的事情，个人的罪恶感便会油然而生，因此，罪感文化的约束力是自发的、主动的……耻感文化则强调外在约束力。一个人感到羞耻，是因为他被别人讥笑、排斥，或者他自己感到被讥笑，不管是哪一种，羞耻感都是一种有效的强制力。"（[美] 本尼迪克特著，孟凡礼导读：《〈菊与刀〉导读》，天津人民出版社 2009 年版，第 80 页。）

实用理性为基础的中国文化叫作"乐感文化"。① 中国的"乐感文化"和李渔生活美学相关的，至少包括两个方面的内容。

1. 以"生"为核心的审美建构

无论从历史典籍的描述、现实生活的表现，还是从中国文化与世界文化的比较，都可以得出"生"在中国文化中占有重要地位的结论。"生"是中国文化突出的特点，它由此成为中国审美文化建构的核心，主要表现在两个方面。

第一，把"今生"放在最重要的位置。以汉文化为主体的中国传统文化坚持无神论立场、拒斥宗教介入、关注现实人生，它表现为对"前生"和"往生"问题的搁置，和对"今生"问题的重视。儒家是这样，《论语·先进》载："季路问事鬼神。子曰：'未能事人，焉能事鬼？'曰：'敢问死。'曰：'未知生，焉知死？'"② 孔子从语言形式上把"事人"、"知生"分别看作"事鬼"、"知死"的必要条件，同时对"事人"和"知生"使用了否定句式，这就确定了它们和"事鬼"、"知死"不是先后顺序问题，而是后者在逻辑上根本就不存在。墨家有鬼神的论述，比如墨子认为有"人死而为鬼者"③，鬼神能够"赏贤罚暴"④，但墨子对鬼的理解也仅限于警示现实人生，墨家没有建立起关切前生或往生的学说。道家则强调人生的偶然性，庄子在《知北游》中说："人生天地之间，若白驹之过郤，忽然而已。"⑤ 就是说，个人不过是宇宙间的一粒微尘，没有肉体和灵魂的

---

① "中国的实用理性使人们较少去空想地追求精神的'天国'；从幻想成仙到求神拜佛，都只是为了现实地保持或追求世间的幸福和快乐。人们经常感伤的倒是'譬如朝露，去日苦多'，'他生未卜此生休'，'又只恐流年暗中偷换'……总之非常执着于此生此世的现实人生。"（李泽厚：《中国古代思想史论》，生活·读书·新知三联书店2008年版，第325—326页。）

② 杨伯峻：《论语译注》，中华书局1980年版，第113页。

③ （清）孙诒让撰，孙启治点校：《墨子间诂》，中华书局2001年版，第249页。

④ （清）孙诒让撰，孙启治点校：《墨子间诂》，中华书局2001年版，第222页。

⑤ 陈鼓应注译：《庄子今注今译》（最新修订版），商务印书馆2007年版，第657页。

永恒性。由此可知，作为传统文化代表的儒家、墨家、道家从不同的角度表现了相同的重视现实、关切现世的人生态度。

第二，把"生"提升至宇宙自然的高度，赋予它以普遍性意义，从而为现实人生、个体生命提供依据，实现个体生命向宇宙生命的皈依，安顿个体现实的心灵，并观照一个生机活泼、生生不已的世界。《易传·系辞》曰："天地之大德曰生"①、"生生之谓易"②，说明宇宙的本质是运动、生命、生成；《论语·子罕》载："子在川上，曰：逝者如斯夫！不舍昼夜。"③ 表征时间和自然的永恒运动，这种不息的运动不仅是客观的物质形式，而且是包含情致的生命律动，具备德性、价值和审美意义。个体对天地精神的体验实现了有限生命和无限宇宙的交流。《世说新语》说："林无静树，川无停流"④，唐代诗人杜甫在《江亭》一诗中有"水流心不竞，云在意俱迟"⑤ 之句，东晋陶渊明在《读山海经》中有"众鸟欣有托，吾亦爱吾庐"⑥，唐代诗人李白在《过崔八丈水亭》诗中有"檐飞宛溪水，窗落敬亭云"⑦……在交流中创造了一个有生命、有情调的审美宇宙。

中国文化的重生，是从个体生命进展到宇宙生命，又从宇宙生命观照个体生命，实现天地自然、现实生活与个体生命的统一，在这一循环往复、周流不息的过程中生成美的心灵。

李渔不是从宇宙的角度来把握生命、进行生命审美，而是从现实人生、维护生命的角度把握生命的存在，在生命的感知、动态中创造审美意象。它既体现了中国文化向世俗生活领域的延伸，又契合了清代江南世俗生活的现实。

---

① 李学勤主编：《十三经注疏·周易正义》，北京大学出版社 1999 年版，第 297 页。

② 李学勤主编：《十三经注疏·周易正义》，北京大学出版社 1999 年版，第 271 页。

③ 杨伯峻：《论语译注》，中华书局 1980 年版，第 92 页。

④ 徐震堮：《世说新语校笺》上，中华书局 1984 年版，第 140 页。

⑤ （唐）杜甫：《杜甫集》，黑龙江人民出版社 2005 年版，第 228 页。

⑥ 唐满先选注：《陶渊明诗文选注》，上海古籍出版社 1981 年版，第 75 页。

⑦ 钱志熙、刘海青撰：《李白诗选》，商务印书馆 2016 年版，第 208 页。

李渔的《闲情偶寄》第六卷为《颐养部》，讲到了行乐、止忧、饮啜、节欲、却病、疗病等内容。辩证地说，乐和忧不可分离，它们相伴而生、相互转化，构成了人类情感的丰富性。在深刻的价值层面上，忧比乐更有分量、更有意义，和忧相关联的磨难、不确定性，是成就深广伟大的人生境界的必要条件。但是，李渔从颐养的角度强调"乐"，他更重视"乐"。在书中，李渔从正向的态度和方面讲述了 10 条行乐之法，涉及不同身份（贵人、富人、贫贱之人）、不同环境（家庭之内、道途之上）、不同季节（春季、夏季、秋季、冬季），以及"随时即景就事"的行乐之法。在"随时即景就事"的行乐之法中，又讲了 11 种情形下的行乐之法，包含了日常的基本生活（睡、坐、行、立、饮、谈、沐浴）和休闲状态（听琴观棋、看花听鸟、蓄养禽鱼、浇灌竹木）下的行乐之法。李渔讲止忧之法，只讲了两种：眼前可备之忧和身外不测之忧。这表明李渔更重视用正的方法（积极获得），而不是用负的方法（如何避免）来追求快乐。为了获得快乐，还需要有辅助条件：在饮啜和情欲方面，要心情平和、快乐达观并注意节制；在却病（三款）方面，预防大于治疗，它的重要性尤需强调；在疗病（七款）方面，以"本性酷好"、"一心钟爱"、"平时契慕"之物做药、使之疗病，表明精神作用的重要性。关切行乐、着重预防、精神导引，使李渔的"颐养"超越技术层面，具备了文化价值。

在《闲情偶寄》除颐养部之外的其他内容中，也有颐养的内容，贯穿了养生的精神，兹举要如下：

◎ "若是则科诨非科诨，乃看戏之人参汤也。养精益神，使人不倦，全在于此，可作小道观乎？"[1] 这是戏剧对精神的颐养。

◎ "予又有壁内藏灯之法，可以养目，可以省膏。"[2] 这是设计对感官的颐养。

---

[1] 《李渔全集》第三卷，浙江古籍出版社 1991 年版，第 55 页。
[2] 《李渔全集》第三卷，浙江古籍出版社 1991 年版，第 187 页。

◎ "予冬月著书，身则畏寒，砚则苦冻……计万全而筹尽适，此暖椅之制所由来也。"① "日将暮矣，尽纳枕簟于其中，不须臾而被窝尽热；晓欲起也，先置衣履于其内，未转睫而襦袴皆温。是身也，事也，床也，案也，轿也，炉也，熏笼也，定省晨昏之孝子也，送暖偎寒之贤妇也，总以一物焉代之。"② 这是他精心设计的暖椅对身心的颐养。

◎ "予尝于梦酣睡足，将觉未觉之时，忽嗅蜡梅之香，咽喉齿颊尽带幽芬，似从脏腑中出，不觉身轻欲举，谓此身必不复在人间世矣。"③ 这是经过审美设计的床帐在睡眠中对身心的颐养。

◎ "眼界关乎心境，人欲活泼其心，先宜活泼其眼。"④ 这是家居设计对感官和精神的颐养。

◎ "食之养人，全赖五谷。"⑤ 这是食物本身的养生功效。

◎ "且养生之法，食贵能消；饭得羹而即消，其理易见。故善养生者，吃饭不可不羹。"⑥ 这是食物配置的养生功效。

◎ "禽属之善养生者，雄鸭是也。"⑦ 这是食物选择的养生功效。

◎ "吾谓饮食之道，脍不如肉，肉不如蔬，亦以其渐近自然也。"⑧ 这是从养生角度选择食物的基本原则。

◎ "食此物者，犹吸山川草木之气，未有无益于人者也。"⑨ 这是食物的"养气"作用。

◎ "吾于老农老圃之事，而得养生处世之方焉。"⑩ 这是种植活动的养

---

① 《李渔全集》第三卷，浙江古籍出版社 1991 年版，第 204 页。
② 《李渔全集》第三卷，浙江古籍出版社 1991 年版，第 207 页。
③ 《李渔全集》第三卷，浙江古籍出版社 1991 年版，第 209 页。
④ 《李渔全集》第三卷，浙江古籍出版社 1991 年版，第 232 页。
⑤ 《李渔全集》第三卷，浙江古籍出版社 1991 年版，第 241 页。
⑥ 《李渔全集》第三卷，浙江古籍出版社 1991 年版，第 244 页。
⑦ 《李渔全集》第三卷，浙江古籍出版社 1991 年版，第 251 页。
⑧ 《李渔全集》第三卷，浙江古籍出版社 1991 年版，第 235 页。
⑨ 《李渔全集》第三卷，浙江古籍出版社 1991 年版，第 237 页。
⑩ 《李渔全集》第三卷，浙江古籍出版社 1991 年版，第 259—260 页。

生意义。

......

李渔着重讲到了养生的理念、方法，包含了养身、养心、养气等从肉体到精神的全部内容。养生的核心是"重生"，这与中国的文化传统和现实生活相一致。

重生养生，是中国传统文化的重要特征。晋代的葛洪在《抱朴子》一书中说："我命在我不在天，还丹成金亿万年"，① 就表达了这种特征。产生于汉文化圈的道教试图以生命的永恒弥合此岸与彼岸的鸿沟，宣传炼丹服药、长生不老、祛邪却祸、得道成仙，并形成了一套行之有效的养生理论和操作系统，以图超越死亡、实现身体的健康和生命的永恒。尽管道教的神仙方术、金丹妙药、登涉符篆在当今科学昌明之时已不合宜，但和道教一脉相承的养生文化，却在中国有着广泛的社会基础，形成了多种多样的养生理论和技术：养生药茶、四季养生、运动养生、饮食养生、房中养生、气功养生、禅门养生、密藏养生……和养生相关的还有养颜、养形、养气、养神，它们和中医中药结合起来，构成当代中国文化和社会生活的独特景观。

从传统文化的角度看，不仅道教注重养生，而且哲学、文学、艺术都为养生留下了通道：老子的养生观（复归婴儿）、孔子的养生观（仁者寿）、陆游的养生法（饮水读书贫亦乐）、绘画弹琴、悠游山水、社会活动……当它们从理论和实践上以养生为指归时，便以其天然的优越地位获得了广泛的认可和共鸣。因此可以说，李渔的养生理论和技术，既是中国传统文化重视现实人生的逻辑结果，又从生活的层面验证和丰富了中国的重生文化，从而构成中国重生文化的重要内容。

2. 以"乐"为旨归的生命开掘

基督教把现实人生的苦难当作进入天堂的必由之路，用今世之后的

---

① （晋）葛洪：《抱朴子》，上海古籍出版社 1990 年版，第 123 页。

高级快乐承诺来鼓励人们超越现实人生的苦难；佛教把现实人生的苦难作为超越轮回、悟空成佛的必要条件，同样以理想性的高级快乐承诺来鼓励对现实苦难的超越。

中国文化注重人生的现世性、偶然性，在苦乐观上不可能向现实人生开出极乐世界的诱人支票，而只能以现实人生作为理论观照的全部对象，注重现实人生中的"乐"，用"乐"去消解恒常性的"苦"和"忧患"，并使苦成为乐观、及时行乐的人生选择的逻辑依据，这种理念在诗歌中多有表现。比如，"人生得意须尽欢，莫使金樽空对月"①（李白）、"得即高歌失即休，多愁多恨亦悠悠。今朝有酒今朝醉，明日愁来明日愁"②（罗隐）、"行乐当及时，绿发不可恃"③（苏轼）、"玻璃江上柳如丝，行乐家家要及时"④（陆游）、"沧桑变幻知何尽，行乐春秋便是仙"⑤（樵云山人）、"人生及时须行乐，漫叫花下数风流"⑥（姑苏痴情士）……它们广泛地表达了生命短暂、世事无常，要及时行乐，并在及时行乐中寻求生命意义的思想。重视现实人生之乐的观念表现在李渔的生活美学中，不是以诗歌吟诵生命之无常和行乐之必要，而是以生命的现实存在追求避免流俗的感官之乐以及精神愉快。

李渔在《颐养部·行乐》中说："养生之法，而以行乐先之。"⑦养生的本质就是努力改善生存状态，使人常处乐境。他又说："伤哉，造物生人一场，为时不满百岁……即使三万六千日，尽是追欢取乐时，亦非无

---

① 郁贤皓选注：《李白选集》，上海古籍出版社 2013 年版，第 141 页。

② 周振甫主编：《唐诗宋词元曲全集·全唐诗》第 12 册，黄山书社 1999 年版，第 4884 页。

③ （宋）苏轼著，李之亮笺注：《诗词附 十一》，《苏轼文集编年笺注》，巴蜀书社 2011 年版，第 593 页。

④ 钱忠联校注：《陆游全集校注 剑南诗稿校注》七，浙江教育出版社 2011 年版，第 415 页。

⑤ （清）樵云山人著，吴天主编：《飞花艳想》，《中国十大私刻本》第一卷，中国戏剧出版社 2002 年版，第 128 页。

⑥ （清）姑苏痴情士、清溪道人、吴敬所：《闹花丛》第二辑，长江文艺出版社 1993 年版，第 19 页。

⑦ 《李渔全集》第三卷，浙江古籍出版社 1991 年版，第 309 页。

限光阴，终有报罢之日。"① 如此短暂的人生，负面的东西时时相伴："况此百年以内，有无数忧愁困苦，疾病颠连，名缰利锁，惊风骇浪，阻人燕游，使独有百岁之虚名。"因此，人应该摒弃愁苦，及时享受人生的乐趣。

第一，李渔重视感官之乐，把它作为养生的手段，展示了中国文化注重现实人生的特质。

从中国美学的源头看，"美"就是从感官之乐开始的。许慎在《说文解字》中解释美："美，甘也。从羊从大。羊在六畜，主给膳也。美与善同意。"② 这里既有因味觉（甘）带来的愉悦，又有在味觉基础上视觉的"大"给人带来的愉悦。日本学者笠原仲二指出，在古代中国"美被普遍用作表现可口食物互训词"③，因此，我们可以借以"把'美'一概规定为'甘'这一由'舌'而引起的味觉的悦乐感情"④。从逻辑上说，在和"食"相关的"味觉之美"之后，有了和生理快感拉开一定距离的视觉美感，如《国语·楚语》中的"伍举论美"；之后，发展到包含了功利内容的精神之美，如孔子讲"里仁为美"、"尽美矣，又尽善也"等，⑤ 但感官的体验仍然具有重要的地位。孔子说："吾未见好德如好色者也。"⑥ 孟子说："理义之悦我心，犹刍豢之悦我口。"⑦ 这些都是以自然本性（好色、悦口）为喻来理解社会理性（好德、悦心）内容，并把社会理性内容融化、提升为自然本性的追求，这是理性内容应当达到的层面或

---

① 《李渔全集》第三卷，浙江古籍出版社 1991 年版，第 308 页。

② （汉）许慎：《说文解字》，中华书局 1963 年版，第 78 页。

③ ［日］笠原仲二：《古代中国人的美意识》，杨若薇译，三联书店 1988 年版，第 10 页。

④ ［日］笠原仲二：《古代中国人的美意识》，杨若薇译，三联书店 1988 年版，第 10 页注②。

⑤ 虽然中国美学也进展到不包含功利内容的精神之美（比如宗炳的"畅神"说），但是，文学、绘画等艺术形式获得政治和学术合法性的依据，仍然是它本身的社会功利价值。同时，把"人品"即人格修养作为"画品"、"书品"的基础条件，也可以看作功利美学传统的延伸。

⑥ 杨伯峻：《论语译注》，中华书局 1980 年版，第 93 页。

⑦ 杨伯峻译注：《孟子译注》，中华书局 1960 年版，第 261 页。

境界。

李渔的生活美学注重感官之乐，他从视、听、味等多种感官的愉快方面进行了充分的论述。

在视觉方面，有自然之色的美："妇人妩媚多端，毕竟以色为主。"① 也有人工之色的美："脂粉二物，其势相依，面上有粉而唇上涂脂，则其色灿然可爱。"② 有多样颜色的美："（山茶）种类极多，由浅红以至深红，无一不备。其浅也，如粉如脂，如美人之腮，如酒客之面；其深也，如朱如火，如猩猩之血，如鹤顶之朱。"③ 也有颜色变化的奇妙："然青之为色，其妙多端，不能悉数。"④ 色彩和其他元素的组合，产生了妩媚、灿然、奇妙的审美效果。

在听觉方面，有歌声和舞蹈相配带来的美感："歌舞难精而易晓，闻其声音之婉转，睹见体态之轻盈，不必知音始能领略。"⑤ 也有自然天籁之音对情感的愉悦："目有时而不娱，以在卧榻之上也；耳则无时不悦。鸟声之最可爱者，不在人之坐时，而偏在睡时。鸟音宜晓听，人皆知之。"⑥ 声音是构造生活审美意象时不可或缺的元素。

在审美活动中，嗅觉和味觉带来的生理上的快适或不快之感，直接影响表现为视觉和听觉形式的审美感知的方向、强度，决定了审美体验的丰富性和深度。李渔尤其重视嗅觉和味觉，把它们作为生活审美体验的重要内容。他说："名花美女，气味相同……富贵之家，则需花露……每于盥浴之后，挹取数匙入掌，拭体拍面而匀之。此香此味，妙在似花非花，是露非露，有其芬芳，而无其气息，是以为佳。"⑦ 这是花露的香气在成就美女中的重要作用。他说："鱼之至味在鲜，而鲜之至味又只在初熟离釜

---

① 《李渔全集》第三卷，浙江古籍出版社 1991 年版，第 109 页。
② 《李渔全集》第三卷，浙江古籍出版社 1991 年版，第 125 页。
③ 《李渔全集》第三卷，浙江古籍出版社 1991 年版，第 269 页。
④ 《李渔全集》第三卷，浙江古籍出版社 1991 年版，第 134 页。
⑤ 《李渔全集》第三卷，浙江古籍出版社 1991 年版，第 148 页。
⑥ 《李渔全集》第三卷，浙江古籍出版社 1991 年版，第 304 页。
⑦ 《李渔全集》第三卷，浙江古籍出版社 1991 年版，第 123—124 页。

之片刻，若先烹以待，是使鱼之至美，发泄于空虚无人之境。"① 这既是做鱼的诀窍，也是食鱼时味觉的体验之点。他又说："（予）独于蟹螯一物，心能嗜之，口能甘之，无论终身一日皆不能忘之，至其可嗜、可甘与不可忘之故，则绝口不能形容之。"② 这是心嗜、口甘蟹螯所达到的审美境界。他还说："肥非欲其腻也，肉之肥者能甘，甘味入笋，则不见其甘，但觉其鲜之至也。"③ "蕈之清香有限，而汁之鲜味无穷。"④ 这些都是在说明甘、鲜嗅觉和味觉体验产生的审美感受。

在生活中，李渔也重视感官之乐。李渔一生放荡不羁，年近花甲还"寻花觅柳，儿女事犹然自觉情长"⑤。他生活拮据，有时靠举债度日，常有生活艰难的告白："吾贫贱一生，播迁流离，不一其处……"⑥ 但在衣食住行方面却非常讲究，他还是美食专家，毫不隐匿对美食的向往。他带着家庭戏班周游各地，"混迹公卿大夫间，日食王侯之鲭，夜宴三公之府。长者车辙，充溢衡门"⑦。这都表明他对感官之乐的追求。

感官之乐是快乐的直接、简单的形式，它以可感受、可验证的特点成为世人追逐的对象和人生幸福的评判标准。但感官之乐是有限的，它的无节制发展就转换成生命的畏、烦和苦，感官之乐的过度追逐还会妨碍社会的秩序与和谐。因此，无论西方传统的理性主义还是中国传统的道德主义语境，总对它进行抑制，并把抑制看成理性和道德生成的必要条件。孔子说："《关雎》，乐而不淫，哀而不伤。"⑧ 他盛赞颜回："一箪食，一瓢饮，在陋巷，人不堪其忧，回也不改其乐。"⑨ 他还说："饭疏食饮水，曲肱而

---

① 《李渔全集》第三卷，浙江古籍出版社 1991 年版，第 253 页。
② 《李渔全集》第三卷，浙江古籍出版社 1991 年版，第 255 页。
③ 《李渔全集》第三卷，浙江古籍出版社 1991 年版，第 236 页。
④ 《李渔全集》第三卷，浙江古籍出版社 1991 年版，第 237 页。
⑤ 《李渔全集》第三卷，浙江古籍出版社 1991 年版，第 7 页。
⑥ 《李渔全集》第三卷，浙江古籍出版社 1991 年版，第 156 页。
⑦ 《李渔全集》第一卷，浙江古籍出版社 1991 年版，第 204 页。
⑧ 杨伯峻：《论语译注》，中华书局 1980 年版，第 30 页。
⑨ 杨伯峻：《论语译注》，中华书局 1980 年版，第 59 页。

枕之，乐亦在其中矣。"① 老子说："圣人为腹不为目"；② 墨子说："且夫仁者之为天下度也，非为其目之所美，耳之所乐，口之所甘，身体之所安，以此亏夺民衣食之财，仁者弗为也。"③ 墨子又说："是故昔者三代之暴王，不缪其耳目之淫，不慎其心志之辟，外之驰骋田猎毕弋，内沉于酒乐，而不顾其国家百姓之政。繁为无用，暴逆百姓……"④ 儒、道、墨都强调对感官之乐进行节制，并对节制产生的高级快乐、人生境界、对国家和百姓的益处进行了肯定。

孔子的理念被宋儒概括为"孔颜之乐"，并成为精神之乐的理想境界。⑤ 宋代哲学家朱熹对"孔颜之乐"的修养工夫进行细致剖析，他提出学者体悟"孔颜乐处"的方法。第一要"深思"，即通过学、问、思、辩的途径去体察，因为"圣人之心，浑然天理，虽处困极，而乐亦无不在"。第二要"居敬穷理"，居敬则胸中无事、穷理则把握世界的和谐。他说："所谓乐者，亦不过谓胸中无事而自和乐耳，非是着意放开一路而欲其和乐也。然欲胸中无事非敬不能。"⑥ 朱熹把这种精神之乐赋予了道德本体论的意义，并在感性形式中对它有了深切体验。比如他的诗歌："半亩方塘一鉴开，天光云影共徘徊。问渠哪得清如许，为有源头活水来"，⑦ 讲的不是欣赏自然风光的乐趣，而是读圣贤之书带来的乐趣。可以说，朱熹在读圣贤之书时获得了和欣赏优美的自然风光等值的审美体验。

以儒家价值观念为主流的传统哲学虽然强调"天理"和"人欲"的

---

① 杨伯峻：《论语译注》，中华书局 1980 年版，第 70—71 页。

② 陈鼓应：《老子注译及评介》，中华书局 1984 年版，第 106 页。

③ （清）孙诒让撰，孙启治点校：《墨子间诂》，中华书局 2001 年版，第 251 页。

④ （清）孙诒让撰，孙启治点校：《墨子间诂》，中华书局 2001 年版，第 275—276 页。

⑤ "孔颜之乐"或"孔颜乐处"，由宋代哲学家周敦颐、二程提出："志伊尹之所志，学颜子之所学"（周敦颐《通书·志学第十》）；"昔受学于周茂叔，每令寻仲尼、颜子乐处，所乐何事"（程颢《河南程氏遗书》卷二上）；"颜子所独好者，何学也？学以至圣人之道也。"（程颐《颜子所好何学论》）

⑥ （宋）朱熹：《答廖子晦之一》，见蔡仲德注译：《中国音乐美学史资料注译》（增订版），人民音乐出版社 2004 年版，第 664 页。

⑦ 黄坤译注：《朱熹诗文选译》，巴蜀社 1990 年版，第 82 页。

二元对立，并主张消弭人欲，但在理论上始终为"人欲"划定一个合理性的范围，在具体的践行中，也一贯反对禁欲主义。因此，儒家的基本主张可以描述为：用精神之乐超越和包容感官之乐，把精神之乐的超验性和感官之乐的经验性结合起来，实现它们的有机统一。只是在不同学者那里，对精神之乐和感官之乐强调的比例有所区别，正是以这种区别为基础，形成了不同学派理论的差异。

"天理"和"人欲"的整合，显示了中国文化的现实性：在伦理秩序的框架下关切今生，活在当下，以快乐为旨归。李渔重视感官之乐，他也追求精神的情趣。比如，他说自己："性嗜花竹，而购之无资，则必令妻孥忍饥数日，或耐寒一冬，省口体之奉，以娱耳目。"① 这是把精神情趣表达为感官体验，并因之牺牲了口腹之实。在强调感官之乐时不摒弃精神内容，这是中国文化的现实性在市民社会背景上的展露。

中国文化的现实性，也可以从当今日常生活的层面得到印证。作为一种价值观念，强调乐、追求乐、体验乐一直是中国重生乐生文化的主题，它在日常语言中被广泛应用和接受。在祝福方面有新年快乐、中秋快乐、旅途快乐、工作快乐、天天快乐等，快乐作为祝福的关键语汇，成为了生活和行为的最高价值形式；在网络上有"乐视"（看电视）、"乐购"（购物）、"乐彩"（买彩票）、"乐蜂"（化妆品）、"乐居"（房地产）、"乐活"（食品）、"乐行"（旅游）等品牌的栏目，它们都以"乐"为旨归；在消费品牌上，有可口可乐、百事可乐、乐滋巧克力、娃哈哈、怡口莲等等，它们都强调在感官和精神上的快乐体验。这些现象表明，快乐的追求已渗透到日常生活的方方面面。当今大众文化的主题也是"快乐"，这不仅契合中国文化的现实性，而且契合中国当代商业社会的背景。在当代中国，小品、相声、真人秀等给受众带来快乐和笑声的节目或栏目持续兴旺繁荣，就是这种价值的表征。

当代美学家朱光潜认为，中国诗歌没有宗教精神的涵养，不具备深广

---

① 《李渔全集》第三卷，浙江古籍出版社 1991 年版，第 156 页。

伟大的境界。① 实际上，中国人的人生、审美，因为没有宗教精神的涵养和西方人在哲学上强调的"坚持的努力"②，始终未能脱离感官体验，而不像西方传统的哲学和神学可以在纯粹思辨的领域中游历。从李渔生活美学的特点来看，它体现了中国文化的现实性，折射了这一特定的文化背景。

第二，李渔通过戏剧形式为短暂的人生寻找快乐。

人生苦短，及时行乐。这里的"乐"可以是感官需求的满足，也可以是保持一种乐观的精神状态，或是二者的统一。单纯的感官需求扩张会引发更大的"苦"的体验，以"苦"为核心的忧患、悲凉、愁绪是中国传统文学讴歌的对象。保持一种乐观的心态，让笑声驱逐愁苦，则是一种宽怀和豁达的生存态度。李渔的戏剧属于后者，它服务于现实人生的快乐追求。

通过戏剧驱逐愁苦，首先表现在李渔的戏剧观上。在《闲情偶寄·词曲部》中，李渔设"科诨"一章③，使之和结构、辞采、音律、宾白、格局并列，把它作为戏剧不可或缺的重要组成部分。李渔讲到了"科诨"在戏剧中的意义、技巧、禁忌，等等。他说："科诨之设，止为发笑"④，这是科诨的功能定位。"科诨二字，不止为花面而设，通场脚色皆不可少。"⑤ 喜剧因素不唯体现在戏剧的"丑角"上，而且要体现在所有角色上，这是喜剧因素的普遍性。"科诨虽不可少，然非有意为之……妙在水到渠成，天机自露。'我本无心说笑话，谁知笑话逼人来'，斯为科诨之妙境耳。"⑥ 只有天然妙造、水到渠成，才能引人发笑、使人不得不笑，笑

---

① 朱光潜说："中国诗人何以在爱情中只能见到爱情，在自然中只能见到自然，而不能有深一层的彻悟呢？这就不能不归咎于哲学思想的平易和宗教情操的淡薄了。诗虽不是讨论哲学和宣传宗教的工具，但是它的后面如果没有哲学和宗教，就不易达到深广的境界。"（《诗论》，生活·读书·新知三联书店1998年版，第96页。）

② 朱光潜：《诗论》，生活·读书·新知三联书店1998年版，第85页。

③ "科诨"，是插科打诨的略称，"戏曲里各种使观众发笑的穿插。科多指动作，诨多指语言。"（夏征农：《辞海·艺术分册》，上海辞书出版社1988年版，第18页。）

④ 《李渔全集》第三卷，浙江古籍出版社1991年版，第56页。

⑤ 《李渔全集》第三卷，浙江古籍出版社1991年版，第57页。

⑥ 《李渔全集》第三卷，浙江古籍出版社1991年版，第58页。

得自然，而不是牵强捏造。德国哲学家康德认为，"在一切活泼的撼动人心的大笑里必须有某种荒谬背理的东西存在着……笑是一种从紧张的期待突然转化为虚无的感情"①。康德强调"笑"的成因的矛盾性以及情感的转换，李渔则注重戏剧中的巧妙设计，把"笑"作为戏剧目的，使它成为逻辑的必然。

其次，驱逐愁苦还表现在李渔的戏剧作品中。李渔的剧作，可以肯定的有 10 种，通称"笠翁十种曲"。从名目上看，有"误"（《风筝误》），有"巧"（《巧团圆》），有"幻"（《蜃中楼》），有倒错（《凰求凤》），也有充满意趣的情（《怜香伴》《玉搔头》）、生死不渝的爱（《比目鱼》《奈何天》）、合乎天意人情的缘（《意中缘》《慎鸾交》），它们或者是喜剧的构成形式，通过误会与巧合、偶然与意外、本性与乔装、幻象与真实等产生喜剧效果，或者本身就令人快乐，通过缘、情、爱展示了轻松愉快中皆大欢喜的审美效果。有人评价李渔说，他的喜剧"关涉的问题仍是爱与欲、寡欲与纵欲、道学与风流。这些明显的矛盾在这位喜剧家看来可以聚合在一起，当某人能按这两种原则生活并从中感到满足的话。这样，爱情就被视为自我快乐，而不是给人带来牺牲之事了"②。这种评价揭示了李渔喜剧作品的快乐之源。

在李渔的戏剧作品中，有讽刺的形式。鲁迅先生在评价萧伯纳时说，他能够使被讽刺者登场，"撕掉了假面具，阔衣装，终于拉住耳朵，指给大家道，'看哪，这是蛆虫！'"③ 李渔在《怜香伴》中塑造了眠花卧柳、不学无术的周公梦，他读书不用功，进学时借行贿希图侥幸过关；妄想染指曹语花小姐，散布流言予以中伤；与他人狼狈为奸构陷范介夫……在该剧的第二十九出，写周公梦挟夹带进考场被搜检时的狼狈相："展开秽气满堂，冲散一堂书吏。几乎呕煞试官，高唱《琵琶》两句，道我腹中一无所

---

① ［德］康德：《判断力批判》上卷，商务印书馆 1964 年版，第 180 页。
② ［德］顾彬：《中国传统戏剧》，华东师范大学出版社 2012 年版，第 213—214 页。
③ 《鲁迅全集》第四卷，人民文学出版社 1981 年版，第 568 页。

有，满肚的腌臜臭气。"① 把周公梦的"蛆虫"面目和科场作弊的腐败展露了出来。

李渔在戏剧作品中通过故事情节的重复实现喜剧效果。在《奈何天》中，阙里侯三次成亲，三次新人都逃入静室；在《意中缘》中，两次（第十一出和第二十八出）请人代替董其昌成婚。两次代理新郎，一次是不能进行性行为的黄天监，另一次是女扮男装的名妓林天素，由此实现了喜剧效果。

李渔还通过大团圆的结局，给欣赏者带来精神上的愉快。《比目鱼》中，女伶刘藐姑和书生谭楚玉相爱，但其母亲硬逼她和钱万贯成亲，刘藐姑坚执不从，跳水自尽。之后，刘藐姑与谭楚玉被神明搭救，转化为一对比目鱼，后来恢复人形，谭生考中科举，双双结合，皆大欢喜。

再次，驱逐愁苦还表现在李渔的演艺活动中。从清顺治十八年（1661）前后移家金陵，至康熙十六年（1677）返棹杭州，李渔在金陵居留了十多个春秋。其间，他营构园林、编撰著述，同时还巡回演出、经营书铺、结交朋友。李家戏班于康熙五年（1666）组建，除了在南京供家庭和会友时的娱乐之外，还奔波在全国各地演出，"二十年来负笈四方，三分天下，几遍其二"②，足迹遍及大半个中国。

比如，康熙五年，李渔"自都门入秦"，游历陕西、甘肃等地。中经平阳（山西临汾）时，纳乔女为姬；经西安至兰州，又纳王女为姬。乔、王二姬天资聪颖，在李渔教导下，很快成为他的家庭剧团中的主角。康熙七年（1668）游历粤之东、西；康熙十年（1671）在苏州演出；康熙十一年（1672）由金陵到九江，后至武汉，在汉阳演出，并和当地的显宦富豪、诗家名士交往。他在《梦饮黄鹤楼记》中说："予客武昌一载……三楚名宦。予往来期间，尽叨国士之知，饮酒赋诗无旷日，又多在黄鹤楼上。"③

① 《李渔全集》第四卷，浙江古籍出版社1991年版，第91页。
② 《李渔全集》第一卷，浙江古籍出版社1991年版，第224页。
③ 《李渔全集》第一卷，浙江古籍出版社1991年版，第79页。

康熙十二年（1673）赴北京演出……李渔说："渔无半亩之田，而有数十口之家，砚田笔末，止靠一人。一人徂东则东向以待，一人徂西则西向以待。……浪游天下几二十年，未尝敢尽一人之欢。每至一方，必先量其地之所入，足供旅人之所出，又可分余惠以及妻孥，斯无内顾而可久。不则入少出多，势必沿门告贷。"① 他靠家庭戏班演出的收入来维持家人生活、支撑演艺活动。

李渔说："惟我填词不卖愁，一夫不笑是吾忧；举世尽成弥勒佛，度人秃笔始堪投。"② 这是他创作戏剧的意图。"全凭小妇斑斓舌，逗出嘉宾锦绣肠。"③ "无穷乐境出壶天，不是群仙也类仙。胜事欲传须珥笔，歌声留得几千年。"④ 演出给受众带来无限的欢愉，这是他的家庭戏班追求的演出效果。李渔戏班的演艺活动主动适应了官员、商人的娱乐休闲需求，逢场作戏、讨人欢心，让喜剧的笑声为自己和家人带来物质上的收获。

二、高扬感性的晚明思潮

在学术上，李渔的生活美学承接了明代以来的"心学"一脉，"心学"在中国特定环境下的演化，构成了李渔生活美学的学术背景。李渔生活的时代，繁荣发达的版画、小说、戏曲艺术把士人的个性情怀与商业市场、社会民俗、时尚美感紧密地结合在一起，表现了对世俗生活的深切关怀，为李渔的生活美学提供了可适的文化空间和对话场所。

1. 哲学上，个体感性的"复活"

和程朱理学强调客观的"理"相分立，阳明心学以"心"作为道德形而上学的基础。相对于"理"而言，"心"是可感受、可验证的，它更

---

① 《李渔全集》第一卷，浙江古籍出版社 1991 年版，第 204—205 页。

② 《李渔全集》第四卷，浙江古籍出版社 1991 年版，第 203 页。

③ 《李渔全集》第二卷，浙江古籍出版社 1991 年版，第 347 页。

④ 《李渔全集》第二卷，浙江古籍出版社 1991 年版，第 349 页。

贴近个体感性。心学不是深度探索个体感性的认识论价值，而是追求去掉异在性的"天理"遮蔽之后的"童心"，为个体感性生命的合法性进行论证，开辟了传统学术贴近日常生活的新路向。

王阳明的哲学有两大重要之点：一是强调"心"；二是强调"良知"。它们为感性体验和世俗生活打开了方便之门，从而成为李渔生活美学的理论依据。

首先说"心"。个体的心是宇宙万物存在、产生意义的依据。《传习录》载："先生游南镇，一友指岩中花树问曰：'天下无心外之物，如此花树，在深山中自开自落，于我心亦何相关？'先生曰：'你未看此花时，此花与汝心同归于寂。你来看此花时，则此花颜色一时明白起来，便知此花不在你的心外。'"① 深山中的花树，由于"我心"的存在而被"照亮"、被赋予"意义"，表达了个体之心的体验性（感官可印证）和普遍性，以及它的审美赋形功能。

其次说"良知"。个体的"良知"和天地万物相统一、相互支撑，形成道德形而上学的根基。王阳明说："此心无私欲之蔽，即是天理，不须外面添一分。以此纯乎天理之心，发之事父便是孝，发之事君便是忠，发之交友治民便是信与仁。只在此心去人欲、存天理上用功便是。"② 在这里，王阳明使用了"负"的方法，把"无私欲之蔽"作为致良知、获得天理的必要条件。体现生物自我保存功能的饮食男女、百姓日用是产生私欲的依据，也是天理之所由来，它自然不能被简单地划到"私欲"或"天理"的范围内。这样，就为人的基本需求和天理的相通留下了通道，使日常需求的合理性获得道德支持成为可能。

在王阳明的哲学中，个体之心的价值得到高扬，被突出的不仅是它的认识价值，而且还是它感知的可验证性、与世俗生活的亲和性以及感性现象的普遍性。同时，它和天理相通、和天地万物相一致，具备道德上的

---

① （明）王守仁撰，萧无陂校释：《传习录校释》，岳麓书社 2012 年版，第 159 页。

② （明）王守仁撰，萧无陂校释：《传习录校释》，岳麓书社 2012 年版，第 4 页。

必然性。于是，道德框架里的纯乎天理之心，由于感性价值而被世俗化、日常生活化，从而使世俗、日常生活的合法性获得支持，并具备了传统道德的高度、尊严和优越地位。在这种哲学的影响下，感性、人欲能够从天理、名教的禁锢下复活：在文学上是袁宏道的"性灵"说，在哲学上是李贽的"童心"说。

袁宏道在评价其弟袁中道的诗歌作品时说："大都独抒性灵，不拘格套。非从自己胸臆流出，不肯下笔。有时情与境会，顷刻千言，如水东注，令人夺魂。"①袁中道写诗不模仿古人、不模仿今人，而是"从自己胸臆流出"，能做到这一点，"即疵处亦多本色独造语"。在袁宏道看来，"性灵"作为诗歌创造的源泉，和"真人（诗）"、"本色"、"情至"是同类术语。它们共同区别于外在的"义理"，和义理处于对立状态，只有去除了义理的遮蔽，才能恢复和显现"本色"。本色、性灵的真不是由外在的义理来定义，而是从内在的感性来获得，它服从性灵的法则。内在的体验和心灵的感受，离不开人的喜怒哀乐和嗜好情欲。于是，王阳明基于心学逻辑的"良知"，转换成袁宏道的"本色"，并进一步引入了嗜好情欲的内容。袁宏道依据这一标准，对民间艺术给予了高度评价："或今闾阎妇人孺子所唱《擘破玉》、《打草竿》之类，犹是无闻无识真人所作，故多真声。不效颦于汉、魏，不学步于盛唐，任性而发，尚能通于人之喜怒哀乐嗜好情欲，是可喜也。"②妇孺之歌以性为本，不加虚饰、直抒胸臆，是真性情的流露，这也决定了它的艺术价值。

李贽是晚明思潮中的"异端"，提出了著名的"童心"说。他说："童心者，真心也。若以童心为不可，是以真心为不可也。夫童心者，绝假纯真，最初一念之本心也。若失却童心，便失却真心；失却真心，便失却真人。"③绝假纯真的"童心"没有受到义理熏染，没有经过道学家的加工，

① 郭绍虞：《中国历代文论选》第三册，上海古籍出版社2001年版，第211页。
② 郭绍虞：《中国历代文论选》第三册，上海古籍出版社2001年版，第211—212页。
③ （明）李贽著，陈仁仁校释：《焚书·续焚书校释》，岳麓书社2011年版，第172页。

是一种"赤子之心"、"真心"。基于"童心"发生的日常生活中的行为，既是全部的伦理行为，又体现了伦理行为的最高境界。李贽在《焚书·答邓石阳》中说："穿衣吃饭，即是人伦物理，除却穿衣吃饭，无伦物矣。"①他在《焚书·答耿司寇》中认为，理学家高谈性理、脱离实际，"翻思此等，反不如市井小夫，身履是事，口便说是事，做生意者但说生意，力田者但说力田。凿凿有味，真有德之言，令人听之忘厌倦矣"②。这便为童心以及它所关联的日常生活赋予了伦理意义，也为李渔的生活美学思想提供了理论基础。

基于童心的话语是真言。真言存在于可体验的日常生活中，是"迩言"，也是有德之言。在李贽这里，王阳明的"心"转换成"童心"，王阳明作为道德基础的"良知"转换为日常生活中的人伦物理。于是，在天理和人欲之间，人欲的合理性得到复活，然后人欲洗尽污名，进一步登上了天理的宝座。③

李渔的生活美学，就是在学术的日常生活转向和人欲合理性复活的背景下产生的。李渔说："乐不在外而在心，心以为乐，则是境皆乐，心以为苦，则无境不苦。"④这是阳明心学"心外无物"的直接语言形式，在此转换为"心外无情"。同时，"心"还是人体的主宰，不唯关涉人的整体之美，而且决定着人的健康水平。李渔说："吾谓相人之法必先相心，心得而后观其形体。"⑤他还说："有务本之法，止在善和其心。心和则百体皆和。即有不和，心能居重驭轻，运筹帷幄，而治之以法矣。"⑥"心"的

---

① （明）李贽著，陈仁仁校释：《焚书·续焚书校释》，岳麓书社 2011 年版，第 21 页。

② （明）李贽著，陈仁仁校释：《焚书·续焚书校释》，岳麓书社 2011 年版，第 64 页。

③ 当然，"义理"的生存方式，未必就违拗本心、"不真"或虚伪。同时，百姓的日常生活也没有脱离特定的社会文化氛围，它毫无疑问融合了以义理为主要内容的理性原则或道德要求，因此，李贽讲的童心也不等于弗洛伊德意义上的、未经文明化的原始情欲。它表明，"本色"和"童心"都有一定的程度和范围。

④ 《李渔全集》第三卷，浙江古籍出版社 1991 年版，第 310 页。

⑤ 《李渔全集》第三卷，浙江古籍出版社 1991 年版，第 111 页。

⑥ 《李渔全集》第三卷，浙江古籍出版社 1991 年版，第 343 页。

善和是根本，它决定了人的形体之美、形体的和谐运行。在这里，李渔还使用了阳明心学的语言形式。

戏剧艺术中，曲的魅力在于情，唱曲有情才有美、有味，唱曲生情的关键是对曲情的深切体验。李渔说："口唱而心不唱，口中有曲而面上身上无曲，此所谓无情之曲，与蒙童背书，同一勉强而非自然者也。"① 这同样是心学的语言形式，同时，又包含了"性灵"、"真心"的内容。李渔还说："我有美妻美妾而我好之，是还吾性中所有，圣人复起，亦得我心之同然，非失德也。"② 好好色基于我心、我的性情，它也是"童心"的表现，是一种本色，符合道德的要求。

光绪年间《兰溪县志》评价李渔为："最著者词曲，其意中亦无所谓高则诚、王实甫也。有《十种曲》盛行于世。当时李卓吾、陈仲醇名最噪，得笠翁为三矣。"③ 把李渔看作和李贽、陈继儒④ 一样是背离儒学传统、在特定历史时期有卓越影响的学者。李渔在评价唐太宗时说："若太宗之言，皆《诗》、《书》所不载，闻见所未经，字字从性灵中发出，不但不与世俗雷同，亦且耻与《诗》、《书》附合，真帝王中间出之才也！"⑤ 李渔认为唐太宗立论合乎至理、顺乎人情，是"性灵"的产物，李渔的语言方式显示他和晚明的"异端"思想是一脉相承的。

2. 艺术上，版画和戏曲的发达

在哲学发生生活转向的过程中，作为艺术的版画、戏曲也展现了世俗化特征，出版业是这一特征或趋势得以扩展的产业基础。

首先说版画。在清初，版画艺术在宫廷内蔚然兴起。康熙三十五年

---

① 《李渔全集》第三卷，浙江古籍出版社1991年版，第92页。

② 《李渔全集》第三卷，浙江古籍出版社1991年版，第108页。

③ 转引自俞为民：《李渔评传》，南京大学出版社1998年版，第3页。

④ 陈继儒（1558—1639），字仲醇，明末文学家和书画家，长小品清言。在而立之年焚儒衣冠，隐居于小昆山之南，绝意科举进仕，表现了和封建价值观念的疏离。

⑤ 《李渔全集》第一卷，浙江古籍出版社1991年版，第442页。

(1696) 于武英殿左右廊房设修书处，所刻书称为"殿本"，所刻版画称为"殿版画"。官刻版画中的鸿篇巨制有《古今图书集成》（一万卷，分为六汇编三十二典）包含的方舆汇编、博物汇编、经济汇编中的大量版画；还有表现朝廷文治武功、天下太平的大量版画，比如康熙三十五年刊刻的《御制耕织图诗》、比利时传教士南怀仁绘制的《新刻仪象图》，以及《南巡盛典》《西巡盛典》《平定准噶尔回部保胜图》《御制避暑山庄诗图》《圆明园长春园图》等。

在民间，至清代前期，全国相继形成了若干个年画刻印和销售中心，包括天津杨柳青、江苏桃花坞、山东潍县、河北武强、河南朱仙镇、陕西凤翔、四川绵竹、湖南邵阳、福建的漳州和泉州、广东的广州和佛山等处，它们分别具备了一定的产业规模。比如，北方的年画重镇杨柳青有很多家画店，画店拥有画师、雕版师、印刷工、裱工等，工种齐全、分工明确，附近的农民则大多从事填色"开脸"工作；江苏的苏州，"在康熙年间已出现木版年画作坊，至雍正乾隆朝更为兴盛，年画店遍布于冯桥、山塘、虎丘和桃花坞一带，重要画店有张星聚、张文聚等，最盛时画店有50 余家，年产量达百万张以上"①。在年画中，体现了关切世俗生活的特点，也体现了文人画家和专业工匠、士人趣味和现实生活、宫廷审美和民间情调的沟通与交流。比如，杨柳青的年画题材包括神码、生活风俗、历史故事、戏曲小说、娃娃美人、风景花卉，以及社会上流行的时装发髻、人物装饰等，它们切近现实生活。因为杨柳青离京城很近，许多画师技艺精良，便被召入宫廷服务，其画法风格也受到殿版画（包括西洋画法）和宫廷绘画的影响。又如，桃花坞的木刻年画的题材以繁华的城市景观和市民社会的时装美人为主，它主要行销于江苏、浙江、安徽、山东等地，在文化交流和传播中产生了重大影响。

特别是文人画家与专业工匠的结合，成为一种艺术——商业模式。萧云从的《离骚图》、刘源的《凌烟功臣图》、上官周的《晚笑堂画传》，

---

① 薛永年、杜娟：《中国绘画断代史·清代绘画》，人民美术出版社 2004 年版，第 251 页。

让版画艺术得到了很大的提升，王概兄弟制作的《芥子园画传》（四集）具有了教材性的示范意义。《太平山水图画》43 幅，画当涂 15 幅，画芜湖 14 幅，画繁昌 13 幅，以及太平山水全图 1 幅。画前有张万选的"序"，画后有萧云从自己的"跋"。所画黄山、天门山、吴波亭、赭山及坂子矶等 43 景，该画由萧云从绘制，徽州的雕刻名家刘荣、汤尚和汤义镌刻，其刻线细致流畅，达到了镌刻的极高境界，它是工匠、艺人、画家联合制作版画的优秀案例。

从文化场的构建来说，版画艺术的大发展有两种意义：第一，在商业动机促动下的批量复制，使版画艺术和市场结合起来，形成艺术和商业互动，使版画艺术因和现实生活密切结合而呈现出世俗化特征。第二，因批量复制和商业促动而带来的广泛传播，使版画艺术更大程度地深入民间，其所承载的文化内容与民间的诉求相互映照，为日常的世俗生活增添了艺术气息。在这种互动、传播过程中，文人和工匠结合在一起，既是艺术生产的主体，又是艺术和文化交流的媒介，把市井风貌、时尚格调、文人雅趣、宫廷审美整合在一起，构成了一个丰富生动的文化复合体。

李渔也是这种版画、出版所构建的文化场中的重要成员。明代中叶之后，金陵刻书业十分发达，李渔的小说、戏曲作品被盗版者甚多。为了保护自己的利益、方便和盗版者交涉，李渔举家迁至金陵，在周处台畔营建芥子园别业，他刊刻自己作品的同时，还主持刊行其他畅销书。其中最为著名的是画学入门教科书《芥子园画传》，李渔之婿沈因伯在画传的"例言"中说："画中渲染精微，全在轻清淡远，得其神妙。"[①] 该书既讲画理画法，又有画法的示意图，还摹绘了古代各家的画作供学习者参考，在绘、刻、印方面精美巧丽，得到时人好评。它被多次翻印，行销于大江南北，对推动绘画艺术被更广泛的人群所接受功不可没。

---

① （清）王概、王蓍、王臬：《康熙原版　芥子园画传　花鸟卷兰谱》，安徽美术出版社 2015 年版，第 28 页。

其次说戏曲。在清代，商品经济比较发达的苏州是戏曲演出最为繁盛的城市之一。清人焦循《剧说》卷六引《菊庄新话》说："时郡城之优部以千计，最著者惟寒香、凝碧、妙观、雅存诸部，衣冠宴集，非此诸部勿观也。"[1]焦循说"以千计"是用来形容戏班之多。龚自珍在《定庵续集》卷四中提到当时苏州、杭州、扬州三座城市有戏班数百个[2]，应该是较为符合实际的说法。据乾隆四十八年（1783）苏州重修老郎庙碑文可知，当时捐资的苏州昆班有41个。[3]据李斗《扬州画舫录》卷五《新城北录下》的记录统计，扬州昆山腔戏班有11个，本地花部戏班至少有7个，外来花部戏班有4个。

除苏州外，南国著名商埠广州、全国政治文化中心北京，也有很多戏班。就广州而言，乾隆四十五年（1780）所立《外江梨园会馆碑记》上载录13个，乾隆五十六年（1791）所立《梨园会馆上会碑记》载录35个。就北京而言，清初无名氏的《梼杌闲评》卷七载，北京椿树胡同里聚集了"五十班苏浙腔"。雍正十年（1732）北京陶然亭立《梨园馆碑记》记录捐资戏班19个，乾隆三十二年（1767）北京精忠庙所立《重修喜神祖师庙碑志》记录捐资戏班35个。这些戏班的全部收入来自演出，受众的娱乐需求，使得他们在戏园、神庙戏台、堂会戏台、酒馆、茶园不断演出。《清世宗实录》卷三十一载有雍正皇帝三年（1725）四月对盛京（沈阳）守臣的敕语，他说："迩来盛京诸事隳废，风俗日流日下。朕前祭陵时，见盛京城内，酒肆几及千家，平素但以演戏饮酒为事。"[4]说明戏曲艺术已不再局限于戏园戏台，而是大量在酒肆、茶馆演出。这表明戏曲艺术从演出形式上已和世俗生活广泛地融合在一起。

---

① （清）焦循：《剧说》，古典文学出版社1957年版，第128页。

② 《龚自珍全集》，上海人民出版社1975年版，第181页。

③ 参见江苏省博物馆：《江苏省明清以来碑刻资料选集》，生活·读书·新知三联书店1959年版，第280—294页。

④ 傅谨主编：《京剧历史文献汇编·清代卷叁·清宫文献》，凤凰出版社2011年版，第15页。

生活于乾隆年间的李海观（字孔堂，号绿园）的长篇白话小说《歧路灯》，描写了在酒馆演戏的情节。该书第十八回写王隆吉和谭绍闻商量请盛希侨到酒馆看戏，有这样的话："现成的戏，咱定下一本，占个正席，叫厨上把顶好上色的席面摆一桌。中席待家人。盛大哥他是公子性情，一定好看戏的。事完了，咱与馆上算算账，你我同摊分赀如何？"① 这是酒客邀请戏班到酒馆演出。但是，酒馆中饮酒的客人较多，仍显人声嘈杂，于是酒馆戏园开始向茶馆戏院转化。茶馆里不卖酒饭只有茶点，在这种环境中看戏会减少许多世俗的浮躁，多几分清静的安闲，这种环境更适合静观式的戏曲欣赏。《歧路灯》第十回有关于茶园看戏的描写："云岫引着二公，上得楼来。一张大桌，三个座头，仆厮站在旁边。桌面上各色点心俱备，瓜子儿一堆。手擎茶杯，俯首下看，正在当场，秋毫无碍。"② 这种描写说明，酒馆、茶楼已成为普遍存在的演出场所。

戏曲艺术进入酒肆茶馆有三个方面的意义。第一，它和饮酒的享乐结合在一起，受众在享受美酒美食的同时欣赏戏曲，这就使得戏曲的演出在酒肆的喧嚣中进行，戏曲从形式上成为世俗享乐的点缀，表明戏曲向世俗生活的趋归。第二，相对于戏园和神庙戏台等演出场所，酒肆茶馆中戏曲观众呈小众化、私人性的特点，这就从公共娱乐转换为个体（家庭、朋友）享受。第三，酒肆茶馆中的受众群体是特定的，戏曲演出更易考虑受众的需求，这就使得演员和观众的心理距离更加接近、亲和。美酒美食、小众欣赏、短距享受，共同构成戏曲艺术的世俗化面貌。

李渔作为戏剧理论家和戏剧艺术家，他在戏剧上的成就自不待言。他的文人情趣在生活方面，表现为强调学文习艺给女性带来的气质变化、论证窗栏的审美品位、认为饮酒不是贪杯而是和明月相随、睡觉要达到蝶眠花间的审美效果……这都是其生活美学的内容。同时，李渔适应世俗环境、带有市井习气，又为时人诟病。袁于令在《娜如山房说尤》中

---

① （清）李绿园著，栾星校注：《歧路灯》，中州古籍出版社 1998 年版，第 145 页。

② （清）李绿园著，栾星校注：《歧路灯》，中州古籍出版社 1998 年版，第 84 页。

说："李渔性龌龊，善逢迎，游缙绅间，喜作词曲小说，极淫亵。常挟小妓三四人，子弟过游，使隔帘度曲，或使之捧觞行酒，并纵谈房中，诱赚重价。其行甚秽，真士林所不齿者也。"① 李渔身后，刘廷玑《在园杂志》中说得客气一些："（李渔）所至携红牙一部，尽选秦女吴娃，未免放诞风流。"② 可以说，李渔是文人情趣和市井习气的结合体。文人情趣及其艺术上的贡献使李渔获得艺术史的认可，构成其生活美学的主干部分，李渔在生活和作品中表现的市井习气又和流行的版画、戏曲的市俗化特点相连通，表达了其生活美学的时代特征。

3. 在现实中，市民社会的转型

明代资本主义的萌芽，延续或强化了发源于宋代的市民社会的因素。在江南地区，市民社会的特征更加突出，它表现在三个方面：一是不同于自给自足的自然经济的商品经济的出现并发展到相当大的规模；二是有相当数量的从事手工业和商业的人口；三是出现了数量可观的城市、集镇。市民社会的转型，是李渔生活美学建立的经济和社会基础。

第一，经济作物大量种植，自然经济呈现解体的趋势。生产粮食，是中国农业社会的基本定性。但是，在明朝中叶以后，江南地区经济作物的种植非常普遍。这些经济作物包括桑、麻、棉、竹、茶等。因为它们比粮食种植有更好的收益，在有的地区经济作物完全取代了粮食作物的种植。江南地区蚕桑业特别发达，在太湖流域一带"尺寸之堤，必树之桑"③，还出现了"桑麻万顷"④ 的大地主。在吴江地区，受利益驱动，"明洪武二年诏课民种桑，吴江境内凡一万八千三十三株。宣德七年，至

---

① 《李渔全集》第十九卷，浙江古籍出版社 1991 年版，第 310 页。
② 《李渔全集》第十九卷，浙江古籍出版社 1991 年版，第 311 页。
③ 周学浚等：《湖州府志》（一、二、三、四、五），（台湾）成文出版社有限公司 1970 年版，第 567 页。
④ 周学浚等：《湖州府志》（一、二、三、四、五），（台湾）成文出版社有限公司 1970 年版，第 567 页。

四万四千七百四十六株。近代丝绵日贵，治蚕利厚，植桑者益多，乡村间殆无旷土。春夏之交，绿阴弥望，通计一邑无虑数十万株云"①。在湖州，"无尺地之不桑，无匹妇之不蚕"②。在经济作物大量种植的情况下，本地生产的粮食常常不足，而由湖北、江西等地运入。比如，嘉定县是重要的棉纺织业城市，但"县不产米，仰食四方。夏麦方熟，秋禾既登，商人载米而来者，舳舻相衔也。中人之家，朝炊夕爨，负米而入者，项背相望也"③。生产粮食为主的单一的农业结构发生改变，自给自足的自然经济逐渐呈解体的趋势。

第二，大量的雇佣劳动产生，新的生产关系和劳动力市场出现。

明代中后期，土地兼并现象严重。自嘉靖以来，苏、松"田赋不均，侵欺拖欠"，"豪家田至七万顷，粮至二万，又不以时纳"。④ 隆、万间大官僚徐显卿云：苏州"乡间富户，田连阡陌，合一二里，饥饿之民，皆其佃户"⑤。明末时宜兴县"贫民不得有寸土，缙绅之家，连田以数万计"⑥。严重的土地兼并，使自耕农减少、佃农增多。同时，部分无田者或弃农经商，从事"末业"；或流入城镇成为雇佣工人，靠出卖劳动力来维持生活，和雇主之间形成一种松散的雇佣关系。在明代万历年间，苏州一带出现了出卖劳动力的市场。据《古今图书集成·职方典·苏州风俗考》记载，苏州"郡城之东皆习机业。织文曰缎，方空曰纱，工匠各有专能。匠

---

① 戴鞍钢、黄苇主编：《中国地方志经济资料汇编》，汉语大词典出版社 1999 年版，第110 页。

② 清代光绪时期《乌程县志·序》，见《中国地方志集成》第 26 卷（浙江府县志辑），江苏古籍出版社 1993 年版，第 516 页。

③ 顾炎武：《天下郡国利病书·江南·嘉定·兵防考》，见赵恒烈、徐锡祺主编：《中国历史资料选》（古代部分），河北人民出版社 1986 年版，第 296 页。

④ 张居正：《答应天巡抚宋阳山论均粮足民》，见陈子龙等：《明经世文编》第 4 册，中华书局 1962 年版，第 3497 页。

⑤ （明）张萱：《西园闻见录·卷四十·蠲赈前》第 6 册，华文书局股份有限公司（民国二十九年北平哈佛燕京学社排印本），第 3453 页。

⑥ 储方度：《荒田议》，见贺长龄、魏源：《清经世文编》（全三册），中华书局 1992 年版，第 839 页。

有常主，计日受值；有他故，则唤无主之匠代之，曰换代。无主者，黎明立桥以待。缎工立花桥；纱工立广化寺桥；以车纺丝者曰车匠，立濂溪坊，什百为群，延颈而望，如流民相聚，粥后俱各散归。若机房工作减，则此辈衣食无所矣"[1]。明朝末年，苏州以织造为业的有数千人之多，雇工现象非常普遍。《镇吴录》写道："东半城贫民，专靠织机为业，日往富家佣工，抵暮方回。"[2] 时人苏州府常熟蒋以化描述了雇主和雇工之间的关系："我吴市民罔藉田业，大户张机为生，小户趁织为活。每晨起，小户百数人口，嗷嗷相聚玄庙口听大户呼织，日取分金为饔飧计。大户一日之机不织则束手，小户一日不就人织则腹枵，两者相资，为生久矣。"[3] 雇佣劳动的出现，意味着社会职业结构的变化，也意味着从事工商业的人口的增加，它作为一种新型的生产关系，为市民社会的生活方式奠定了基础。

第三，城市由军事—政治功能向经济—商业功能的转化。

在农耕社会里，城市主要是政治和军事的功能。明中叶以后，由于工商业的发展、各地物资交流量的增加，原有的大中城市规模不断扩大，城市的主要功能也由政治、军事转向了经济和商业。分布在水陆要冲的一些省城、府城，虽然也有官署和军队，保留了军事—政治功能，但它们的特色却是工商业非常繁荣，如杭州、苏州、扬州、淮安、临清、济宁、通州、武昌、芜湖，等等。以杭州为例，据成化时统计，共有户9万，人口约30万人。[4]《杭州府志》卷三三城池篇载："（杭州）城有四十里之围，居有数百万之众。"明代学者李鼎记载："武林生聚繁茂，盖以列郡之期会至者，

---

[1]　陈梦雷原著，杨家骆主编：《鼎文版古今图书集成·中国学术类编·职方典5·15》，（台湾）鼎文书局1977年版，第6170页。

[2]　姜良栋：《镇吴录》之《条议巡守机宜弭盗便民诸稿》，转引自韩大成：《明代城市研究》，中国人民大学出版社1991年版，第330页。

[3]　（明）蒋以化：《西台漫记》卷四，见谢国桢：《明代野史笔记资料辑录之一　明代社会经济史料选编》（中），福建人民出版社1980年版，第217页。

[4]　参见韩大成：《明代城市研究》，中国人民大学出版社1991年版，第73页。

殊方之懋迁至者，奚翅二三百万？即以百万计之，日食米万石。"① 又如苏州，据洪武四年（1371）的统计，苏州的吴县、长洲县共有146000多户，人口超过60万人。苏州是全国有名的丝织业中心，明末官员朱国桢说，苏民素无积聚，"多以丝织为生，东北半城，大约机户所居"②。同时，城市也极尽繁华。明代王铸在《寓圃杂记》卷五《吴中近年之盛》中描述道：

> 吴中素号繁华……迨成化间，余恒三、四年一入，则见其迥若异境，以至于今，愈益繁盛，阊檐辐辏，万瓦鳞鳞，城隅濠股，亭馆布列，略无隙地。與马从盖，壶觞罍盒，交驰于通衢。水巷中，光彩耀目，游山之舫，载妓之舟，鱼贯于绿波朱合之间，丝竹讴舞与市声相杂。凡上供锦绮、文具、花果、珍馐奇异之物，岁有所增若刻丝累漆之属，自浙宋以来，其艺久废，今皆精妙，人性益巧而物产益多。③

到嘉靖、万历时期，一些僻陋的乡村也逐渐发展成民居稠密、商贾辐辏、货物交集的繁荣市镇。据韩大成在《明代城市研究》中的统计，各地以工商业著名的市镇，位于今天江苏、上海、浙江地区的约为100个，位于其他地区（华北、华中、华南、东南、西北、四川）的总共53个，江浙地区著名工商业市镇的数量，约略相当于全国其他地区总数的2倍。④例如，苏州府吴江县的盛泽镇："明初以村名，居民止五六十家，嘉靖间倍之，以绫绸为业，始称为市。迄今居民百倍于昔，绫绸之聚亦且十倍，

---

① （明）李鼎：《李长卿集》卷一九《借箸编·早计第一》，转引自徐吉军：《杭州运河史话》，杭州出版社2013年版，第158页。

② （明）朱国桢：《皇明大事记》卷四四《矿税》，《四库禁毁书丛刊 史部29》，北京出版社1997年版，第118页。

③ （明）王铸：《寓圃杂记》，中华书局1984年版，第42页。

④ 参见韩大成：《明代城市研究》附表二《各地著名市镇简表》，中国人民大学出版社1991年版，第689—703页。

四方大贾辇金至者无虚日，每日中为市，舟楫塞港，街道肩摩。"① 又如，吴江县的黎里镇在咸弘年间"居民千百家，舟楫辐辏，货物腾涌，喧盛不减城市，盖一邑之巨镇也"②。再如，吴江县的平望镇"地方三里，居民千家，百货贸易如小邑然"③……工商业的发展，市镇的大量兴起，城市人口的增加，使封建经济结构发生了重大变化，并促使传统的农业社会向新型的商业—市民社会转型。

李渔 1611 年出生在江苏如皋，他的整个青少年时期，都生活在这里。1629 年，19 岁的李渔因父亲病逝回到原籍浙江兰溪居住。以后的日子里，在金华学习，去杭州应试，明清易祚去山中避兵避乱，他一直居住在兰溪。42 岁时李渔移居杭州卖赋为生，52 岁时移居金陵、游历天下，67 岁移居杭州直至去世。他的一生，都是在市场经济比较发达的长江三角洲地区度过，他对这里的市民社会风气，当有切身的体验。同时，李渔靠卖赋、演戏、经营书铺维持生活，这使他成为商业社会的组成部分、成为其中的一分子，他既按照市民社会的规则来生活，又以他的文化和商业活动为市民社会推波助澜。可以说，市民社会因素的强化、增加，是李渔生活美学的社会基础；李渔商业社会的生存方式，是他的生活美学得以创建的个人因素。因此，我们把李渔的生活美学看作从学术方面对新生的市民社会的回应，应该大体符合事实。

三、追求享乐的社会氛围

在中国历史上，和享乐关系密切的有两个群体：一是官僚群体；二是

① 清代乾隆时期《吴江县志》卷四《镇市村》，见《中国地方志集成》（江苏府县志辑19），江苏古籍出版社 2008 年版，第 373 页。
② 明代弘治时期《吴江志》卷二《市镇》，见戴鞍钢、黄苇主编：《中国地方志经济资料汇编》，汉语大词典出版社 1999 年版，第 618 页。
③ 清代嘉靖时期《吴江县志》卷一，见曹一麟：《嘉靖吴江县志》（1—3），台湾学生书局1987 年版，第 97 页。

商人群体。在官本位的社会里，官僚群体占有充分的社会物质和权力资源，具备享乐所需的经济基础。官僚群体的占有伴随着对平民阶层的掠夺，因此，官僚群体的奢靡之风未能蔓延为全社会的行为和风气。商人群体具备享乐所需的经济基础，相对于官僚群体而言，商人更接近平民百姓。因此，商人的消费方式、享乐追求成为市民社会的突出现象。当工商业在江南的发展改变了农业经济基础时，商人的享乐就蔓延开来，形成了新的社会风气。清代雍正皇帝甫一登基（雍正元年，1723）就下了一道上谕，指出各省盐商骄奢淫逸，相习成风，淮扬尤甚："衣服屋宇穷极华靡，饮食器具备求工巧，俳优妓乐恒舞酣歌，宴会嬉游殆无虚日，金钱珠贝视为泥沙……"① 这道上谕一方面较为客观地描述了这种奢侈现象，另一方面也表达了对游离于传统小农经济生活方式和价值观念现象的担忧。

商业的发展不仅影响到解放感性的思潮，出现了李贽等人对传统理学的反叛，而且在现实中解放了人的欲望，使本我的快乐原则取代了超我的理想原则，带来享乐的社会风气。李渔的生活美学正是在这一社会背景下产生，显示了美学向生活的开放和趋归。

1. 声、色和消费主义

晚明时期的商业发展，使声色享乐成为民间社会的风气，并带来消费主义的文化症候。有雄厚经济实力的商人们营构园林、锦衣玉食、夸阔斗富自是享乐的题中之义。其中，对美色的追逐和对戏曲的钟爱具有突出的文化特征。

第一，追逐美色。在中国古代，有追逐美色的事实，而无追逐美色的理论。尽管没有理论的支持，甚至常常有来自于传统道德的批评，但追逐美色的事例还是大量地发生了。这种事例，在晚明时期大量发生在商人群体中，商人成为追逐美色的主力军。据估算，晚明时期商人们每年的利润能够达到本金的30%，这30%的利润中，有一半以上用于"肥家润身"

---

① 史松：《清史编年》（雍正朝第四卷），中国人民大学出版社1991年版，第32页。

即家庭消费方面。① 家庭消费包括名园巨第的营造、服饰肴馔的追求、歌儿舞女的豢养，等等。先秦时期的思想家对来自商人的奢靡之风早有警惕，比如《吕氏春秋》说："世之贵富者，其于声色滋味也多惑者，日夜求，幸而得之则遁焉。遁焉，性恶得不伤。"② 晚明时期，商人们有了雄厚的资金，在追逐美色时不再顾忌到"伤性"等问题，而是拼却财力极尽奢华。比如盐商巨富吴无逸建有大型私家园林"十二楼"，吴无逸去世后，其子吴天行对"十二楼"重新装点，使之空前豪奢，之后，又广罗美女，共纳妾一百多位，号"百妾主人"。天然痴叟在《石点头》中描写一位盐商："姓谢名启，江西临川人。祖父世代扬州中盐，家私巨富，性子豪爽。年纪才三十有余。好饮喜色，四处访觅佳丽。后房上等姬妾三四十人，美婢六七十人，其他中等之婢百有余人。临川住宅，屋宇广大，拟于王侯。扬州又寻一所大房作寓。盐艘几百余号，不时带领姬妾，驾着巨舰，往来二地，是一个大挥霍的巨商，会帮衬的富翁。"③ 又如，《初刻拍案惊奇》卷二，号称"吴百万"的吴大郎用八百两银子买得因不满公婆约束而逃出的姚滴珠；《二刻拍案惊奇》卷二十八，大财主程朝奉向徽州岩子镇酒家李方哥提出，以自己的白银交换对方的妻子，被对方"跃跃欲试"地接受。再如，在情动天地的杜十娘的故事中，商人孙富想让李甲把杜十娘让给自己。如此等等，都突出和强化了金钱和美色之间的紧密关联，以及金钱在个人情欲满足中的支配作用。

商人的需求，催生了和美色相关的市场，并进而影响了社会风俗。在盐商云集的扬州，蓄养女童，教以乐艺文化，长大之后卖给有钱人为妾的"养瘦马"，成为一种社会习俗。"当时四方商贾宦游者，需要买妾

---

① 宋应星说："万历盛时，资本在广陵者不啻三千万两，每年子息可生九百万两。只以百万输幣，而以三百万充无端妄费，公私具足，波及僧、道、丐、佣、桥梁、梵宇，尚余五百万。各商肥家润身，使之不尽，而用之不竭，至今可想见其盛也。"[(明) 宋应星：《野议 论气 谈天 思怜诗》，上海人民出版社 1976 年版，第 35—36 页。]

② 许维通：《吕氏春秋集释》上，中华书局 2009 年版，第 15 页。

③ (明) 天然痴叟：《石点头》，中州古籍出版社 1985 年版，第 26 页。

都到扬州来挑选。每天由广陵城关载妾而出的鼓吹花轿，几乎是日夜不绝。"① 流寓扬州的盐商姬妾或青楼女子，她们的发型、服饰、文化教养和气质，也影响了一般市民，形成扬州女子"生来不识弄机杼，绣户朱帘学歌舞"②的社会面貌。

第二，供养戏班。从明代中叶之后一直延续到清代，戏曲艺术得到长足的发展。在江南地区，戏曲艺术适应了社会的世俗化、奢靡化风气，成为一种有着更广泛的接受群体的艺术形式。这种现象的出现，离不开商人的经济支持。商人供养戏班至少有三大动机：其一，可以显示自己的实力和面子，扩大自己在社会上的影响力，以此对商业活动发生有益的作用；其二，可以满足个人、家庭以及朋友们享乐的需要；其三，戏班都有为官府演出的任务，盐商可以用来结交官员，争取商业机会并为商业活动大开方便之门。

据李斗的《扬州画舫录》记载，扬州著名的戏班有徐尚志的老徐班，洪充实的大洪班，江春的德音班、春台班等。另外，盐商黄元德等人，各有家班。③另外，夏某、安麓村、亢某、吴无逸、黄潆泰等盐商都有家班，能够随时演出。盐商供养戏班，花费巨大也在所不惜。比如，富甲一方的山西平阳亢氏，"康熙中，《长生殿》传奇初出，命家伶演之，一切器用，费镪四十余万两"④。演员演出时的戏剧服装和道具都极尽奢华，《扬州画舫录》卷五记述了盐商们的"内班行头"："自老徐班全本《琵琶记》'请郎花烛'则用红全堂，'风木余恨'则用白全堂，备极其盛。他如大张班

---

① 朱正海主编：《盐商与扬州》，江苏古籍出版社 2001 年版，第 317 页。
② 施闰章：《广陵女儿行》，载康熙《扬州府志》卷 31，《艺文》，《四库全书存目丛书 史部》第 215 册，齐鲁书社 1996 年版，第 425 页。
③ "昆腔之胜。始于商人徐尚志征苏州名优为老徐班。而黄元德、张大安、汪启源、程谦德各有班。洪充实为大洪班。江广达为德音班。复征花部为春台班。自是德音为内江班。春台为外江班。今内江班归洪箴远。外江班隶于罗荣泰。此皆谓之内班。所以备演大戏也。"（李斗：《扬州画舫录》，中华书局 1960 年版，第 107 页。）
④ （清）王友亮：《双佩斋集》，转引自文化部文学艺术研究院戏曲研究所、《社会科学战线》编辑部：《戏曲研究》第一辑，吉林人民出版社 1980 年版，第 331 页。

《长生殿》用黄全堂。小程班《三国志》用绿虫全堂。小张班十二月花神衣价至万金。百福班一出《北钱》，十一条通天犀玉带。小洪班灯戏，点三层牌楼、二十四灯，戏箱各极其盛。"①戏班演出花费巨资的状况一直延续到清代中叶之后。记述清代中叶政治经济、社会风尚的《水窗春呓》说："道光中陶文毅改票法，扬商已穷困。然总商黄漤泰尚有梨园全部，殆二、三百人，其戏箱已值二、三十万，四季裘葛递易，如吴主采莲、蔡状元赏荷则满场皆纱縠也。"②

同时，盐商还花钱聘请精于词曲的名家如蒋士铨、金兆燕等人来制曲作剧，以至于明末清初的江南地区，习曲成为读书人生活必不可少的内容，无论贵游子弟、库序名流，都"鼓弄淫曲，搬演戏文……甘与俳优下贱为伍，群饮酣歌，俾昼作夜"③。在社会上流行的戏曲，多有淫词艳句。吴中才士视柔情为"吾辈佳事"，其小令多是闺奁烟粉中语。沈同生赠妓作一词，末句云："任他百般打骂百般羞，也只是书生薄福难消受。"④商人的供养、读书人的自觉"投靠"、社会公众的接纳和热捧，构成商业社会中戏曲艺术发展的完整条件，强化了戏曲文化的世俗面貌。

第三，消费主义。消费主义以大规模的工业—商业背景为基础，表现为一种现代性的生存方式，它以满足人们超出基本生活需求的"欲求"为目的，"将'物的消费'变成'符号的消费'，人们对符号的追求超过了对物的功能的需求"⑤。在明末清初，虽然还不存在近代意义上的工业、商业活动，但商业社会中超出基本生活需求的消费广泛存在，部分地展示了消费主义的文化特征。清代学者欧阳兆雄、金安清在《水窗春呓》一书中，记载了"河厅奢侈"："绍兴人张松庵尤善会计，垄断通工之财贿，凡

---

① （清）李斗：《扬州画舫录》，中华书局 1960 年版，第 135—136 页。

② （清）欧阳兆熊、金安清：《水窗春呓》，中华书局 1984 年版，第 42 页。

③ （明）管志道：《从先维俗议》卷五《家宴勿张戏乐》，海南出版社 2001 年版，第 279 页。

④ （明）沈德符：《万历野获编》补遗卷三《沈祖量》，中华书局 1959 年版，第 896 页。

⑤ 孙春晨：《消费主义的伦理审视》，见曹孟勤、卢风主编：《资本、道德与环境》第二辑，南京师范大学出版社 2012 年版，第 39 页。

买燕窝皆以箱计，一箱则数千金。""河厅之裘，率不求之市，皆于夏秋间各辇数万金出关购全狐皮归，令毛毛匠就其皮之大小，各从其类，分大毛、中毛、小毛……"①豪富盐商们的家眷"无事居，恒修冶容，斗巧妆，镂金玉为首饰，杂以明珠翠羽，被服绮绣，袒衣皆纯采，其侈丽极矣"②。美女经济大大带动了扬州的商业发展，据记载，扬州经营奢侈品买卖的店铺从天宁门至北门，"仿京师长连短连廊下房及前门荷包棚帽子棚做法。谓之买卖街。令各方商贾辇运珍异。随营为市。题其景曰：丰市层楼"③。经营范围包括时髦服装、金银首饰、珠翠宝玉、各色绸缎，一派繁荣景象。这些奢侈消费品承载的身份、财富、美丽等方面的符号意义已经远远超过其实际功用，成为富商及其眷属热衷追逐的对象。

法国当代哲学家鲍德里亚论述了消费逻辑的功效，他说："消费逻辑取消了艺术表现的传统崇高地位。严格地说，物品的本质或意义不再具有对形象的优先权了。"④消费主义创造了一个意义消隐、形象优先的语境。如果说，明清时期扬州官员、商人的奢靡早已超出其实际需要而具有符号的象征意义，那么，在器品玩好方面，则更多地表现了符号形象对物品本质的掩饰，从而展示了消费主义的逻辑。明代文学家沈德符写道："玩好之物，以古为贵。惟本朝则不然，永乐之剔红，宣德之铜，成化之窑，其价遂与古敌。盖北宋以雕漆擅名，今已不可多得，而三代尊彝法物，又日少一日，五代迄宋所谓柴、汝、官、哥、定诸窑，尤脆薄易损，故以近出者当之。始于一二雅人，赏识摩挲，滥觞于江南好事缙绅，波靡于新安耳食。诸大估曰千曰百，动辄倾囊相酬，真赝不可复辨，以至沈唐之画，上等荆关；文祝之书，进参苏米，其敝不知何极。"⑤这段文献，不排除当时

① （清）欧阳兆熊、金安清：《水窗春呓》，中华书局1984年版，第41页。
② （清）阿克当阿修，姚文田等纂：《嘉庆重修扬州府志》卷六十《风俗》，广陵书社2006年版，第1170—1171页。
③ （清）李斗：《扬州画舫录》，中华书局1960年版，第104页。
④ ［法］让·鲍德里亚：《消费社会》，刘成富、全志钢译，南京大学出版社2000年版，第121页。
⑤ （明）沈德符：《万历野获编》卷二十六《玩具》，中华书局1959年版，第653页。

以沈德潜为代表的文人阶层为其时代工艺成就感到自豪的可能性，但另一方面，真赝不辨、以仿充真现象的大量出现，也消解了物品的意义，体现了形象的优先权，从而使这些特定的社会现象具备了消费主义特征。

2. 酒、食和感官满足

社会生活的世俗化，还表现在士夫追求的变化。据沈德潜的《万历野获编》、张岱的《陶庵梦忆》、袁宏道的《袁中郎随笔》等文献记载，追求感官之乐成为明末清初文人的普遍风尚。它们突出地表现在饮酒、美食、聚会享乐等方面。

第一，饮酒。在历史上，酒往往是文人寄兴适情的媒介，文人借酒吟风弄月、感兴抒怀、风流雅集，传为美谈。《后汉书·孔融传》记载孔融性情宽和，成人之美，及其退任闲职，宾客日盈其门。"常叹曰：'坐上客恒满，尊中酒不空，吾无忧矣。'"[①] 酒成了孔融生活的锦上添花之物。在历史上，竹林七贤，诗人李白，草圣张旭，文学家苏轼、陆游等许多人都留下了艺术活动和酒的关系的佳话。酒因其直接关联人的感官而堪称是俗物，但它和文人情趣结合在一起，就具备了"雅"的特质。然而，到明末清初，"酒"更多地和世俗生活结合起来，成为官宦、士夫和百姓享乐的重要媒介，因而展示了它"俗"的一面。兹引《陶庵梦忆》中几处材料来说明这一点：

> 愚公先生交游遍天下，名公巨卿多就之，歌儿舞女、绮席华筵、诗文字画，无不虚往实归。名士清客至则留，留则款，款则钱，钱则赈。[②]
>
> 越俗扫墓，……后渐华靡，虽监门小户，男女必用两坐船，必巾，必鼓吹，必欢呼畅饮。[③]

---

① （南朝）范晔撰，李贤等注：《后汉书》第 11 册，中华书局 1965 年版，第 2277 页。

② （明）张岱：《陶庵梦忆·西湖梦寻》，作家出版社 1995 年版，第 146 页。

③ （明）张岱：《陶庵梦忆·西湖梦寻》，作家出版社 1995 年版，第 33 页。

崇祯七年闰中秋，仿虎丘故事，会各友于戴山亭。每友携斗酒、五簋、十蔬果、红毡一床，席地鳞次坐。缘山七十余床，衰童塌妓，无席无之。在席者七百余人，能歌者百余人，同声唱"澄湖万顷"，声如潮涌，山为雷动。诸酒徒轰饮，酒行如泉。夜深客饥，借戒珠寺斋僧大锅煮饭饭客，长年以大桶担饭不继。命小傒岕竹、楚烟于山亭演剧十余出，妙入情理，拥观者千人，无蚊虻声，四鼓方散。①

西湖七月半，……看七月半之人，以五类看之。其一，楼船箫鼓，峨冠盛筵，灯火优傒，声光相乱，名为看月而实不见月者，看之。其一，亦船亦楼，名娃闺秀，携及童娈，笑啼杂之，环坐露台，左右盼望，身在月下而实不看月者，看之。其一，亦船亦声歌，名妓闲僧，浅斟低唱，弱管轻丝，竹肉相发，亦在月下，亦看月，而欲人看其看月者，看之。其一，不舟不车，不衫不帻，酒醉饭饱，呼群三五，跻入人丛，昭庆、断桥，嘄呼嘈杂，装假醉，唱无腔曲，月亦看，看月者亦看，不看月者亦看，而实无一看者，看之。②

在这里，酒不是"举杯邀明月"的孤独表达，不是"把酒问青天"的幽思抒怀，也不再是激发艺术创造灵感的媒介。在绮席华筵中，在歌舞升平中，在好友群集中，酒成为活跃的角色，与世俗的歌舞、豪侈的生活结合在一起，成为大众享乐和情感宣泄的手段，成为世俗社会奢靡生活的形式和表征。

第二，美食。饮食支撑着生命机体的运作，同时它直接带来感官的生理体验。因此，追求美食的程度和范围，可以作为衡量一个社会世俗面貌、判定其奢华程度的重要指标。在明末清初商业化、奢靡化的背景下，江南地区的饮食业呈现出一派繁荣景象，表明社会对美食的偏爱，以及对来自美食的味觉和嗅觉的妙赏。

---

① （明）张岱：《陶庵梦忆·西湖梦寻》，作家出版社1995年版，第145页。
② （明）张岱：《陶庵梦忆·西湖梦寻》，作家出版社1995年版，第136页。

商人在饮食方面的豪奢，留下了许多记录。《扬州画舫录》载某富商："每食，庖人备席十数类，临食时夫妇并坐堂上，侍者抬席置于前，自茶面荤素等色，凡不食者摇其颐，侍者审色则更易他类。"①至清朝道光时，盐制的改革已令很多盐商败落，但在总商黄潆泰家中，每天早晨招待客人饮食，席上列有小碗十余只，各色点心皆备，单粥就有十余种，听客人自取，是黄家待客的常例。②官员和商人引领着社会的饮食消费潮流，商业化的大潮强力推动着饮食行业的发展。据记载，明末清初，扬州的饮食业最为繁盛。它表现为：首先，各类酒楼、面馆、茶肆不下数百家。酒楼之著名者，有"涌翠、碧芗泉、槐月楼、双松圃、胜春楼诸肆，楼台亭榭，水石花树，争新斗丽，实他地之所无"。它们是当时扬州饮食业的著名品牌。其次，茶肆面馆各有特色。就面馆而言，徽包店以没骨鱼面胜，槐叶楼以火腿面胜，问鹤楼以螃蟹面胜，"其最甚者，鲟鱼车螯班鱼羊肉诸大连，一盉费中人一日之用焉"③。就茶肆的点心而言，"宜兴丁四官开惠芳、集芳，以糟窖馒头得名；二梅轩以灌汤包子得名；雨莲以春饼得名；文杏园以稍麦得名，谓之鬼蓬头。品陆轩以淮饺得名，小方壶以菜饺得名，各极其繁"④。这体现了饮食的个性化和市场竞争力。再次，扬州厨艺精湛，饮食方面多有创造。徐谦芳在《扬州风土记略》中说："扬州土著，多侬蹉务为生，习于浮华，精于肴馔，故扬州筵席各地驰名，而点心制法极精，汤包油糕，尤擅名一时。"⑤张岱说："余……家常宴会，但留心烹饪，庖厨之精，遂甲江左。"⑥李斗说："双虹楼烧饼，开风气之先，有糖馅、肉馅、干菜馅、苋菜馅之分。"⑦在这样的社会环境中，饮食极大程度地满

① （清）李斗：《扬州画舫录》，中华书局 1960 年版，第 150 页。

② 参见欧阳兆熊、金安清：《水窗春呓》，中华书局 1984 年版，第 42 页。

③ （清）李斗：《扬州画舫录》，中华书局 1960 年版，第 267 页。

④ （清）李斗：《扬州画舫录》，中华书局 1960 年版，第 27 页。

⑤ （清）董玉书、徐谦芳：《芜城怀旧录　扬州风土记略》，江苏古籍出版社 2002 年版，第 270 页。

⑥ （明）张岱：《陶庵梦忆·西湖梦寻》，作家出版社 1995 年版，第 155 页。

⑦ （清）李斗：《扬州画舫录》，中华书局 1960 年版，第 27 页。

足了商人和市民的口腹之欲，也为生活美学的总结和提炼积累了丰富的素材，它们构成李渔生活美学的现实基础。

第三，欢畅。晚明至清初，民间自发的演艺、欢聚、节庆等活动也充满魅力、带有狂欢的特征。俄国学者巴赫金指出，狂欢节创造了人类的第二种生活，其核心是狂欢节世界感受，它召唤沉迷于日常生活和等级制度中的人们在狂欢的关系中绽露开放的、完整的人性。这些带有节庆狂欢特征的活动，在张岱的《陶庵梦忆》中是这样记载的：

> 崇祯二年中秋后一日，……移舟过金山寺，已二鼓矣。经龙王堂，入大殿，皆漆静。林下漏月光，疏疏如残雪。余呼小傒携戏具，盛张灯火大殿中，唱韩蕲王金山及长江大战诸剧。锣鼓喧阗，一寺人皆起看。有老僧以手背搋眼翳，翕然张口，呵欠与笑嚏俱至。①

这种演艺活动以及前文引述的崇祯七年闰中秋虎丘欢聚、西湖七月半看月活动，也都带有节庆欢聚的特点。在这些活动中，日常生活的程序、伦理被合理合法地忽略掉，人们放弃了世俗生活的状态，解除了等级制度的包裹，能够和世界、和他人亲近，从而使活动具备了喜剧的特征。这就是巴赫金所说的："狂欢式——这是几千年来全体民众的一种伟大的世界感受。这种世界感知使人解除了恐惧，使世界接近了人，也使人接近了人。"②

在这样的活动中，人的精神世界向感官享乐的方向开放，创造了这一时期突出的世俗图景："西湖之船有楼，实包副使涵所创为之。大小三号：头号置歌筵，储歌童；次载书画；再次侍美人。涵老以声伎非侍妾比，……都令见客。常靓妆走马，婴姗勃窣，穿柳过之，以为笑乐。明槛绮疏，曼讴其下，撅钥弹筝，声如莺试。客至，则歌童演剧，队舞鼓

---

① （明）张岱：《陶庵梦忆·西湖梦寻》，作家出版社1995年版，第29页。
② ［俄］巴赫金：《陀思妥耶夫斯基诗学问题：复调小说理论》，白春仁、顾亚铃译，生活·读书·新知三联书店1988年版，第223页。

吹,无不绝伦。"① 这样的图景,就其规模、排场、花费和表达欢乐的强度而言,都不同于历史上传统节庆的民俗活动,体现了工商业强劲的支持作用,使之成为一种商业化的娱乐狂欢,它是前述中国文化乐生特点的表现,也和李渔生活美学的基调息息相通。

3. 俗、趣和文化之质

社会之俗必然反映在文化当中,文化之俗是社会之俗的镜像和映影,同时它推动了社会的世俗化趋势。在这一时期,"俗"成为文化发展的新成果,它和情欲、趣味的追求混合在一起,成为文化的重要特征。

第一,白话和市井。明代是小说取得突出成就的时期,小说虽然离不开文人的案头,但相对于诗文等传统的文学形式来说,无论从语言上还是题材上,小说都更贴近世俗生活,有着更大的包容性。凌蒙初在《初刻拍案惊奇·序言》中说小说"语多俚近"②,小说中俚近的语言既包括白话,也包括方言俗语甚至土话、黑话。使用这些语言来书写、叙事,直接颠覆了文学语言的雅赏形式而贴近市井生活。这种颠覆从《三国志通俗演义》开始,发展到《水浒传》《西游记》再到《金瓶梅》,文字越来越通俗,这是文化形式上的俗。从题材上说,也有一个从帝王将相、神怪英雄到市井生活的演化过程。《三国演义》是帝王将相;《水浒传》是英雄豪杰,但其中也有市井人物和他们的生活,比如王婆、郓哥、李小二等;《西游记》是神怪故事,其中除妖降魔的逻辑却很世俗,而且在负有神圣使命的取经团队中,猪八戒是一个带有浓重世俗色彩的角色。到《金瓶梅》情况发生了彻底的变化,其所写内容是没有理想性、没有审美光辉的市井生活,"因西门庆一分人家,写好几分人家,如武大一家,花子虚一家,乔大户一家,陈洪一家,吴大舅一家,张大户一家,王招宣一家,应伯爵一

---

① (明)张岱:《陶庵梦忆·西湖梦寻》,作家出版社 1995 年版,第 70 页。

② (明)凌蒙初编著、李建华点校:《初刻拍案惊奇·拍案惊奇序》,珠海出版社 2002 年版,第 1 页。

家，周守备一家，何千户一家，夏提刑一家……"① 这些人家生活中充斥的是俗人、俗事、俗的氛围、俗的环境和俗的精神。在通篇市井文字中，描写了"朝野之政务，官私之晋接，闺阃之媒语，市里之猥谈，与夫势交利合之态，心输背笑之局，桑中濮上之期，尊罍枕席之语，驵侩之机械意智，粉黛之自媚争妍，狎客之从臾逢迎，奴怡之稽唇淬语"②，曲尽人间的丑态。在这里，不再是文学接近普通百姓、像"三言二拍"那样"取古今来杂碎事可新听睹、佐谈谐者，演而畅之"③，而是审美生活向市井生活的场景变换，崇高理想向平庸丑恶的意义转移。

第二，情欲和趣味。明代冯梦龙编《情史》，所持的是"情本体"观点：他自称"情痴"，见到有情人"辄欲下拜"，死后不能忘情世人，用"情"解释世界的存在和意义④，其《情史》以"情贞"始，包括情缘、情私、情爱、情仇等二十四类，对历史、现实中以及人世间、鬼神界各种各样"情"的故事进行了描述。

情的基础和驱动力是原始的欲，情的结果和表现形式是生和死。情的生带来调侃、戏谑等喜剧精神，如唐伯虎、祝枝山、袁中郎、冯梦龙等士人对"笑"的追逐；情的死则形成一种宇宙悲情，如汤显祖对"有法之天下"扼杀"有情之天下"的抗议⑤ 和《牡丹亭》中杜丽娘，情不知所起，"一往而深，生者可以死，死可以生"⑥。又如曹雪芹《红楼梦》中"情"之审美理想的悲剧。在晚明至清初，文人喜爱逗笑、戏谑，是对沉迷于礼法名教中的人性的召唤和显露，它们体现在一批文学作品中。在王利器编纂的

---

① 朱一玄编：《金瓶梅资料汇编》，南开大学出版社 2012 年版，第 442 页。
② 谢肇淛：《金瓶梅跋》，见朱一玄编：《金瓶梅资料汇编》，南开大学出版社 2012 年版，第 179 页。
③ （明）凌蒙初编著，李建华点校：《初刻拍案惊奇·拍案惊奇序》，珠海出版社 2002 年版，第 1 页。
④ （明）冯梦龙评辑：《情史·龙子犹序》，凤凰出版社 2011 年版，"序言"第 1 页。
⑤ "世有有情之天下，有有法之天下……今天下大致灭才情而尊吏法。"[北京大学哲学系：《中国美学史资料选编》（下册），中华书局 1981 年版，第 135 页。]
⑥ 北京大学哲学系：《中国美学史资料选编》（下册），中华书局 1981 年版，第 136 页。

《历代笑话集》76 卷中，明代的作品有 34 卷，占约 45%。明代文学家江盈科作《雪涛小说》《谈丛》《谈言》《闻纪》《谐史》五种小品文传奇诙谐、妙趣横生；赵南星喜欢赏花观景、风情调笑，录笑话七十二则为《笑赞》；刘元卿纂《应谐录》二十一则等，都传达了讽刺、幽默的喜剧意味。

在情的"生"带来"笑"的同时，还包含了欲望的因素，以至于几乎在当时每一种笑话集中都会有"荤笑话"，从而走向审美的反面，即"通俗而走向庸俗，真情而走向色情，有趣而走向恶趣"①。李渔在《闲情偶寄》中也批评戏剧中的恶趣现象。他说："戏文中花面插科，动及淫邪之事，有房中道不出口之话，公然道之戏场者。无论雅人塞耳，正士低头，惟恐恶声之污听，且防男女同观，共闻亵语。"② 因此，戏曲应该戒亵淫，以保证它的文化品位。在他自己的作品中，李渔也以"笑"作为审美追求。《慎鸾交》第一出"造端"说："年少填词填到老，好看词多，耐看词偏少。只为笔端尘未扫，于今始梦江花绕。"③ 他追求"好看"而不是"耐看"。"耐看"包含着深刻的道理、丰富的知识，需要观众开动脑筋仔细品赏，获得知识和教谕；"好看"却不需要深入的思考和惊心动魄的体验，只需表达市井细民的趣味，通过制造误会、巧合，以出其不意的情节变化给观众带来快乐和笑声。李渔创作戏剧不排斥情欲内容，而是要给它一种文明的形式，实现"道学"与"风流"的统一。在《慎鸾交》中，李渔借华秀之口表达了这种观念："小生外似风流，心偏持重。也知好色，但不好桑间之色；亦解钟情，却不钟伦外之情。……名教之中，不无乐地，闲情之内，也尽有天机，毕竟要使道学、风流合而为一，方才算得个学士、文人。"④ 李渔的戏剧观念生成于晚明时期情趣和欲望相结合的文化场中，他的生活美学，也深深地烙上了这种时代的印记。

---

① 彭燕彬主编：《洛学传承文化与世界华文小说创作》，暨南大学出版社 2011 年版，第 128—129 页。
② 《李渔全集》第三卷，浙江古籍出版社 1991 年版，第 56 页。
③ 《李渔全集》第五卷，浙江古籍出版社 1991 年版，第 423 页。
④ 《李渔全集》第五卷，浙江古籍出版社 1991 年版，第 424 页。

第三，清客和弄臣。中国传统知识分子的观念包括硬币的两面：一面是"显"即对天下国家、历史、众生的责任感、使命感，集中体现为"横渠四句"；另一面是"隐"即游戏性，以诗酒、山水、书画甚至姬妾为媒介来游戏人生，表达一种自由感和审美精神。这两面结合在一起，决定了知识分子既要"文以载道"、"经世致用"，以期对国家民族和历史有所贡献，又要调侃现实、玩赏人生，以感官或精神的享乐逃避现实的严峻。经世致用是确认知识分子价值、知识分子获得存在感的基本标准，游戏态度则为传统观念所不取。北宋人刘挚训诫子孙，常常说："士当以器识为先，一号为文人，无足观矣！"① 顾炎武《日知录》卷十九引录这段话，并发挥说："然则以文人名于世，焉足重哉。"② 由此来看，知识分子以文人立身就等于悖逆传统，为自身和社会所不认同。然而，在晚明时代的商业氛围中，尽管知识分子的身份感还存在，但在耀目的权贵光芒和强大的商业诱惑面前，知识分子或主动投靠、或被动屈服，在身份的失落中来游戏人生，成为一种普遍性的社会现象。这样，知识分子就以文化承载者和创造者的世俗化表现，指证了社会文化的世俗化现实。

苏州派戏曲作家李玉为文人身份，其作品揭露现实、鞭笞丑恶，刻画人物、干预生活，其代表作《清忠谱》因伦理教化的遵循和社会责任的担当而受到时人好评，这是甘愿为文人而不忘社会责任的案例。但李渔不同，他未能考取功名，主动放弃了知识分子"载道"和"器识"的责任，变成靠著述、卖文、演艺维持生存的文人，全力操持他"时以术笼取人资"的优伶"贱业"③，用商业和艺术化的人生取代政治功利化的人生，并自得其乐、自以为荣。在南京期间，李渔和仕宦阶级广泛交游。李渔的交游带有经济目的，希望得到他们的资助。比如，李渔和龚鼎孳（芝麓）有着密切交往，龚是明崇祯进士，降清后为礼部尚书。李渔坦率地表示希望

---

① （元）脱脱等：《宋史》（第三一至三六册），中华书局 1977 年版，第 10858 页。

② （清）顾炎武著，黄汝成集释：《日知录集释》，上海古籍出版社 2006 年版，第 1090 页。

③ 蒋瑞藻：《小说考证》，商务印书馆 1935 年版，第 131 页。

得到资助："然所望于故人者，绝不在'绨袍'二字。以朝野共推第一、文行合擅无双之合肥先生，欲手援一士，俾免饥寒，不过吐鸡舌香数口向人说项，便足了其生平。"① 在和名宦显贵的交往中，李渔甘愿做清客和弄臣。"他不仅招待这些人'观小鬟演剧'，还要陪他们吃喝玩乐、饮酒赋诗。"② 李渔在这时所赋之诗，多是歌颂显贵们军功德政的应景之作，这是在放弃知识分子的独立性和批判性的前提下取悦权贵和富商，从而被赐予勉强用来糊口的一杯羹，代表了知识分子的堕落或对人生的游戏态度。

在明代资本主义萌芽的背景下，逐利好色的社会风尚，以娱乐和消遣为特征的文化消费主义流行，不同于传统的新鲜思想和人生观念的生成，给了李渔一个宽松的社会文化环境。这一文化环境以及李渔的艺术实践活动都有一个共同的指向：世俗生活。世俗生活围绕着作为人的基本需求的饮食男女展开，以融合了感性快乐的精神享受为目的，展示了一种新的审美观念。

正是在这一背景下，李渔建立了生活美学。李渔的书名为《闲情偶寄》。"闲情"是一种解脱了功利追求的情致，"闲"以显示其自由；"偶寄"之"偶"显示其无羁勒、散漫的特征。该书把戏剧、生活都包容在其中，说明这是一种没有功利追求、没有逻辑约束的情致，它和生活本身相契合，也是一种对待生活的审美态度。《闲情偶寄》包括八个部分，其中选姿部、器玩部、饮馔部、种植部、颐养部都是围绕人的日常生活展开，其核心是人在生活中如何得到闲适、愉悦，如何获得"乐"，它是感官愉快和精神愉快的统一；居室部所讲的建筑，不是官家的礼制建筑，而是个人的家居建筑，也以适住、愉悦为核心。即便词曲部、演习部所讲戏剧，也以世俗生活为基础，和世俗生活有密切的联系，渗透着生活美学的观念。李渔的戏剧美学以生活美学为基础，生活美学在戏剧中得到展示，并通过李渔的戏剧活动落实在世俗生活中，给欣赏者带来精神的快乐。

---

① 《李渔全集》第一卷，浙江古籍出版社 1991 年版，第 163 页。
② 肖荣：《李渔评传》，浙江古籍出版社 1987 年版，第 23 页。

第二章　戏曲中的生活美学

　　生活是艺术的基础，艺术是生活的反映和升华——这是当代不言自明的学术话语。这种学术话语具有一定的含混性，因为它没有能够进一步区分艺术和生活关系中的两种情况：一是生活原型（样貌、形象）在艺术中的镜像式显示；二是生活中普遍性的理念（理想）在艺术中的感性表达。古希腊哲学家亚里士多德对模仿论进行修正，强调模仿"指向某一类事物的可能的存在方式"，表明后一种情况更加符合艺术活动的实际。李渔的戏曲创作，体现在《笠翁十种曲》中，包括《风筝误》《奈何天》《比目鱼》《凰求凤》《慎鸾交》《意中缘》《巧团圆》《玉搔头》《怜香伴》《蜃中楼》十部戏剧作品。在这些作品中，李渔要创造一种艺术化、理想性的生活，表达世俗生活的审美趣味，从而使戏剧所表达的情境成为生活的样板，成为生活的模仿对象，这是艺术反作用于生活、艺术带给生活的意义。

　　作为生活的样板，在《笠翁十种曲》中，包含了艺术和生活关系的两种情况：一是艺术形象和生活形象的一致性；二是理想性、可能的生活方式在艺术中的呈现。从题材的角度看，前一种情况表明李渔戏剧作品和生活的密切关联，决定了其戏剧作品的现实生活面貌，使其不同于神怪等题材的戏剧；后一种情况表明李渔戏剧作品对生活题材的提升和重新诠释，把戏剧变成生活审美的范型，发挥戏剧生活审美的功能。艺术来源于生活，作为最朴素和通行的语言形式已无须重复。在李渔的戏剧中，我们既可以看到艺术对理想性生活的创造，这种创造对现实生活具有示范性、凸显了戏剧艺术的价值，又可以看到艺术和现实生活的接近，以及它带来的生活乐趣。创造生活、娱乐生活是李渔戏剧的目的，也是我们讨论李渔戏剧中的生活美学的缘由。

一、戏剧题材：市井生活

在李渔的戏剧中，创造了具有审美价值的、新的生活形象。李渔认为，戏剧中生活形象的创造不能离开日常生活。戏剧之"新"不是在"寻常闻见"之外"别有所闻所见"，而是不脱离日常经验范围，在"饮食居处之内，布帛菽粟之间"去寻找、发现极奇之事、极艳之情，把它们做戏剧的表达。这些事和情"询诸耳目，则为习见习闻；考诸诗词，实为罕听罕睹；以此为新，方是词内之新"①。这是李渔对戏剧艺术特点的理解，也是李渔对戏剧题材范围的理解。"饮食居处"、"布帛菽粟"是日常生活形象的表征，包含着日常生活的理念内容。日常生活是思想家李贽颠覆传统理学的理论基石，也为李渔以戏剧形式表达生活审美提供了方向。

1. 角色群像②

李渔戏剧的角色包括三类有突出意义的形象：主人公、妻妾、神佛。这三类形象都在世俗生活中展开，体现了世俗生活的理念。

第一，主人公群像：帝王、神仙、真人的世俗还原。在中国传统的观念中，无论是仙人、真人还是帝王都和世俗社会有很远的距离，成为社会大众膜拜、追慕的对象。但在李渔的戏曲中，这种形象被彻底颠覆。

李渔依据前人片言只语的记载，创作了戏剧《玉搔头》。"玉搔头"的文化意义来自于汉朝，晋代葛洪在《西京杂记》中记录："武帝过李夫人，

---

① 《李渔全集》第二卷，浙江古籍出版社 1991 年版，第 509 页。

② 马明杰副教授参与了本课题的研究，并撰写、发表论文《论李渔戏剧中的角色群像》于《大舞台》2015 年第 11 期，本书在收录时有增删。

就取玉簪搔头。自此后，宫人搔头皆用玉，玉价倍贵焉。"① 汉武帝宠幸李夫人，把李夫人的发簪拔下，可令李夫人意态情迷——玉搔头凝结了皇帝和爱妃之间的情爱故事。李渔借这一故事形式和含义对历史进行自我想象与虚构的创新，创作了这部戏剧。它讲述的是明武宗正德皇帝和妓女刘倩倩的爱情故事。在故事中，正德皇帝被塑造成多情、痴情之君，李渔用爱情突破了皇帝和妓女身份的巨大差异，能够为之生、为之死、为之放弃皇帝的尊荣："他既有这般情意，寡人就为他冻死，也自甘心！""万一有了差池，我也拼一死将他殉，做了九泉下两痴魂！"（《第十六出　飞舸》）"宁使我受颠连，把奇穷遭遍。暂脱衮衣旒冕，也不教他再受熬煎。"（《第十八出　得像》）② 这是礼法森严的深宫生活向朴实真切的人类爱情的还原，在这里从以性情为核心的生活审美的角度表达了李渔的价值取舍。

李渔的戏剧作品《蜃中楼》，原型来自唐朝李朝威的《柳毅传》、元朝尚仲贤的《洞庭湖柳毅传书》与李好古的《沙门岛张生煮海》及明朝黄说仲的《龙萧记》等。在这些原型中，书生柳毅因替龙女传书而获得美满姻缘，并得道成仙；张羽和龙女一见钟情而私订终身，用仙术煮海而成就佳配。到李渔的《蜃中楼》里，柳毅和张羽不再具有神力，而是以强大的爱情力量演绎了龙宫和人间、龙宫之间的离合悲欢，从而成就了美满的姻缘。在李渔的重释中，神仙法力从主人公身上消褪，私订终身的爱情力量增长，把依靠神力变成了依靠爱力，实现了神仙向世俗的还原。

从形象上看，李渔的代表性戏剧作品《奈何天》里的主人公阙素封，和《庄子·在宥》一书中"堕尔形体，黜尔聪明"的人物有多种类似之处。阙素封是个非常的怪物，"一字不识也罢了，不知天公为甚么原故，竟把天下人的奇形怪状，合来聚在他一身，半件也不教遗漏"③。不仅如此，他还有"三臭"即口臭、体臭、脚臭的毛病，使人无法接近。《庄子》

---

① （晋）葛洪撰：《西京杂记》，中华书局 1985 年版，第 13 页。
② 《李渔全集》第五卷，浙江古籍出版社 1991 年版，第 267、268、276 页。
③ 《李渔全集》第五卷，浙江古籍出版社 1991 年版，第 12 页。

中描写了多个长相奇怪的人物。① 例如"支离疏者，颐隐于脐，肩高于顶，会撮指天，五管在上，两髀为胁"②，等等。外形上的相似表征着文化上的关联，也为《庄子》中人物的解构提供了逻辑路向。《庄子》中的支离疏和《奈何天》中的阙素封两个人物形象的比较可见表1。

表1　《庄子》中支离疏和《奈何天》中阙素封的比较

《庄子》中的支离疏	《奈何天》中的阙素封
仅是外形之怪	外形之怪加"三臭"
解脱了外物之累	充满世俗欲望
无妻妾	娶三妻
非知识	不识字
真人	俗人

在《庄子》里，支离疏等人解脱了外物之累，他们是"德有所长而形有所忘"的"真人"；在李渔的《奈何天》中，阙素封则是拥有万贯家财、充满世俗欲望的俗人。支离疏的幸福在于无财产、无妻妾、无所待；阙素封的幸福在于用雄厚的财力三次娶妻。《庄子》中的支离疏等人体现了高尚的人格理想和无限自由的生存状态，著名学者闻一多说："文中之支离疏，画中的达摩，是中国艺术里最特色的两个产品。正如达摩是画中有诗，文中也常有一种'清丑入图画，视之如古铜古玉'的人物，都代表中国艺术中极高古、极纯粹的境界。"③ 到了李渔的笔下，则实现了"真人"的大还俗。这既是理念之俗，也是艺术之俗：中国艺术极高古、极纯粹的境界不复存在，而成为融合了世俗情欲的通俗艺术。

---

① 《庄子》中"堕尔形体"的人物包括右师（《养生主》）、支离疏（《人间世》）、王骀、申徒嘉、叔山无趾、哀骀它、闉跂支离无脤、瓮㼜大瘿（《德充符》）、子舆（《大宗师》）、佝偻丈人（《达生》）、支离叔（《至乐》）等。

② 陈鼓应注译：《庄子今注今译》（最新修订版），商务印书馆2007年版，第162页。

③ 孔党伯、袁謇正主编：《闻一多全集·庄子编》9，湖北人民出版社1994年版，第16页。

第二，女性群像。在传统中国社会中，"父母之命，媒妁之言"是女性在婚姻中恪守的基本原则。艺术产生在基本原则的边缘，女性在配偶选择中表达自己的主张，从而和父母之命甚至传统道德产生冲突，就成为小说和戏剧惯常表现的主题。李渔在戏剧中表现这一主题，没有像《红楼梦》一样表达对女性诗意的尊重，而是以"情"为核心，以"才"和"貌"为形式，在对抗世俗的阶层差异、贫富差异的过程中显示女性的主体性，展示爱情的理想主义色彩。

在《蜃中楼》里，龙女舜华、琼莲与书生柳毅、张羽一见钟情，互赠信物，私订终身，背离了整个龙宫系统的价值选择；在《巧团圆》中，曹小姐于兵荒马乱之中、在父母游移未决之时主动向姚克承表达爱情，定夺自己的终身大事。同时，曹小姐大胆地"把经文僭笔钩"，将"窈窕淑女，君子好逑"修正为"窈窕君子，淑女好逑"，从而把爱情生活中的男性中心转换为女性中心，强化了爱情生活中女性的主体地位。在《比目鱼》中，刘藐姑大胆反抗父母之命，与谭楚玉"默订鸾凰"，为示忠贞跳江自尽。李渔的《凰求凤》从戏剧名称上就颠倒了爱情生活中男女之间的主动—被动关系，刻画许仙俦、曹婉淑、乔梦兰三位女性主动追求吕哉生的故事，她们"求男"的方式和理由都不同：许仙俦"自家做主"从良，以"真情"换取吕哉生的爱情承诺；曹婉淑坚持婚姻自主，否定媒婆的作用；乔梦兰自家选择婚姻，"只要是才郎也不须荣贵"，"遴才选貌，不问他门户高低"，超越了门户和贫富界限，丰富了戏剧的演出效果。

主体性的真情超越世俗，在男女之间、女性之间就实现了和谐相处的美好画面。在《凰求凤》中，许仙俦求得真情而甘愿为妾；在《奈何天》中，阙素封"变身"前邹、吴、何三位女性因同病相怜而姐妹相处，在受到玉帝诰封之后同处荣华而不分妻妾；在《怜香伴》中，崔笺云和曹语花两位佳人因诗貌相怜，种下情根，誓做来世夫妻，最后同嫁才郎范介夫，一夫二妻共谐琴瑟。在这些戏剧中，"李渔一方面客观地反映了封建社会一夫一妻多妾制度的现实状况，另一方面又主观地通过戏曲情节的演绎重构了一夫一妻多妾制度的艺术世界，赋予妻妾平等的个人地位和生活权利，描绘了一幅妻妾之间'始而参差，终归一致'的大团圆图画，表达了期望家庭成员关系和谐稳定的生活理想"①。

男女相悦甚至女女相悦本属私情。私情进入艺术，就成为一种普遍性、可理解的真情，它突破世俗的藩篱，创造出更高层面的合理生活。王端淑在为《比目鱼》作的序中说："藐姑生长于伶人，楚玉不羞为鄙事，不过男女私情。然情至而性见，造夫妇之端，定朋友之交，至以国事灭恩，漪兰招隐，事君信友，直当作典谟训诰观，吾乡徐文长先哲为《四声猿》，千年绝唱，《比目鱼》其后先于喁也哉！"② 这就是女性主体性的道德价值和社会价值。

第三，神仙群像。在李渔的戏剧中，围绕着世俗生活出现了大量的佛道教神仙形象，有黄龙王、青龙王、赤龙王、天将、雷神、电母、文曲星君、朱衣使者、玉皇大帝、紫微大帝、清虚大帝、关圣帝君、火德星君等等。李渔说，作传奇"凡说人情物理者，千古相传；凡涉荒唐怪异者，当日即朽"③。这些神仙形象和它们的功能在现实生活中无法验证，但在艺术中表现了人情物理的"一般"以及中国人美好生活的理想。因此，他们便不是臆造的荒诞不经的牛鬼蛇神，不是民俗意义上的鬼怪，而是具备普惠众生、惩恶扬善、辅助王化、整齐民心，决定人物命运、支持正面价值观念的神仙群体。这一群体首先服务于世俗生活人物在功名、爱情等方面的需求，维护道德的权威，推动故事的发展。比如，在《蜃中楼》中，龙王、天将都围绕着柳毅、张羽等两对有情人展开；在《奈何天》中，洞阴大帝"遣一位变形使者，把他身上的肢体，从新改造一番，变做个美男子"，使阙里侯由丑变美，从而皆大欢喜；在《凰求凤》中，文昌星暗助吕哉生考取状元，把它作为实现婚姻美满的契机；在《怜香伴》中，文殊菩萨、普贤菩萨以及道教的神仙施神通以香风为媒，成就范石坚和二女的

---

① 骆兵：《李渔文学思想的审美文化论》，江西人民出版社 2010 年版，第 53 页。
② 《李渔全集》第五卷，浙江古籍出版社 1991 年版，第 107 页。
③ 《李渔全集》第三卷，浙江古籍出版社 1991 年版，第 14 页。

姻缘；在《比目鱼》中，平浪侯晏公运用神仙法术成就一对有情人；等等。

除去帮助推进故事之外，这些神仙形象也充满世俗色彩，有的甚至不乏市井俗气。在《风筝误》中，朝廷士兵凭借虚假的关圣帝君、火德星君、太岁星君和文殊菩萨，击退了掀天大王对中原的侵犯，这是对神佛力量的借助；《意中缘》把杨云友比喻为"龙女转世"，借龙女的容貌联想来突出杨云友的娇艳姿容，这是对传统神话中龙女美貌的借用；在《蜃中楼》中，泾河龙王为自己弱智的小龙求婚表明龙王的私心和弱智，钱塘龙王把大侄女舜华许给泾河家，体现了他对世俗价值的追逐。钱塘龙王回到洞庭告诉兄嫂亲事后，舜华的母亲十分生气："别人的女人，把你去骗酒吃！"她公开反对丈夫在子女婚姻方面的"门户家声"观念，怒斥道："今日也门户，明日也门户，门你的头，户你的脑！除了龙王家里，就不吃饭了。"在这里，展示的是世俗化的神仙，让宗教性的超验世界回归世俗性的现实生活。

朴斋主人在《风筝误》篇末总评写道："近来牛鬼蛇神之剧充塞宇内，使庆贺宴集之家，终日见鬼遇怪，谓非此不足以悚人观听。……是剧一出，鬼怪遁形矣。"[1] 从朱素臣《秦楼月》卷末所载李渔的评语可以了解到[2]，在李渔的时代新写的戏曲脚本中，普遍存在着女扮男装、神鬼跳梁的现象。这很可能是李渔在《闲情偶寄》中撰写"戒荒唐"一节的原因。由以上分析可知，在李渔的戏剧中，神佛群像和文字芜杂的神鬼跳梁形象完全不同，它和主人公群像、妻妾群像一样，共同创造了戏剧中的世俗生活场景。

2. 故事演进

戏剧故事的演进，离不开冲突。日本学者河竹登志夫说："所谓戏剧

---

[1] 《李渔全集》第四卷，浙江古籍出版社1991年版，第203页。

[2] 李渔评点说："好排场！好收场！虽是逢场作戏，依然不怒不淫。更妙在一线到底，一气如话，不似时剧新本作女扮男装、神头鬼脸通套也。"（《丛书集成续编》第163册，集部，上海书店出版社1994年版，第224页。）

性，即是包含在人们日常生活之中的某些本质矛盾，这种同人和他者的潜在对立关系，是一个随同时间的流逝在现实人生之中逐渐表面化、在强烈的紧张感中偏向一方，从而达到解决矛盾的一连串过程。"① 冲突是戏剧演进的内在动力。日常生活在物理时间中流逝，在日常生活空间中展开，日复一日，散漫平淡，它也常常是陈俗而缺乏新鲜感的。李渔的戏剧，就是要突破物理时空的线性特征，用戏剧时空展示生活中的紧张感。美国哲学家简·布洛克在《现代艺术哲学》一书中讲到艺术品的价值，他说："一件艺术品总是由外部世界上搜集的材料组成，然而这些材料在作品中又受到了改造，使之能够表达这件特殊作品特有的观点和独特的形象，这种特殊的观点和形象又反过来向外部世界即它所从中借用原材料的世界投射光芒。"② 李渔的戏剧从新的视角感受体验生活之趣，就是戏剧艺术投向生活世界的光芒。

第一，喜剧的冲突：错乱。戏剧离不开冲突，冲突是推进剧情的动力。依据传统的悲剧理论，悲剧冲突产生于不可调和的矛盾，其结局是冲突双方的毁灭，冲突的双方各自包含着道德律令，悲剧的审美效果是情感的宣泄和净化；依据传统的喜剧理论，喜剧冲突以"荒谬背理"为核心，它的表现形式是颠倒错乱，反常越轨，出人意料，匪夷所思。喜剧的结局是冲突的虚假性即对它所"坚持"的观念的放弃，喜剧的情感效果是引人发笑。李渔在戏剧《风筝误》第一出《颠末》中说："放风筝，放出一本簇新的奇传。相佳人，相着一付绝精的花面。赘快婿，赘着一个使性的冤家。照丑妻，照出一位倾城的娇艳。"③ 这就是颠倒错乱带来的喜剧效果。

错乱的形式是多样的，它在《意中缘》中表现为"替"。《意中缘》的剧中人董其昌、陈继儒、林天素、杨云友都实有其人，董、陈也称赞过林、杨的书画才能。李渔受佳人才子爱情观的影响，把他们扭合在一起，

---

① 　[日] 河竹登志夫：《戏剧概论》，中国戏剧出版社 1983 年版，第 55 页。
② 　[美] 简·布洛克：《现代艺术哲学》，四川人民出版社 1998 年版，第 233 页。
③ 　《李渔全集》第四卷，浙江古籍出版社 1991 年版，第 117—118 页。

创作了这部戏剧。它的故事大意是：明末名士董其昌、陈继儒以诗文书画闻名于世，西湖才女杨云友善于模仿董其昌，妓女林天素善于模仿陈继儒，几近乱真。董、陈在是空和尚的古董店里看到杨、林的画很是喜欢，陈继儒和林天素订婚，是空和尚想娶杨云友，假托董其昌的名义把她带到京师。在路上，杨云友得知受骗，将是空灌醉后投至河中。之后，杨云友在京城垂帘卖画、声名大噪。最终，杨云友得林天素之助，与董其昌团圆。

在《意中缘》中有两次替董思白和杨云友成亲，一次是黄天监的"替"；一次是林天素的"替"，使用了相似的形式结构，展示了多样的"错乱"带来的戏剧冲突。我们从图 1 可见《意中缘》中的错乱形式。

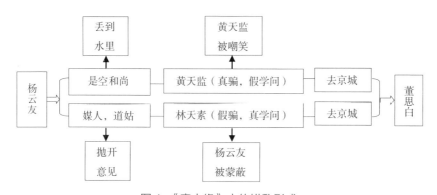

图 1 《意中缘》中的错乱形式

在杨云友和董思白有情人终成眷属的故事演进中出现了两条相似的线索：一条为是空和尚通过黄天监假扮董思白骗婚的线索，另一条是道姑做媒人介绍杨云友和董思白成婚的线索。两条线索相似之处在于都是出家人为媒（和尚、道姑）、都是去京城见董思白。两个出家人一个被丢到水里，一个的意见被丢到脑后；两条线索的不同之处在于黄天监学问为假骗婚是真，林天素冒名为假学问为真，这就构成了两个人在学问、骗婚方面的两重对比。在戏剧的演进中，呈现了多重错乱，可分为善、恶两种类型。是空和尚披着出家人外衣做坏事、是空和尚以假画做真却遇到真画家董思白和陈继儒；黄天监假扮董思白、黄天监在"装"的过程中显示没有学问，属于"恶"的错乱形式；杨云友和林天素仿冒名士字画、林天素假扮董思白通过杨云友的测验、林天素假扮董思白成婚，属于"善"的错乱形式。恶的错乱形式其喜剧效果偏重讽刺；善的错乱形式其喜剧效果偏重幽默。两条线索、两种形式在杨云友的经验中交会，产生了"董来董去"、"董个不了"的喜剧语言："呀！当初说是董思白，如今又说是董思白！我杨云友生前欠了董家甚么冤债？如今董来董去，只是董个不了。"①

错乱的形式，在社会意义的层面上，进展到现象和本质的背离。李渔的戏剧作品以娱乐为意图、要给大众的生活带来更多笑声，这是其作品的不懈追求和总体特征。同时，作为喜剧，也不乏严肃的成分在其中，它表现为对社会现象、对人性中的丑恶进行讽刺等，这构成了李渔戏剧严肃性的价值，使之避免了单纯、浅薄的娱乐性，而具备了丰富的精神内涵。

第二，误会和巧合。有误乃成戏，无巧不成书。线性流逝的生活中没有那么集中的"误"和"巧"，在戏剧中就要把它集合起来、创造出来，产生对生活的审美体验，让生活充满新鲜之感，给人带来精神的快乐。在《风筝误》第一出《颠末》中，李渔说："好事从来由错误，刘、阮非差，怎入天台路？若要认真才下步，反因稳极成颠仆。"② 这里的"错误"包含了误会和巧合，它是人的主观意图和事情的客观结果正相背离造成的，这种背离不致引起"痛感"，能够产生喜剧的效果。

先看"误"。在传奇《玉搔头》中，当事人的认识限定在故事演进的逻辑中，真诚地演绎了一个又一个的"误"，观众则置身于故事的逻辑之外，欣赏一个又一个"误"所带来的新奇之感。在演员"无知"和观众"全知"的两项差异中，产生了喜剧的效果，从图2可见《玉搔头》中的"误"。

在剧情的演进中，正德皇帝遗失信物是一"误"，也是后续一系列

---

① 《李渔全集》第四卷，浙江古籍出版社1991年版，第411页。

② 《李渔全集》第四卷，浙江古籍出版社1991年版，第117页。

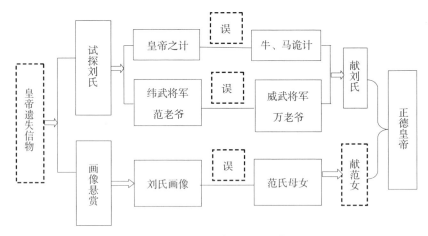

图2 《玉搔头》中的"误"

"误"的缘由。这些"误"在两条线上发生。一是刘倩倩一线:正德皇帝
(自称姓万,是刘倩倩的"万郎")用"计"试探刘倩倩的盟誓是否真实,
刘倩倩把皇帝的"计"误认为是牛、马两个篾片的"诡计"报复,从而与
母亲弃家逃走,寻找万郎。结果却将"纬武将军范老爷"误认为是"威武
将军万老爷","误"向范将军的驻扎地奔去。二是皇帝一线:朝廷绘制刘
倩倩的美人图四处悬赏张挂,地方官把因乱兵而走失的范淑芳小姐"误"
认为是刘倩倩,从而范小姐被"谬献"给皇帝。于是,在多重"误"中,
刘氏情节与范氏情节相互联结,创造了欢乐气氛。在剧中,李渔安排了
"纬武将军范老爷"和"威武将军万老爷"之巧误,还安排了范淑芳和刘
倩倩长得一模一样的"巧",以至于地方官甚至范小姐的父亲也误认为刘
倩倩就是范淑芳之"巧"。日本学者岗晴夫说:"无论如何,在剧作中首先
使用这样特技和旨趣的,似乎还是李渔。"[①] 这种特技和旨趣创造了离奇的
情节,营造了浓郁的传奇氛围。

如果说在《玉搔头》中,李渔使用"误"和"巧"的特技推动了故
事的演进,那么可以说在《巧团圆》中,李渔创造了一环套一环、环环相

---

① [日]岗晴夫:《李渔的戏曲及其评价》,中国艺术研究院戏曲研究所、《戏曲研究》编
辑部:《戏曲研究》第十七辑,文化艺术出版社1985年版,第263页。

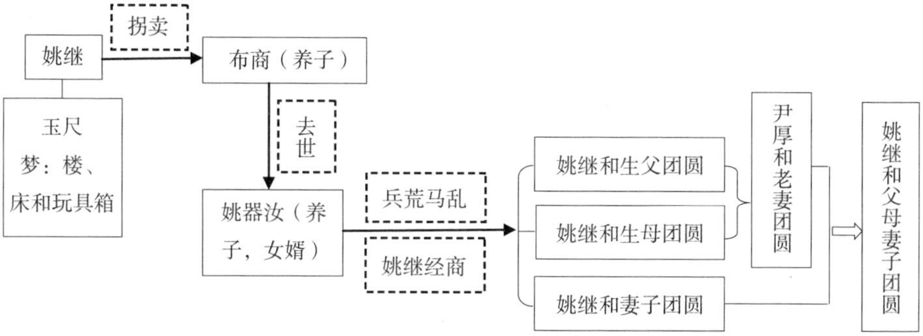

图 3 《巧团圆》的演进逻辑

套的"巧"作为故事演进的结果,体现了新奇的立意,从图3可见《巧团圆》的演进逻辑。

在传奇《巧团圆》中,姚继小时候被拐卖,父亲送给他一把玉尺。玉尺和他梦中的楼、床、玩具箱,是他仅有的关于亲生父母的记忆。在这里埋下伏笔,一把玉尺串起了夫妻、父母和儿子。把整个故事串连起来的是虚和实两个意象:实的是玉尺,虚的是团圆的梦。传奇的前半部分一直是在做铺垫,包括姚继被拐卖、布商去世、被姚器汝(改名为曹玉宇)收为养子并纳为女婿,是一个线性演进过程,一直到姚继外出经商。然后,一个又一个的团圆接踵而来,"大珠小珠满盘迸溅",令人目不暇接:

第一层"巧"是四个团圆:一是姚继和生父尹厚的团圆(因善心买父);二是尹厚和老妻的团圆;三是姚继与生母的团圆;四是姚继和妻子曹女士的团圆。而后面这三个团圆也都是因为姚继的善心购买。

第二层"巧"是在第一层的基础上,姚继全家和岳父全家的大团圆。

这里的核心是,姚继善心买得老翁赡养,却是亲生父亲;姚继善心买得老妪认母赡养,却是生身母亲,借此实现了他和亲生父母的团圆。在这个传奇中,当事人和观众都蒙在鼓里,当谜底揭开的时候,让人为事情之巧而惊叹。虽然说"巧"是有"戏"的必要条件,但此剧情节极其奇巧,因而受到质疑。著名学者郑振铎说:"《笠翁十种》,最少做作最近自然者当推《比目鱼》……至若《凰求凤》、《巧团圆》等,过于求巧求新,便不免堕入恶道。"① 艺术的真实感来源于情境的关联。虽然说李渔在《巧团圆》传奇中努力创造情境关联，尽量使故事符合情理的逻辑避免违背真实原则，但如此多的"巧"集中到一起，毕竟显得不够自然。从这个角度说，郑振铎的质疑也是有道理的。

第三，一人一事。在《闲情偶寄》的"词曲部"，李渔提出戏剧结构的方法是"立主脑"。他说："主脑非他，即作者立言之本意也。传奇亦然。一本戏中有无数人名，究竟俱属陪宾，原其初心，止对一人而设；即此一人之身，自始至终，离合悲欢，中具无限情由，无穷关目，究竟俱属衍文，原其初心，又止为一事而设；此一人一事，即传奇之主脑也。"② 作者立言的本意是在戏剧中见出的，它表现为戏剧的本意。戏剧的本意就是对一人一事（中心情节、核心关目）的叙事。"一人"是指作品的中心人物，其他人物围绕着这"一人"来设计；"一事"是指整个作品的关键情节，它是整部戏剧的核心，其他情节都围绕着它来发生，这体现了戏剧的单纯性。李渔的《笠翁十种曲》中的"一人"和"一事"，如表2所示。

表2 《笠翁十种曲》中的"一人"和"一事"

十种曲	一人	一事	陪衬性的人和事
《风筝误》	韩世勋	韩世勋和詹淑娟的爱情	戚友先和詹爱娟
《慎鸾交》	华秀	华秀和王又嫱的爱情	侯隽和邓蕙娟
《意中缘》	杨云友	董思白和杨云友的爱情	陈继儒和林天素
《蜃中楼》	柳毅	柳毅和舜华的爱情	张羽和琼莲
《玉搔头》	正德皇帝	正德皇帝和刘倩倩的爱情	正德皇帝和范淑芳
《奈何天》	阙素封	阙素封和三位妻子	三位妻子的共存
《怜香伴》	范介夫	范介夫和两位妻子	两位妻子的依恋
《凰求凤》	吕哉生	吕哉生和三位妻子	三位妻子的和谐
《比目鱼》	谭楚玉	谭楚玉和刘藐姑的爱情	
《巧团圆》	姚继	姚继和家人团圆	

① 郑振铎：《插图本中国文学史》下册，上海人民出版社2005年版，第1187—1188页。
② 《李渔全集》第三卷，浙江古籍出版社1991年版，第8页。

在表 2 中，前八种于"一人一事"之外，又有结构相似的、陪衬性的一人和一事。只是它们的性质各有不同：在《风筝误》中是正反关系，用戚友先和詹爱娟来反衬韩世勋和詹淑娟；在《慎鸾交》《意中缘》《蜃中楼》中是同构性的主副关系，用它们结构上的相似性来丰富"主脑"的内容；在《玉搔头》《奈何天》《怜香伴》《凰求凤》中是衍生性的主副关系，其中在《玉搔头》《奈何天》中是主衍生出副，因核心关目而衍生出陪衬性的人和事；在《怜香伴》《凰求凤》中是副衍生出主，因陪衬性的人和事的关联衍生出核心关目。

在上面的列表中，《比目鱼》《巧团圆》没有前八种明显的主副关系，但它们也和其他八种戏剧一样，遵循李渔要求的戏剧结构的"立主脑"原则，它们的核心情节在流动的单线叙事中展开。李渔说："《荆》、《刘》、《拜》、《杀》（《荆钗记》、《刘知远》、《拜月亭》、《杀狗记》）之得传于后，止为一线到底，并无旁见侧出之情。三尺童子观演此剧，皆能了了于心，便便于口，以其始终无二事，贯串只一人也。"[1] 这就保证了情节叙述的完整性和统一性。法国学者热奈特引述梅茨的话[2]，说明故事时间和叙事时间的不同。在故事中，几个事件可以同时发生，但在叙事中，叙述者打破了事件的自然顺序，根据作品的内在需求，把事件重新安排，因此，叙事的时间是线性的。李渔戏剧的叙事时间基本上和故事时间的顺序保持一致，在增强生活的真实感的同时，以"一人一事"为核心做到"一线到底"，使广大观众易于接受，不仅能够"了了于心"，而且能"便便于口"。

---

① 《李渔全集》第三卷，浙江古籍出版社 1991 年版，第 12—13 页。

② "叙事是一组有两个时间的序列……被讲述的事情的时间和叙事的时间（'所指'时间和'能指'时间）。这种双重性不仅使一切时间畸变成为可能，挑出叙事中的这些畸变是不足为奇的（主人公三年的生活用小说中的两句话或电影'反复'蒙太奇的几个镜头来概括，等等），更为根本的是，它要求我们确认叙事的功能之一是把一种时间兑现为另一种时间。"（[法] 热拉尔·热奈特：《叙事话语、新叙事话语》，王文融译，中国社会科学出版社 1990 年版，第 12 页。）

3. 场所环境

《笠翁十种曲》中故事发生的场所环境，以日常生活所及的家庭和社会为主。李渔通过创造家庭和社会中带有喜剧色彩的意象，揭示了生活中不为常人关注的一面，并展示或促成了家庭和社会生活中某些观念的变化。作为伦理的场景，家既是实现人欲的通道又是阻断人欲的屏障，在家的场景中，伦理和人欲形成呈现意义和深层意义的张力关系。在李渔的戏剧中，家的场景和《金瓶梅》中家的场景有相似之处，它们都突出了人欲实现的一面，但李渔戏剧中的"家"有着道德伦理的指向——他要考虑社会公众对作品的接受——因此要适当考虑家的伦理面貌。社会是家庭的扩大，家庭之间的关联形成社会，社会比家庭有着更大的公共性。家庭成员在社会中的行为方式影响着成员个人和家庭，形成了个人、家庭、社会的特殊意义。

第一，家庭：戏剧发生的主要场所和舞台，家主的喜剧化和威权的没落。

在中国传统社会中，家庭成员之间的关系是上下有序、尊卑有别的。虽然家是伦理的场景、欲望的策源地，充斥着多样而复杂的情欲纠结（一夫多妻）、权力和财富纠结（妻妾及其子女的权力和宠爱争夺），但是，在伦理文本中，家庭关系总是呈现为清晰的等级和森严的秩序。在以情爱为主题的戏剧文本中，作为对父权（夫权）的反动，男女主人公自主性的爱情选择，总会结出影映生活的美丽爱情之花。比如《西厢记》中张君瑞和崔莺莺的爱情、《牡丹亭》中杜丽娘和柳梦眉的爱情等等。这些情况在李渔的戏剧中发生了改变，家庭成员从伦理上的屈从—抗衡关系中解脱出来，展示了特有的多样化、轻松化的家庭关系：在家庭中凸显情欲的同时，重点表现了夫权和长辈权威的失落。

《奈何天》中的阙素封被设计成"丑角"，体现了李渔的意图。丑角以其自身形象、语言、行为和现实的背离，在戏剧中调节气氛、带来欢笑，这就把一个可以定义他人（夫为妻纲）的"家主"放在喜剧角色的位置上，表明他的威权不复存在，并进一步成为嘲弄和取笑的对象。阙素封自身形貌上的缺陷构成重大障碍，不仅情欲无法满足，而且对家庭的支配权也被弱化，这是家庭场景中等级和情欲的双重削弱。在对待名分上的妻子方面，他考虑更多的是女方能否接受他、喜爱他，于是弄虚作假。在《奈何天·倩优》中他："果然寻了一位小姐，是个绝世佳人。只有一件不妥，要相中了女婿，方才许亲。区区的尊容那里相得？又亏了媒人用情，许我央人替代。"① 作为家主，阙素封在和奴仆的关系上也不强势，丫鬟宜春也不怕他："（丑）贱丫头，不识抬举。好意作兴你，反是这等装模作样！你难道不怕家主么？（副净）阿弥陀佛！这样的家主谁人不怕？单为怕得紧，所以不敢近身。（丑）怕我那一件？（副净）单怕你这副嘴脸。（丑怒介）哇！你是何等之人，敢憎嫌我，欺负我没有家法么？"（《奈何天·虑婚》）② 这话表明主人公确实没有家法。就女性来说，阙素封的第一位妻子邹氏，其父亲不好明说她丈夫丑陋，只好用嫁鸡逐鸡的道理对她进行劝诲。邹氏虽然获得教导，但也可以置之脑后，不在意这些"常理"而自行其是，表达了生活审美对传统伦理的解构或忽略。

《风筝误》中的詹烈侯"长于治国，短于齐家"，因二妾争斗不休，"亏了一双顽皮的耳朵，炼出一副忍耐的心胸，习得吵闹为常，反觉平常可诧"③。他未能用自己的"夫纲"创造和谐的家庭关系，以至于听二妾吵闹成为家常便饭。为了避免争斗，詹烈侯只好在院子中间筑起一座高墙，把一宅分为两院。这堵高墙作为一种意象，象征着在夫权一统家庭的时代下，家主威权实际上的割裂或没落。这是以生活审美中家主的喜剧化指称了其所代表的传统伦理的式微。

在家主威权没落的同时，婚姻上的金钱关系和门户观念也受到了激烈的挑战。金钱和门第，是中国旧式婚姻中集体遵守的规范。但在李渔的戏剧中，作为晚辈的婚恋当事人拒绝长辈之命，成为戏剧冲突的重要契

---

① 《李渔全集》第五卷，浙江古籍出版社 1991 年版，第 27 页。

② 《李渔全集》第五卷，浙江古籍出版社 1991 年版，第 11 页。

③ 《李渔全集》第四卷，浙江古籍出版社 1991 年版，第 122 页。

机。在《比目鱼》中，富豪钱万贯垂涎藐姑美貌，欲谋娶为妾，藐姑的母亲刘绛仙是戏班班主，她贪图钱财，收下聘礼。藐姑拗不过母亲之命，抱石投水；在《蜃中楼》中，东海龙王的三弟钱塘君做媒把舜华许嫁给泾河龙王的儿子，舜华不从而被罚在泾河边牧羊，都是这种情形。它们表明家长权威和传统观念对婚姻的当事人不再具有绝对的约束力，也表明了挑战者具备的牺牲精神。这种精神和《西厢记》《牡丹亭》中的情形都不相同。在《西厢记》中挑战者要在传统规范之中创造理想的爱情生活，它给人憧憬和遐想；在《牡丹亭》中，要通过挑战者杜丽娘表达"情"的重要性，它是一种超越现实的理想生活。在李渔的戏剧中，挑战者更多的是悲剧精神——它展示了对长辈权威的更大力度的挑战，在故事的演进中使传统的规范和长辈的威权失去其内在的精神，变成一种夸张的形式，从而产生喜剧效果。

第二，社会：戏剧发生的背景，正向价值的传递和社会现象的"脱冕"。

在李渔的戏剧中，家庭和社会有密切的关联。其关联方式，主要是主人公从家庭走向社会，在社会获得普遍性的意义，之后从社会返回家庭，在这一过程中故事发生重大变化。

《奈何天》中的义仆阙忠，替家主焚烧债券（慈善）、资助戍边军士、参与保卫国家的作战，为社会作出贡献感动了神明，帮助阙素封解脱了外形的丑陋，获得皇帝的加封，从而皆大欢喜；在《风筝误》中，韩世勋西蜀平叛立功，回来后成就佳缘；在《巧团圆》中，于兵荒马乱、流离失所的社会环境中，姚继以慈爱之精神、利他之动机行事，其岳父姚器汝（曹玉宇）为官府征召成功平叛，最后一家团圆。在这些戏剧中，赋予了个人、家庭以社会责任，从而使这种社会责任的履行和故事的团圆结局之间具备某种因果关系。《玉搔头》的爱情以明代正德皇帝时期的社会背景展开，《蜃中楼》的爱情以龙宫"社会"为背景演绎，都把爱情扩大到社会层面，在其中宣扬社会责任，传递正向价值理念。

作为社会关系的总和，每个人都有其社会角色。获取社会角色是一个被"加冕"的过程，通过"加冕"使一个人具备了自身的价值和存在感。在戏剧中，李渔让多种社会角色的人物"脱冕"，产生了讽刺效果。俄国思想家巴赫金论述了脱冕的含义以及它的审美效果，他说："如果说人们一开始把小丑打扮成国王，那么现在当他的王国结束后，人们又给他换装，'滑稽改编'成小丑模样。辱骂与殴打跟这种换装、改扮、变形是完全等效的。辱骂揭开被辱骂者的另一副真正的面孔，辱骂撕下了他的伪装与假面具：辱骂与殴打在对皇帝脱冕。"① 脱冕在揭示真相的同时，也制造了被脱冕者的喜剧效果。传递正向的价值观念，是获得社会公众认同的必要条件，但李渔的创作目的不在这里，其戏剧的价值也不在此。李渔的目的是给生活带来乐趣，把戏剧变成放松心情的手段，因此，通过喜剧的形式在等级社会中平衡不同阶层之间的对话，在轻松的笑声中为等级社会中的现象和人物脱冕，成为李渔戏剧社会性的重要特点。

从现象上看，官员们正襟危坐、光环笼罩，官场上名声显赫、利益纷纭，这都是社会生活中的"加冕"。在作品中，李渔要为朝廷官员和官场"脱冕"，撕下他们的假面具和阔衣装。在传奇《风筝误》第十出《请兵》中，詹武承出征前点将，四位将领的名字分别是钱有用、武不消、闻风怕、俞敌跑："只知钱有用，都言武不消；今日闻风怕，明朝俞敌跑。"② 在传奇《蜃中楼》第五出《结蜃》中写龙王派鱼虾鳖蟹四将，鳖缩头不动，别人笑他，他说："列位不要见笑，出征的时节缩进头去，报功的时节伸出头来，是我们做将官的常事，不足为奇。"③ 这是为朝廷的将领"脱冕"。

在传奇《意中缘》第二十一出《卷帘》中，某官员借求画为名调戏杨云友，云友怒斥道："休得要倚官尊自逞豪，恃金多忒放刁。……写灯

---

① ［俄］巴赫金：《拉伯雷研究》，河北教育出版社 1998 年版，第 226 页。
② 《李渔全集》第四卷，浙江古籍出版社 1991 年版，第 140 页。
③ 《李渔全集》第四卷，浙江古籍出版社 1991 年版，第 223 页。

笼马前高照，刻封皮人前炫耀。吓乡民隐然虎豹，骗妻孥居然当道！"①这几段曲调，通过辱骂的形式为官僚缙绅脱冕，把他打回"丑"的原形。这也表现了李渔"愤世"的情绪。这种情绪在李渔的小说中也有淋漓尽致的体现，如小说《无声戏》第三回《改八字苦尽甘来》中，衙门皂隶告诫蒋成说："不是撑船手，休来弄竹篙。衙门里钱这等好趁？要进衙门，先要吃一服洗心肠，把良心洗去；还要烧一分告天纸，把天理告辞，然后吃得这碗饭。你动不动要行方便，这'方便'二字是毛坑的别名，别人泻干净，自家受腌臜，你若有做毛坑的度量，只管去行方便；不然，这两个字，请收拾起。"②这种对官场的换装、改扮，在脱冕过程中否定了它的价值、揭示了它的真相。

自古以来，读圣贤之书、担天下之责是中国文人学士的正向品格。但不可否认，以学问为伪装、把学问变成蝇营狗苟的手段、以功名利禄为追逐目标的乡愿嘴脸比比皆是。对这类人来说，热衷名利的本质和读圣贤之书的表象构成错位和冲突。李渔在传奇《奈何天》第二十八出《形变》中，通过变形使者之口揭露儒生的势利和虚伪："如今世上，尽有那一介贫儒，看他的形容举止，寒酸不过，竟与乞丐一般；一旦飞黄腾达，做起仕宦来，不但居移气，养移体，那种气概与当初不同，就是骨格肌肤，也决不是本来面目。"③这是李渔在戏剧中为文人学士脱冕。

除官场和文人学士外，李渔的"脱冕"策略还广泛运用在社会的各色人物和事件中。从人物上说，有媒婆、和尚、财主、商人，等等。如传奇《风筝误》第十七出《媒争》中媒人之间相互揭短，这个说："你前日替王翰林的夫人兑金，七成当了十成；替朱锦衣的奶奶兑珍珠，十换算了十五换。"那个说："你把贱奴充作尊，破罐冒为整。"④又如，传奇《比目鱼》第十一出《狐威》中乡宦钱万贯自白云："金银堆积如山，谷米因陈

---

① 《李渔全集》第五卷，浙江古籍出版社1991年版，第390—391页。
② 《李渔全集》第八卷，浙江古籍出版社1991年版，第58页。
③ 《李渔全集》第五卷，浙江古籍出版社1991年版，第89页。
④ 《李渔全集》第四卷，浙江古籍出版社1991年版，第161页。

似土。良田散满在各邑，纳不尽东西南北的钱粮；资财放遍在人头，收不了春夏秋冬的利息。"① 从事件上说，婚姻恋爱、行军打仗、科场取士等都成为脱冕的对象。如在《风筝误》中，詹烈侯假扮鬼神打退掀天大王、韩世勋以纸扎的狮子击败蛮兵侥幸成功；又如，《怜香伴》中周公梦应试时把事先准备好的文字卷成细竹筒模样塞在肛门里，临场取出抄写，结果被搜查出来，等等。

李渔的戏剧为社会生活许多方面"脱冕"，可以理解成一种"愤世"的情绪。有人评论李渔的著作说："笠翁，殆亦愤世者也。观其书中借题发挥处，层见叠出。如'财神更比魁星验，乌纱可使黄金变'，'孔方一送便上青霄'……皆痛快绝伦。使持以示今之披翎挂珠，蹬靴带顶者，定如当头棒击，脑眩欲崩。"② 中国学人以"愤世"的传统观念看待李渔的戏剧，延续了传统的"发愤"说，自有其道理。同时，俄国学者巴赫金的话同样富于启发性。他说："这是欢乐自由的游戏，但又是包含深刻意义的游戏。它的真正主人公与作者就是时间本身，它给旧世界（旧权力、旧真理）脱冕，使之变得荒谬可笑，并为之送终，同时又产生一个新世界。"③ 李渔戏剧对旧权力、旧真理的脱冕产生了新的世界。这个新世界就是市民社会背景下文化转型中的新质，李渔从戏剧的角度为商业文化、情欲表达开辟了道路，这或许就是李渔戏剧在社会层面上的价值体现。

二、戏剧语言：通俗化的叙述方式

中国古代文学中的诗词，重视语言的凝练、典雅和抒情性，强调炼字炼句。杜甫说："为人性僻耽佳句，语不惊人死不休。"他说的就是这个意思。唐代的白居易等人发起"新乐府"运动，要求诗歌"明白如话"、

---

① 《李渔全集》第五卷，浙江古籍出版社 1991 年版，第 139 页。
② 阿英编：《晚清文学丛钞·小说戏曲研究卷》，中华书局 1960 年版，第 335 页。
③ ［俄］巴赫金：《拉伯雷研究》，河北教育出版社 1998 年版，第 237 页。

"老妪能解"，但在注重文学抒情功能的唐代，白居易等人的主张没有占据主导地位。明清时期，作为主要文学形式的小说、戏剧要强化叙事功能，诗词中凝练、典雅、抒情的语言会妨害叙事功能的实现，语言的生活化、叙述方式的通俗化就成为时代的趋势和特色。在戏剧语言的通俗化方面，李渔从理论和实践两方面都做了努力：他让生活语言进入艺术，在艺术的界域修正生活语言，表达了对生活新的感受和理解，展示了语言的美学特色。

1. 街谈巷议，直说明言

李渔在《闲情偶寄》中明确区分了戏剧语言和诗文语言。他说："曲文之词采，与诗文之词采非但不同，且要判然相反。何也？诗文之词采贵典雅而贱粗俗，宜蕴藉而忌分明；词曲不然，话则本之街谈巷议，事则取其直说明言，凡读传奇而有令人费解，或初阅不见其佳，深思而后得其意之所在者，便非绝妙好词，不问而知为今曲，非元曲也。"[①]

就是说，诗文和曲文要"判然相反"：诗文要典雅、蕴藉，曲文则必须粗俗、直接而分明。曲文取自"街谈巷议"，使用的是市井语言，在叙事时必须"直说明言"，使人一读就懂、明白如话。李渔认为，在这方面的成功者是元曲，元曲的语言符合这一标准，元曲"绝无一毫书本气"，"有书而不用"，元曲文词"皆觉过于浅近，以其深而出之以浅，非借浅以文其不深也"；不成功之作是"今曲"即当下的曲文，今曲"满纸皆书"，"心口皆深"，做不到一读就懂、一听就明。

为了阐明自己的观点，李渔在《闲情偶寄》词曲部中以汤显祖的《牡丹亭》为例，择取第十出《惊梦》中"袅晴丝吹来闲庭院，摇漾春如线"、"停半晌，整花钿，没揣菱花，偷人半面"、"良辰美景奈何天，赏心乐事谁家院"、"遍青山，啼红了杜鹃"等曲文进行批评，认为它们"字字俱费经营，字字皆欠明爽。此等妙语，只可作文字观，不得作传奇

---

① 《李渔全集》第三卷，浙江古籍出版社 1991 年版，第 17—18 页。

观"；① 李渔择取《牡丹亭》第二十五出《忆女》中"地老天昏，没处把老娘安顿"、"你怎撇得下万里无儿白发亲"、"赏春香还是你旧罗裙"等曲文，赞扬说："此等曲则纯乎元人，置之《百种》前后，几不能辨。以其意深词浅，全无一毫书本气也。"② 这些曲文富于口语化、以浅显明白见长，符合李渔提出的标准。

"街谈巷议"的语言是真切的本色语，是"在家"的语言，不同于经过包装、"外出度假"的抽象的义理语言，也不同于典雅蕴藉的诗文语言。本色语接近意大利诗人但丁说的俗语。但丁说："我们所说的俗语，就是婴儿在开始能辨别字音时，从周围的人们所听惯了的语言，说得更简单一点，也就是我们丝毫不通过规律，从保姆那里所摹仿来的语言。"③ 但丁认为，在俗语和文言的比较中，俗语更高尚、更自然，人类开始运用的就是它，文言却是矫揉造作的，所以，要使用俗语进行创作和交流。"街谈巷议"的语言在市井生活中交流，也在艺术中使用，在生活和艺术这两个领域它的意义和形式是共同的，这就使得生活语言直接进入艺术成为可能。可以从某些语词在李渔戏剧和其他文本的使用中看到这一现象。

如"现世宝"是指出丑、丢脸、不成器的人。在《儒林外史》第三回，范进中举人之前岳父骂他有："我自倒运，把个女儿嫁与你这现世宝穷鬼"④ 的话。在李渔的传奇《奈何天·惊丑》一出有类似的使用："现世宝，现世宝，你看又不中看，吃又不中吃，为什么不早些死了。"⑤

又如，"大模大样"是指态度傲慢、目中无人的样子。明代王世桢在《鸣凤记》第二十三出有："又见他烈烈轰轰，呼呼喝喝，大模大样，前遮后拥，把那街上闲人尽打开。"⑥ 吴敬梓的《儒林外史》第十八回有："见上

① 《李渔全集》第三卷，浙江古籍出版社1991年版，第17—18页。
② 《李渔全集》第三卷，浙江古籍出版社1991年版，第19页。
③ 转引自朱光潜：《西方美学史》上卷，商务印书馆2011年版，第153页。
④ （清）吴敬梓：《儒林外史》，人民文学出版社1999年版，第21页。
⑤ 《李渔全集》第五卷，浙江古籍出版社1991年版，第16页。
⑥ （明）王世贞：《鸣凤记》，中华书局1959年版，第83页。

面席间坐着两个人，方巾白须，大模大样，见四位进来，慢慢立起身。"①
李渔在传奇《比目鱼》的《狐威》一出也有同义的用法："既然如此，你
们平日为何大模大样，全不放我在眼里?"②

再如"今早"是今天的意思。无名氏《桃花女》楔子："到今蚤日将
晌午，方才着我开铺面。"又："不想你今早果然无事回来。"③ 吴趼人在
《二十年目睹之怪现状》第九十一回有："今早奴进城格辰光，倒说有两
三起拦舆喊冤格呀!"④ 李渔延续了这种用法，他的传奇《比目鱼》中《耳
热》一出有："今早有几个朋友约我一同去看，我有些笔债未完，叫他
先去。"⑤

这些语汇在李渔的戏剧中和在明清时期其他戏曲、小说文本中，具
有类似的使用意义，它们都有鲜明的生活特点，都具备"街谈巷议"的
基础。

李渔所说的曲文取自街谈巷议，是从基础性的来源上说的。从这个
角度看，即使典雅、凝练的诗文语言，也可以追溯到生活当中百姓的语
言。不同之处在于曲文比诗文更加直接地取自街谈巷议。曲文语言直接取
自街谈巷议可以有两个功能：一是通过作品对百姓进行教育，把作者的政
治、道德、知识观念融在曲文这种审美形式中，使百姓在非审美方面有所
收获；二是通过语言贴近百姓的世俗生活，为百姓容易接受，使戏剧获得
观众的广泛认可。当然，知识经验的收获和情感的引动不能截然分开，但
李渔创作的动机更接近后者。

但是，戏剧是一种艺术形式，它的语言毕竟不能"直接"来自街谈
巷议、把生活语言原样不变地搬到戏文中，而是必须对它进行改造：或者

---

① （清）吴敬梓：《儒林外史》，人民文学出版社 1999 年版，第 122 页。
② 《李渔全集》第五卷，浙江古籍出版社 1991 年版，第 140 页。
③ 徐征、张月中、张圣洁、奚海主编：《全元曲》第 7 卷，河北教育出版社 1998 年版，
　第 4763 页。
④ （清）吴趼人：《二十年目睹之怪现状》，人民文学出版社 1959 年版，第 747 页。
⑤ 《李渔全集》第五卷，浙江古籍出版社 1991 年版，第 113 页。

对它本身进行改造，或者对它所处的语境进行改造，使之和街谈巷议的语言进行区别，符合戏剧艺术的要求。实际上，在李渔的作品中到处可见对生活语言改造的现象。

比如，夫妻之间的对话虽然通俗易懂，但在戏剧中已经做了改造，在传奇《怜香伴》的《随车》一出："（旦）恭喜相公，秋闱首捷，春榜先声，裙布荆钗，忽然生色。（生）多亏娘子才德兼长，内外并理，小生专心举业，才得成名。"[①] 这是对语言本身进行改造。又如，"有人与否"的询问也不可能像生活中那样简单、直接，而是放在戏剧语境中进行。在传奇《蜃中楼》的《望洋》一出："（丑上）投生不如奔熟，送旧可以迎新。里面有人么？"[②] 这些改造都使得街谈巷议的语言符合了戏剧艺术的表达规律。

对语言本身和它所处语境的改造，就在生活语言和艺术语言之间划了一条分界线。如果说，《牡丹亭》等戏剧语言更多地适应文人情趣、远离了百姓的语言，它使生活语言和戏剧语言的分界线更加明朗，那么，在元曲和李渔这里，则让这两种语言的分界线有了一定的模糊性，在分界线上出现了相互接近的情形。但李渔没有，实际上也做不到取消这条界限。原因在于，艺术一定根据自身的规律对"街谈巷议"的语言进行提升，使之符合艺术的惯例和习俗。同时，李渔具备文人的身份，这是他进行戏剧创作的必要条件，而戏剧毕竟不同于生活。只要戏剧和生活的界限存在，戏剧语言和生活语言的界限就不会消失。李渔打破诗文语言的抒情传统，强调戏剧语言的通俗性，使戏剧向世俗大众的生活趋归，在文人及其使用的语言方式中凸显文化新质，展示了一种明白如话的审美面貌，但这并不意味着生活语言和戏剧语言界限的消失。就是说，戏剧语言可以浅显通俗、使用市井百姓的本色语言，同时它必须有审美品位、以浅见深，让人回味无穷。

---

① 《李渔全集》第四卷，浙江古籍出版社 1991 年版，第 73 页。
② 《李渔全集》第四卷，浙江古籍出版社 1991 年版，第 247 页。

李渔认为，传奇的事要"直说明言"，要避免"初阅"感觉不佳、经过之后的"深思"才得其深意所在的情形。就是说，戏剧的叙事要在"初阅"的同时直接获得理性的结论，这就取消了"初阅"和"深思"的时间距离和思维深度。当然，这并不意味着取消传奇的叙事策略，叙事策略是审美生成的条件，只有具备审美价值，传奇才能映照生活、为生活带来乐趣。因此，李渔很重视戏曲"使人想象于无穷"的审美效果。他认为，在戏曲的开头要用"奇句"抓住人的注意力，使人不能离弃；在结尾要使人留连不已、欲罢不能："开卷之初，当以奇句夺目，使之一见而惊，不敢弃去，此一法也；终篇之际，当以媚语摄魂，使之执卷留连，若难遽别，此一法也。收场一出，即勾魂摄魄之具，使人看过数日，而犹觉声音在耳、情形在目者，全亏此出撒娇，作'临去秋波那一转'也。"[1] 戏曲结尾"临去秋波那一转"，能够勾魂摄魄，使人如声音在耳、情形在目，留下更广阔的想象空间，所谓"余音绕梁，三日不绝"。

李渔为戏剧提出它要像元曲一样"初阅"即可以进行判断的标准，可能有两方面的原因：一是戏剧时间短，没有让观众深思的时间；二是戏剧的观众是文化水平不高、审美追求通俗的普通百姓。两方面的原因，使得深思戏剧的含蓄蕴藉并不现实。因此，在戏剧的叙事中，李渔广泛使用了全知叙事。知名学者郭英德先生对这一点有着中肯的评价："戏曲中的人物作为叙述者，最常见的是用叙事的方式来介绍事件、展示性格。例如，戏曲中几乎所有的主要人物，无论是正面人物还是反面人物，在他们上场时都有一段'自报家门'，向观众讲述自己的生平和性格。这种'自报家门'，虽然用第一人称的口吻，但所说的并不都是人物在大庭广众之下可能说、可以说或应该说的话。换言之，这往往是一种第一人称的全知叙事，而不是纯粹的角色叙事。"[2] 这种叙事方式把人物的内心、事情的脉

---

① 《李渔全集》第三卷，浙江古籍出版社 1991 年版，第 64 页。
② 郭英德：《稗官为传奇蓝本——论李渔小说戏曲的叙事技巧》，《文学遗产》1996 年第 5 期。

络清晰地呈现在观众面前，展示了一种明白如话的审美风貌。

2. 着重宾白，打趣助兴

戏曲中的对话，包括"曲文"和"宾白"两部分。"曲文"是"剧诗"，它更多地具备诗和音乐性因素；"宾白"是"剧话"，它更多地具备叙事和口语化特征。

明代文学家徐渭在《南词叙录》中讲到戏曲中唱和白的定位，他说："唱为主，白为宾，故曰宾、白，言其明白易晓也。"① 说明在传统戏曲中，更注重作为"剧诗"的音乐因素，作为"剧话"的宾白处于附庸的地位。明代戏曲理论家王骥德在《曲律》中专论宾白，他说："对口白须明白简质，用不得太文字；凡用之、乎、者、也，俱非当家……句字长短平仄，须调停得好，令情意宛转，音调铿锵，虽不是曲，却要美听。诸戏曲之工者，白未必佳，其难不下于曲。"② 他强调宾白的两个特点：一是明白简明、口语化，不可使用太文的字；二是要具备曲的要素，服从"美听"的原则。在王骥德看来，宾白具有明显的附庸地位，它的叙事功能还没有得到开发。到李渔这里，则强调宾白对人物个性的塑造和叙事功能。李渔说：

> 言者，心之声也，欲代此一人立言，先宜代此一人立心，若非梦往神游，何谓设身处地？无论立心端正者，我当设身处地，代生端正之想；即遇立心邪辟者，我亦当舍经从权，暂为邪辟之思。务使心曲隐微，随口唾出，说一人，肖一人，勿使雷同，弗使浮泛。③

"代此一人立心"，就要着意揣摩人物在各个情境中的口吻，使宾白更贴近和反映生活，突出戏剧的叙事性，把人物的姿态、观念活灵活现地展示在

---

① 《中国古典戏曲论著集成》（三），中国戏剧出版社 1959 年版，第 246 页。
② 《中国古典戏曲论著集成》（四），中国戏剧出版社 1959 年版，第 141 页。
③ 《李渔全集》第三卷，浙江古籍出版社 1991 年版，第 47 页。

观众面前。

比如，《比目鱼》中的旦角刘绛仙，教导女儿戏场上的演技，还传授她应付特殊观众的三句秘诀——"许看不许吃，许名不许实，许谋不许得"。原因在于：

> 但凡男子相与妇人，那种真情实意，不在粘皮靠肉之后，却在眉来眼去之时，就像馋人遇酒食，只可使他闻香，不可容他下箸；一下了箸，他的心事就完了。那有这种垂涎咽唾的光景来得闹热。①

这几句话生动地刻画了一个戏场的淘金高手，它和生活中的道理、事件有高度的一致性。同样《比目鱼》中的《挥金》一出，钱万贯先是与刘绛仙相好，后又看上她的女儿藐姑。钱万贯自言道：

> 我钱万贯嫖了一世表子，见过多少妇人，只说刘绛仙的姿色，也是艳丽不去的了，谁想生个女儿出来，比他又强几倍。看了他几本戏文，送去我半条性命。也曾千方百计去勾搭他，他竟全然不理。想来没有别意，一定是不肯零卖，要拣个有钱的主子，成夏发兑的意思。②

这段宾白，把钱万贯塑造成一个猥琐油滑、满脑淫念的器官动物。在这里，已不见王骥德要求的字句的长短平仄，而是使用贴近日常生活的语言，把人物隐微的心曲随口说出，做到了"说一人，肖一人"。从功能上来看，这些宾白在刻画人物方面的成果，不输于曲文的审美价值，甚至超过曲文，成为吸引观众的亮点。

在李渔的传奇中，宾白所占的分量不少于三分之二，这和《牡丹亭》是相当的。宾白在叙述事件、交代因果、塑造人物的同时，常常需要打趣

---

① 《李渔全集》第四卷，浙江古籍出版社 1991 年版，第 117 页。
② 《李渔全集》第四卷，浙江古籍出版社 1991 年版，第 147 页。

助兴，为生活增加乐趣。这种打趣助兴的职能，多由"丑"、"净"二类角色完成。徐渭认为，丑"以墨粉涂面，其形甚丑"①。形象上滑稽，使得丑角在语言和动作上表现得比正常人"较差"变得合情合理，因而具有喜剧功能。"净"相当于古代参军戏中的"参军"，为"优中最尊"者。这就说明"净"的身份还是"优"，他的语言和动作也具有喜剧特征。在《牡丹亭》中，"丑"和"净"出现频次较高的是二十三出《冥判》、三十八出《淮警》、四十三出《御淮》等涉及阴曹地府、冥王判官、战争等内容的部分。在其他各出，"丑"和"净"虽有出现，也多是配角地位，居于主角的多是"旦"和"生"等正面角色。在李渔的戏剧中则有较大不同，"丑"和"净"出场频次较高，甚至成为传奇的主角（如《奈何天》中的阙素封），他们的打趣助兴达到了无以复加的程度。

从人类中心主义的角度看，人比动物高级、有尊严。在童话中把动物拟人化，使动物像人一样具备情感和道德观念，实际上是制造了一种审美距离：通过人和动物的隔离、以动物为喻使道德观念和情感意义变得更加纯粹和可信。在社会中把人动物化往往意味着亵渎和人格上的污辱，如果是角色主动的自我亵渎，则意味着一种自虐式的打趣。在李渔的戏剧中，通过"丑"和"净"两种角色做自虐式打趣，是语言使用上的一大特色。如传奇《玉搔头》的《篾哄》一出有这样的宾白：

> （丑）小子姓朱。（老旦）请坐。（净扯副净背介）想是来做媒的了，不要让他，竟坐上去。（上坐介）（丑）二位逊也不逊，居然上坐，也忒煞自尊了。（净、副净）你姓猪，我们姓牛、姓马，牛马大似猪，该是我们坐。（丑）我且问你，当今皇帝姓甚么？（净、副净）姓朱。（丑）又来，皇帝的姓倒不大，你们这些畜类倒大起来？（净）好骂，好骂。②

---

① 《中国古典戏曲论著集成》（三），中国戏剧出版社 1959 年版，第 245 页。
② 《李渔全集》第五卷，浙江古籍出版社 1991 年版，第 240 页。

夸张的形式包含无意义的内容是喜剧的特点。在这段宾白中，不仅一般人的形式包含着动物的内容（姓氏指向动物），而且皇帝的形式也包含着动物的内容（姓氏指向动物）。通过内容和形式悖谬否定了角色的外在价值，实现喜剧的效果。当代美学家朱光潜说："就谐笑者对于所嘲对象说，谐是恶意的而又不尽是恶意的……一个人既拿另一个人开玩笑，对于他就是爱恶参半。恶者恶其丑拙鄙陋，爱者爱其还可以打趣助兴。"① 这里，谐笑者和所嘲对象合一，带有恶作剧的特征。

通过丑和净的宾白制造恶作剧，能够引发观众广泛的笑声。传奇《蜃中楼》中的泾河小龙，首先从形象和动作上就充满喜剧元素：他垢面鼻涕，如呆如痴，龙王问他年龄，他三翻其手，再竖一指，问他属相，他以爬到老父背上来应对。在《婚诺》一出中，老龙和他商议婚嫁之事，他更是痴话连篇，丑态不断：

> （副净）……我儿，你如今年纪长成，爹爹要替你娶媳妇了。……（丑）爹爹，媳妇是什么东西？可是吃得的么？（副净）又来说痴话了。媳妇是个妇人，娶来生儿子的，怎么吃得？（丑）我不会生什么儿子，你既要娶媳妇与我，我就央你替我生生罢。（副净）胡说。（丑）你不肯就罢，还有母亲在那里，我央他替我生。（净）一发胡说。母亲是个妇人，怎么会生儿子？（丑）你说母亲不会生儿子，人都说我是他生出来的。②

在这里，出现了一连串的荒谬背理，泾河小龙思维混乱、胡搅蛮缠，显示了其性情和年龄的极不协调，言语和行动的荒诞不经。

在丑和净的宾白中使用世俗语言来接近生活、接近观众，是李渔的戏剧理念和坚持不懈的追求目标。但是，在打趣的过程中也存在着粗俗以

---

① 朱光潜：《诗论》，生活·读书·新知三联书店1998年版，第27页。
② 《李渔全集》第四卷，浙江古籍出版社1991年版，第230—231页。

至于调笑过度、造成伤害的情形。比如，上文所引《玉搔头》的宾白中对牛、马、朱等姓氏的调侃难免过分，《蜃中楼》中泾河小龙的宾白则伤害了父母子女之间的伦常关系。亚里士多德指出，喜剧是一种不至于引起痛感的丑陋和乖讹。过分的调侃和对伦常关系的伤害则引起"痛感"，背离了喜剧的一般定性。因此，对李渔剧作进行伦理批评的声音一直未断。清代学者梁绍壬在《两般秋雨盦随笔》卷四《李袁轻薄》中说："李笠翁十二种曲，举世盛传。余谓其科诨谑浪，纯乎市井，风雅之气，扫地已尽。"[①] 当然，为李渔辩护的也不乏其人。光绪二十三年（1897），学者丘炜蒦在《客云庐小说话·十种传奇》中，把李渔戏曲语言的娱乐性与李渔的创作意图联系起来进行分析："李笠翁渔工词曲，所著十种传奇，一时盛行，声大而远。或有议其科诨纯是市井气，不知作者命意，正惟雅俗共赏，使人易于观听。"[②] 但是，李渔的意图（命意）是一回事，作品中语言的呈现是另一回事，它们不能画等号，前者不能成为后者的原因。毕竟以粗俗的语言取悦观众，违背了戏曲的文明精神，也未能做到雅俗共赏、易于观听。

3. 语义游离，产生机趣

语言是一种结构、惯例和习俗，它存在于个人的意志之外、为社会所接受，它保证了言语活动的可能性。瑞士语言学家索绪尔认为，语言"既是言语机能的社会产物，又是社会集团为了使个人有可能行使这机能所采用的一整套必不可少的规约"[③]。作为一种理性结构，语言固化了其中各语词和句子的基本意义，使人之间的交流成为可能。同时，言语具有个人性，它可以暂时游离或拓展语词和句子的基本意义，如口头言语会出现错乱、失语，并且可以书写，"口头言语活动的各种错乱跟书写言语活动

---

① 《李渔全集》第十九卷，浙江古籍出版社 1991 年版，第 315 页。

② 《李渔全集》第十九卷，浙江古籍出版社 1991 年版，第 317 页。

③ ［瑞士］费尔迪南·德·索绪尔：《普通语言学教程》，商务印书馆 1980 年版，第 30 页。

有千丝万缕的联系"①。在口头（或书写）的言语中有意或无意的口误会产生喜剧效果。喜剧效果产生于词义从语言系统中的"滑脱"或"游离"。在李渔的戏剧中，语义游离的形式是多种多样的。

首先，有成句和语境的变异。诗歌、成语一旦在语言系统中广泛传播和认同，就形成了它自身的特定语境和明确意义。成句的变异，可以是语词的声音、意义、节奏等多方面的变化，这种变化使成句在语言系统中的语义和它游离之后的语义之间形成对照的关系，以语言系统中语义的松动产生审美的趣味。

在《风筝误》中，韩世勋在被逼娶亲的前夜，因误将明日的佳人认作是昔日丑妇，因而决定"虽然做亲，只不与她同床共枕"，"准备着独眠衾，孤栖枕，听他哝哝唧唧数长更"，并切齿道："丑妇，丑妇！我叫你做个卧看牵牛的织女星。"②这句曲词本自唐代诗人杜牧的《秋夕》诗："天街夜色凉如水，卧看牵牛织女星。"③清人杨恩寿在《续词余丛话》卷二评道："本是成句，略改句读，用意各别，尤为巧不可阶。"④"巧"就产生于语言意义的游离。这种游离生动地显现了韩世勋嘲骂詹淑娟的神情，以牵牛星与织女星遥隔天河可望而不可即作喻，也是准确有趣的。在这种游离中，"看"的主角发生了变化：杜牧诗句中是作者引导读者看天上的牛郎星和织女星，是审美的静观；在《风筝误》中，是丑妇（相当于织女）看牛郎，是饥渴中的期待。这就把文化意义上的爱情诉求转换成世俗视角的欲望表露。

又如，传奇《蜃中楼》的《望洋》一出，有"家停四海鱼盐客，门泊诸夷宝贝船"⑤。这句话由杜甫的绝句"窗含西岭千秋雪，门泊东吴万里

---

① ［瑞士］费尔迪南·德·索绪尔：《普通语言学教程》，商务印书馆1980年版，第32页。
② 《李渔全集》第四卷，浙江古籍出版社1991年版，第189—190页。
③ （清）蘅塘退士等编：《唐诗三百首　宋词三百首　元曲三百首》，浙江古籍出版社1988年版，第128页。
④ 中国戏曲研究院编：《中国古典戏曲论著集成》（九），中国戏剧出版社1959年版，第305页。
⑤ 《李渔全集》第四卷，浙江古籍出版社1991年版，第247页。

船"① 滑脱而来。在杜甫的诗句中，是家和外面世界的相通，是有限的个人因连接无限时空而完满；到了李渔的戏剧中则已完全商业化，把审美的哲思转换成了一个熙来攘往的世俗社会图景。

其次，有成语的变形，它表现为语言形式和内容之间的游离。成语在语言系统中的形式和内容是公共性的，公共性是成语使用的基础。这种游离保留了它的公共性形式，用其他内容的公共性置换其原有内容，从而产生新鲜感。在 20 世纪晚期中国改革开放的语境中，广告活动中大量"妙"改成语的变形属于"翻新"，它可以创造暂时的记忆点并实现特定的传播效果；同时，它指称着商业活动对语言系统的解构，构成了商业社会独特的喜剧景观。

在李渔的戏剧中，有这种拆字式的翻新，如《奈何天》中"（阙里侯）自从祖上至今，只出有才之贝，不出无贝之才"②。也有通过句读的改变使成语变形，实现内容的置换，产生喜剧效果。如在《意中缘》中，是空和尚憧憬着骗取杨云友到手后的情景，他喜不自禁地咬文嚼字道："不但洞其房而花其烛，还要金其榜而挂其名。"③ 在传奇《比目鱼》中，钱万贯骄矜自己这位"大大的财主，小小的乡绅，也尽做得过"，同时扭捏掉文："难道不叫我顶其肚而摇摆，高其声而吃喝者乎?"④ 李渔在"洞房花烛"、"金榜挂（题）名"、"顶肚摇摆"、"高声吃喝"等成语中，镶嵌进"其、而"二字，把这几个成语使用所关联着的学问，置换成胸无点墨却要附庸风雅的丑态，增添了许多笑料。

再次，语词的延展，摆脱已有的词义以及它与语境的关联，通过挪移、借用等手段，创生出新的语汇及其语境。李渔在对语词进行延展中，因未加斧凿自然天成，而趣味横生。

如《比目鱼》中的慕容介："只因有心辞官，要辞个断绝，不要辞了

①　李长路：《全唐绝句选释》上，北京出版社 1987 年版，第 251 页。

②　《李渔全集》第五卷，浙江古籍出版社 1991 年版，第 8 页。

③　《李渔全集》第四卷，浙江古籍出版社 1991 年版，第 337 页。

④　《李渔全集》第五卷，浙江古籍出版社 1991 年版，第 139 页。

官头,又留个官尾。"① 给"官"创造出了"头"和"尾",是口语中极其自然的事,却对现实有着较强的讽刺意味。又如,在《玉搔头》中围绕"篾"字的延展。篾片,是指劈成条的竹片、芦苇、高粱皮等,篾青是竹子的外皮,篾黄指竹子外皮以里的部分,也叫篾白。另外还有篾工、篾刀、篾匠等。明末清初时富家豪门的帮闲清客,被称为"篾片"。在《玉搔头》中,李渔使用了这一语汇:"(净)……我看你这个模样,想来也是个篾片么?……(副净)你去问一问了来。我们是太原城里,有名的帮闲头目,一个叫篾青,一个叫做篾黄。"② 在这一出中,李渔除借用和挪移篾青、篾黄外,还创生了管篾片的"篾王"(帮闲清客头目),以及篾家属、篾纱帽、篾丝等,并且还有"原来贵处的篾片竟是竹鞭做的,这等来得结实"③ 这样的妙语,这就以"篾"字在经验中和文化中的语义为基础,在新的语境中对它进行延展,呈现了一众帮闲清客的群像,强化了作品的喜剧效果。

最后,语言指向的变异。在语言使用中有其固有的行进指向,它和人的思维进程相对应,成为一种经验或习俗中的存在。语言指向的变异,是指通过回环、重复等手段改变或突破了它的原有指向,造成思维进程的偏离或递转,打破经验中预设的"期待",产生新奇的效果。

在《怜香伴》中,丫鬟描述曹语花说:"(贴旦)好笑我家小姐,自从那日在雨花庵与范大娘结盟回来,茶不思饭不想,睡似醒醒似睡。"④ "睡似醒醒似睡"这六个字用回环的形式实现了白天和黑夜的全覆盖,表述了曹语花茶饭不思的情感状态。还是《怜香伴》,写周公梦"(摊书看介)一行才勉强,双眼已朦胧。只恐周公梦,又要梦周公"⑤。周公梦和梦周公又是回环的形式,强化了周公梦不学无术的滑稽样态。

---

① 《李渔全集》第五卷,浙江古籍出版社 1991 年版,第 142 页。
② 《李渔全集》第五卷,浙江古籍出版社 1991 年版,第 240 页。
③ 《李渔全集》第五卷,浙江古籍出版社 1991 年版,第 241 页。
④ 《李渔全集》第四卷,浙江古籍出版社 1991 年版,第 42 页。
⑤ 《李渔全集》第四卷,浙江古籍出版社 1991 年版,第 27 页。

语言指向改变带来形式上的趣味，也意味着不同语境中的意义。李渔的《奈何天》，单从名称上看就带着丰富的哲学意味。奈何即是无奈。面对天道有常，人无可奈何；面对时间流逝，人无可奈何；面对命运的搬弄，人也常常无可奈何。短暂和永恒、有情和无情是一个永恒的人生话题。在《奈何天》中，丑角阙素封对自己的长相、三位妇人对自己的命运和环境都属无可奈何。《奈何天》有云："奈何人不得，且去奈何天。"① 又云："饶伊百计奈何天，究竟奈何天不得。"② 这里也是通过回环的形式，以表面上的轻松和俏皮表明李渔对无可奈何的命运的一声叹息。

4. 市井谑浪，露骨秽亵

戏曲植根于民间，在明末清初的商业化氛围中，其通俗、媚俗甚至恶俗是普遍存在的问题，这些问题在相关文献中有所反映。比如，在江南发展较快、影响较大的花部诸腔被认为"音调粗俗，词句鄙俚"③，其他如弋阳腔等也存在着粗俗的问题。乾隆四十五年（1780），江西巡抚郝硕在查办戏曲的奏折中说："查江右所有高腔等班，其词曲悉皆方言俗语，俚鄙无文，大半乡愚随口演唱，任意更改……全家福所称封号，语涉荒诞，且核其词曲，不值删改，俱应竟行销毁。"④ 李渔也描述过这种现象，他说："观文中花面插科，动及淫邪之事，有房中道不出口之话，公然道之戏场者。"⑤ 由此可知，当时的戏曲至少存在着三方面的问题。

其一，这些戏剧所唱的曲没有经过专业人员的修饰，演唱人员也缺乏专业训练，唱出来后不中听。白居易在《琵琶行》中说其流放地浔阳"岂无山歌与村笛，呕哑嘲哳难为听"，就是这个意思。这些曲子和对它的演唱属"鄙俚无文"，但它在当今后现代语境中可以被理解成"原生态"

---

① 《李渔全集》第五卷，浙江古籍出版社 1991 年版，第 100 页。

② 《李渔全集》第五卷，浙江古籍出版社 1991 年版，第 7 页。

③ 周贻白：《中国戏剧史》（上、中、下），中华书局 1953 年版，第 554 页。

④ 转引自周贻白：《中国戏剧史》（上、中、下），中华书局 1953 年版，第 557 页。

⑤ 《李渔全集》第三卷，浙江古籍出版社 1991 年版，第 56 页。

唱法和内容的基础。① 其二，民间戏曲多使用方言、俗语，这就使得它的语言不具有公共交流的性质。如果仅仅限定在一个很小的范围内演唱，无法为更广大地区的听众所懂得，就会形成传播上的障碍。在构成中国地方戏剧特色的诸多元素中，方言俗语是重要的元素。但方言俗语存在的条件是，它不能在较大范围内形成接受上的障碍，否则，也就不能形成戏曲的地方特色。无障碍地接受，是戏剧语言公共性和地方特色相结合的前提条件。其三，大量的低俗、有伤风化的语言入戏。李渔所批评的在私密的"房中"也羞于道出口的话被搬到舞台上的现象，就是这种情况。语言的公共标准包含着文明的维度，当它说出来的时候，要受社会理性的制约，其文明化进程如图4所示。

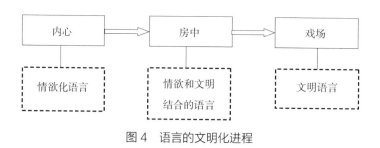

图4　语言的文明化进程

语言在意识中和原始的情欲有更紧密的关联，不需要文明法则的约束；在私密的"房中"有"他者"存在，要"说"出来就有了文明的要求；一旦到了戏场，它就要完全接受理性法则的制约，按照文明的标准来表达。因此，把房中的话道之戏场，就产生了语言和它使用场所的乖离，因背离道德要求、有伤风化而受到批评。

在《闲情偶寄》中，李渔正确地提出了科诨的美学原则，他说："不知科诨之设，止为发笑，人间戏语尽多，何必专谈欲事？即谈欲事，亦有

① "原生态"的提法适应了后现代社会中回归自然、为人类寻找更坚实的生存基础的动机，因而带有神圣的光晕。同时，它又是一个语义含混的概念。它的素材来自乡土，包含了"经过艺术加工"的含义，但艺术加工的程度、范围（从文本到演唱）的边界，未能予以厘清。

'善戏谑兮，不为虐兮'之法，何必以口代笔，画出一幅春意图，始为善谈欲事者哉?"①

科诨的唯一目的是发笑，笑是喜剧的基本特征，科诨是实现喜剧效果的手段。李渔认为，引人发笑的媒介有两类：一类是戏语。滑稽的语言和动作（戏语）有很多，其美学原则是语言本身的滑脱、乖谬、矛盾，能够引人发笑，它符合喜剧的基本理念。另一类是欲事。戏剧语言离不开欲事，世俗生活也离不开欲事，欲事是世俗生活中谈笑的核心话题。②欲事的谈论必须进行文辞和表述方面上的包装，民间百姓的包装能力比较差，无法像文人一样为它编织美丽的花环，因此，当它在民间呈现出来时就比较直接、粗糙，往往成为一幅"春意图"。李渔认为，在传奇中即使使用欲事，也要"善戏谑"、要做好文明的包装："科诨之妙，在于近俗，而所忌者，又在于太俗。"③就是说，要在俗与不俗之间寻找一个恰当的比例，来实现科诨的喜剧效果。

虽然李渔提出了正确的美学原则，但他自己的作品却常常受到时人的诟病。清人黄启太在《词曲闲评》中说："李渔一生著作，绝少雅音。非惟不容附庸妆点也，即所刻《一家言》，备极猥琐错杂，龌龊芜秽，以缙绅盛会，而侈谈床笫狎亵之事。自问居何人品，而彼竟津津乐道，昌言无忌。"④这是就李渔在生活中的表现，以及他作品的总体状况而言。黄启太又说："词曲至李渔，猥亵琐碎极矣。如杂种委巷小家鬼子，面目青黑，衣冠蓝缕，无足比于人数，故不复置褒贬也。"⑤这是专就李渔的戏剧而批评。黄启太说李渔戏剧的"绝少雅音"有些绝对，这里包含了黄启太因对李渔行迹不齿，从而对他的戏剧产生的偏见。

---

① 《李渔全集》第三卷，浙江古籍出版社 1991 年版，第 56 页。

② 弗洛伊德的基本理论和"欲事"在世俗生活中获得的广泛认同，都能说明欲事在世俗谈论中的核心地位。

③ 《李渔全集》第三卷，浙江古籍出版社 1991 年版，第 56 页。

④ 《李渔全集》第十九卷，浙江古籍出版社 1991 年版，第 317 页。

⑤ 《李渔全集》第十九卷，浙江古籍出版社 1991 年版，第 318 页。

当然，也有人从词曲的角度为李渔辩护。《清朝野史大观》中说："笠翁运笔灵活，科白诙谐，逸趣横生，老妪能解。"[①] 民国时期学者吴梅说："翁所撰述，虽涉俳谐，而排场生动，实为一朝之冠。"[②] 美国汉学家韩南说："尽管一些读者可能会被他们弄得反感，但是，李渔戏剧的丰富的滑稽性，主要在这些角色中被发现，那里充满了猥亵的语言、粗俗的幽默以及滑稽的讽刺。"[③] 辩护归辩护，李渔的戏剧没有能够避免低俗，甚至露骨秽亵地直接说房中事、制造"春意图"，以至于色情、下流的现象也不是个例。

如在《风筝误》中，詹烈侯的两位妾，大的姓梅，小的姓柳。李渔说："老梅虽占春光早，嫩柳还承雨露多。"[④] 这是带有色情意味的语言。在《奈何天》的《惊丑》一出中："怕近的是容颜，喜沾的是皮肉。""侧耳朵，静听鸾交，正在冲锋处，钩响床摇。"[⑤] 这是直接说房中的事，虽然还不是语言的"春意图"，但公然道之戏场，难免粗俗下流之讥。

又如，在《意中缘》中，妓女林天素的女仆对和尚说："是我家姐姐亲笔画的陈眉公山水，怎么不是真的？"和尚说："这等，你去对他说，我卖去了这画，还要来买那话的。"[⑥]"（副净）师父又来取笑，那话虽有，不是你出家人买的。扇子收好，我去了。"[⑦] 在这里，李渔公然用"那话"来指称性器官，也属下流粗俗之例。

再如，在《奈何天》中还有指称性行为的："（丑）便做道瘆乎其病，我还要风而且流。（做亲嘴介）（小旦呕吐介）（丑）你那里呕乎其吐，我这里涎而尚流。（叹介）可惜，可惜！还不曾解带宽衣，我这裈裆里面，

---

① 小横香室主人撰：《清朝野史大观》全3册，中央编译出版社2009年版，第1085页。

② 《李渔全集》第十九卷，浙江古籍出版社1991年版，第334页。

③ ［美］韩南：《创造李渔》，杨光辉译，上海教育出版社2010年版，第152页。

④ 《李渔全集》第四卷，浙江古籍出版社1991年版，第122页。

⑤ 《李渔全集》第五卷，浙江古籍出版社1991年版，第14、16页。

⑥ "那画"是关于性器官"那话"的双关语。

⑦ 《李渔全集》第四卷，浙江古籍出版社1991年版，第333页。

又早春风一度了。"① 这里的行为、动作、语言都属于李渔自己批评的、把房中羞于出口的话公然"道之戏场"的情况。在李渔的剧作中，通过淫亵来实现诙谐效果的例子并不鲜见。在《风筝误》的《媒争》一出中"张铁脚"与"李钻天"两个媒婆的争闹，在《慎鸾交》的《拒托》一出中妓女真小一与孟小二两个人以女性私处来相互攻击和玩笑，都属于淫亵的诙谐。有人说，"如此淫亵不堪的调笑搬演场上，不仅令'雅人塞耳，正士低头'，而且还可能产生更为恶劣的负面影响。"② 这种评价是比较中肯的。

情欲（性和侵略）作为文学和艺术创作的内容和动力，得到了当代学术界的基本认同。从某种意义上说，从不同角度对性与侵略的发掘和文明化，是艺术进展的契机和表征。在中国文学史上，由诗而词、由词而曲和小说，伴随着文学样式的转换，其特点是不断地贴近世俗生活，也成为艺术进展的例证。同时，艺术毕竟是文明的有机组成部分，它必须肩负起文明的责任。艺术家在创造新的感受世界的方式的同时，要有意识地去提升大众的审美品位，而不是去迎合大众的低俗趣味，更不能把生活中粗俗的语言直接搬到艺术中展示给受众。这是艺术审美和生活审美的基本原则。违背了这一原则，艺术品的价值就会大打折扣，艺术家的艺术责任和社会责任就会产生缺位，其艺术作品也不会为生活的审美增添光彩，反而会成为生活美学的解构性因素。

李渔的喜剧语言虽然注重"雅中带俗，又于俗中见雅"，并提出"戒淫亵"、"忌俗恶"，但他的词曲每有市井谑浪之习，这就突破了语言使用的文明边界，背离了艺术家和艺术品的基本责任，受到批评并为后人引以为戒也是在情理之中的。因为，不可能以李渔的淫亵语言去修正理性和文明的原则，只能以文明的原则去纠正和批评李渔的语言使用，并且在这一基本框架之下实现艺术的进展。

---

① 《李渔全集》第五卷，浙江古籍出版社 1991 年版，第 42 页。
② 邱剑颖：《李渔戏剧科诨平议》，《艺苑》2009 年第 3 期。

三、戏剧接受：更广大的人群

古希腊哲学家亚里士多德认为，戏剧产生于对人的行为的模仿，他区分了模仿的两种情形：一是"史诗诗人也应编制戏剧化的情节，即着意于一个完整划一，有起始、中段和结尾的行动"；二是"通过扮演，表现行动和活动中的每一个人物"。① 前者着眼于戏剧的文学性（dramatic），后者着眼于戏剧的舞台呈现（theatre）②。戏剧的这种区分，也表现在李渔的戏剧观念中，他首先区分戏剧的"文人把玩"和"优人搬弄"："圣叹所评，乃文人把玩之《西厢》，非优人搬弄之《西厢》也。文字之三昧，圣叹已得；优人搬弄之三昧，圣叹犹有待焉。"③ 其次，李渔把戏剧的"优人搬弄"即舞台呈现放在重要的地位，他说："填词之设，专为登场。"④因此，他在创作戏剧时，"手则握笔，口却登场，全以身代梨园，复以神魂四绕，考其关目，试其声音，好则直书，否则搁笔，此其所以观听咸宜也"⑤。在李渔看来，戏剧创作要服从演出的目的，在创作时预判演出效果，而不是停留在文人案头。换句话说，停留在文人案头的戏剧，还不是完整的戏剧。

李渔重视戏剧的舞台呈现，使戏剧由文人案头走向剧场大众，除了戏剧理论上的意义外，更重要的是适应了时代的需求，体现了社会文化价值。汤显祖的《牡丹亭》是高度文学化的典范，它体现了戏剧的文学性。但在明末清初，"这股极端诗文化的审美风潮，却随着更多通俗观众的参与，剧场娱乐需求的提高，渐渐出现了调整"⑥。调整的方向，就是把

---

① ［古希腊］亚里士多德：《诗学》，陈中梅译，商务印书馆1996年版，第163、42页。

② 参见董健、马俊山：《戏剧艺术十五讲》，北京大学出版社2006年版，第67页。

③ 《李渔全集》第三卷，浙江古籍出版社1991年版，第65页。

④ 《李渔全集》第三卷，浙江古籍出版社1991年版，第66页。

⑤ 《李渔全集》第三卷，浙江古籍出版社1991年版，第48页。

⑥ 林鹤宜：《清初传奇宾白的写实化倾向》，（台湾）《戏曲学报》2007年6月创刊号。

诗文化的"写意"转向生活化的"写实"，重视宾白、使之更加贴近世俗生活。

因此，李渔的思想可以从两方面理解。一方面，戏剧要有观众。演员、剧场、观众构成了戏剧舞台呈现的时空体，观众是"优人搬弄"的题中应有之义。在中外多位剧作家或戏剧理论家的论述中都强调观众的重要性和意义。如中国现代剧作家曹禺说："一个弄戏的人，无论是演员，导演，或者写戏的，便须立即获有观众，并且是普通的观众。只有他们才是'剧场的生命'。"① 曹禺明确了观众的中心地位。英国著名戏剧理论家和导演马丁·艾思林说："作者和演员只不过是整个过程的一半；另一半是观众和他们的反应。没有观众，也就没有戏剧。"② 强调观众是戏剧的"半壁江山"。另一方面是，戏剧要有更广大的观众，面向更广大的人群。李渔说："戏文做与读书人与不读书人同看，又与不读书之妇人小儿同看，故贵浅不贵深。"③ 更广大的观众群体包含了新兴的、庞大的市民阶层，李渔的理论反映了他们的看戏需求。从明代中叶开始，除了更充分利用堂会和寺庙演戏之外，出现了各式各样的戏剧演出场所，包括酒楼、会馆、搭台、船戏、随处作场等。④ 这些演出场所以及它关联的演出方式反映了更广泛的观戏需求，直接促动了李渔的戏剧理论和实践，成为李渔戏剧美学的文化背景。

消费促动生产。李渔的戏剧要适应以新兴市民阶层为核心的更广大人群的看戏需求，为他们的生活增添乐趣和风味。他们的观戏需求和审美趣味决定了戏剧的消费形式，从而影响到戏剧生产的成果，李渔的戏剧作品正是反映了市民阶层的审美需求。

---

① 曹禺：《〈日出〉跋》，见王永生：《中国现代文论选》第二册，贵州人民出版社1984年版，第450页。

② ［英］马丁·艾思林：《戏剧剖析》，罗婉华译，中国戏剧出版社1981年版，第16页。

③ 《李渔全集》第三卷，浙江古籍出版社1991年版，第24页。

④ 参见廖奔：《中国古代剧场史》，中州古籍出版社1997年版，第40—74页。

1. 消愁和娱乐的观赏需求

李渔声称"填词不卖愁",表露了他的创作意图。他在戏剧之中不创造愁,要让观众在看戏时"笑"、笑得忘乎所以、笑得赛过神仙,是他在戏剧中不创造愁的原因。同时,看戏是一种文化活动,在观赏的过程中娱乐、消遣,满足精神的需求。从这个意义上说,看戏本身就带有消愁娱乐的性质——这不取决于所看戏剧当中有没有愁——这里的"消愁"是就戏剧给生活带来的效应而言的。

由此可知,就戏剧本身看,李渔突出它的喜剧性;就观赏的效果看,能够"消愁"的不仅仅是喜剧,还有悲剧等(见图5)。

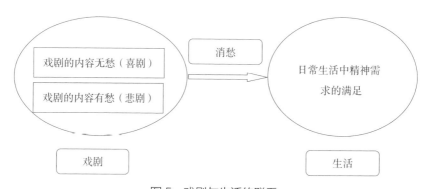

图5 戏剧与生活的联系

就是说,戏剧本身制造的"愁"和戏剧消除观赏者的"愁"是两个问题。戏剧本身制造"愁",不等于它就给观众带来"愁",它的效果还是宣泄和净化;戏剧本身不制造"愁",也不等于它就能够让观众笑得开心,因为让观众笑得开心,需要的是喜剧手段。李渔用喜剧本身的无"愁"直接指向生活中的精神娱乐,忽略了从更广的外延上艺术本身所具备的共性的娱乐价值。

李渔在戏剧中不"卖愁",取决于作为"买者"的观众的心理需求。李渔以《古今笑史》为例,指出了观众与读者"消愁"、"买笑"的心理需求。他说:"世之善谈者寡,喜笑者众……同一书也,始名《谭概》而问者寥寥,易名《古今笑》,而雅俗并嗜,购之惟恨不早,是人情畏谈而喜笑也明矣。不投以所喜,悬之国门奚裨乎?"① 同一本书,名称叫"谈"时无人问津,改成"笑"之后广受欢迎、销量大增。原因在于"谈"是正统的说教;"笑"则是情感的自由抒发,更符合市民阶层的欣赏需求。李渔把戏剧与观众的关系理解成商品的"买卖"关系,确定了娱乐本位的创作和演出思想,并在戏剧和诗文杂著创作中体现这种思想。

第一,李渔强调科诨的重要性,提出了使用科诨的美学原则。

首先,剧中的所有角色都要有科诨,李渔说:"科诨二字,不止为花面而设,通场脚色皆不可少。生旦有生旦之科诨,外末有外末之科诨,净丑之科诨则其分内事也。"② 通场角色都有科诨,能够充分保证戏剧让观众发笑的效果。

其次,科诨是观戏的"人参汤",它能够适应观戏心理、调动观众情绪,取得好的观赏效果。李渔说:"插科打诨,填词之末技也,然欲雅俗同欢,智愚共赏,则当全在此处留神。文字佳,情节佳,而科诨不佳,非特俗人怕看,即雅人韵士,亦有瞌睡之时。"③ 科诨是保证广大观众有兴趣看下去、获得观戏乐趣的必要因素,它能够驱除观众的"睡魔",让观众兴趣盎然、观之不倦。否则,睡魔一至,戏剧的演出就成了"对泥人作揖,土佛谈经",就失去了演出的意义。李渔根据演戏的经验告诉演员,戏文的关键在下半场,这时观众已观看了一段时间、神经系统已经疲劳,很容易瞌睡,而"只消三两个瞌睡,便隔断一部神情,瞌睡醒时,上文下文已不接续"④。因此,在下半场必须更加重视科诨:"科诨非科诨,乃看戏之人参汤也。养精益神,使人不倦,全在于此,可作小道观乎?"⑤

再次,在戏剧中科诨要自然,不能为科诨而科诨。"妙在水到渠成,

---

① 《李渔全集》第一卷,浙江古籍出版社 1991 年版,第 30—31 页。
② 《李渔全集》第三卷,浙江古籍出版社 1991 年版,第 57 页。
③ 《李渔全集》第三卷,浙江古籍出版社 1991 年版,第 55 页。
④ 《李渔全集》第三卷,浙江古籍出版社 1991 年版,第 55 页。
⑤ 《李渔全集》第三卷,浙江古籍出版社 1991 年版,第 55 页。

天机自露。'我本无心说笑话，谁知笑话逼人来'，斯为科诨之妙境耳。"①李渔举到东方朔说彭祖的脸长等例子，来说明科诨做到自然的方式：从一种被接受的说法或情形开始，经比喻、推演得出荒谬背理的结论，令人捧腹大笑。

最后，科诨一定不能太俗，必须"忌俗恶"、"戒淫亵"。李渔说："不俗则类腐儒之谈，太俗即非文人之笔。"②腐儒之谈，不唯普通公众不喜欢看，即使文人雅士也不喜欢看；科诨太俗，则使戏剧丧失审美品性，也会为公众所摒弃。因此，科诨是在雅和俗之间寻得一个合适的比例。"俗"的实质是接近日常生活，在日常生活中，最能吸引人的莫过于"性"的问题。李渔提出解决问题的方法："如讲最亵之话虑人触耳者，则借他事喻之，言虽在此，意实在彼，人尽了然，则欲事未入耳中，实与听见无异。"③用含蓄的方式来表达，就是将原始的情欲进行了"文明化"。

第二，李渔用轻松化的手段处理沉重的话题，创造了许多令人发笑的意象。

亚里士多德认为，悲剧注重严肃的、有一定长度的行动情节，喜剧注重人物性格的丑陋和乖讹，这就明确了悲剧和喜剧的基本特征。在艺术实际中，悲剧固然离不开行动情节，但喜剧也未必完全没有行动情节。俄国作家果戈理的讽刺喜剧《钦差大臣》、我国元代关汉卿的喜剧《拜月亭》等都有行动情节。李渔的戏剧也是如此，他用行动和情节的金线把喜剧色彩的语言、行为、动作贯穿在一起，形成了自己的艺术特色。

在戏剧理论中，李渔提出"立主脑"，主脑是作者立言之本意，即戏剧止为一人一事而演。李渔的戏剧作品不以忠孝仁义的道德情怀为"主脑"，也不以中国古代士大夫治国平天下的严肃思考为"主脑"，更多的是

---

① 《李渔全集》第三卷，浙江古籍出版社 1991 年版，第 58 页。
② 《李渔全集》第三卷，浙江古籍出版社 1991 年版，第 56—57 页。
③ 《李渔全集》第三卷，浙江古籍出版社 1991 年版，第 56 页。

以世俗人士的生活念想为"主脑",创造了喜剧的生活形象。

首先,李渔通过矛盾冲突的神奇转换降低了沉重话题的分量。生活中不如意的事情和矛盾冲突是常态,愁苦、焦虑与纠结和短暂的人生如影相伴。李渔没有回避现实生活中的负面问题,他要在戏剧中引导观众远离愁苦,保持轻松愉快的心情。为此,他的每一出戏剧从头到尾都是小喜接大喜,惊喜不断。即使无法回避的冲突如《比目鱼》中,谭楚玉和刘藐姑为抗婚投江殉情,按照惯常的理解,故事发展到这里已成为悲剧。这是一个和中国古代梁山伯与祝英台、焦仲卿和刘兰芝(汉乐府古诗《孔雀东南飞》中人物)的爱情悲剧都类似的结局。但是,李渔消除了观众的担心,他让死去的有情人复生,把毁灭演进成幸运和欢快的新生:晏公神把紧紧抱在一起的尸骸化成一对比目鱼,被人捞起后复变回原形,隐士慕容介为他们举行了别开生面的渔村婚礼,最后还立功升官,皆大欢喜。这里更多的不是反映生活的"真实",而是以戏剧创造的世界,给生活中的观众带来心理上的轻松和解放。

其次,李渔通过化严肃为诙谐来使沉重的话题变得轻松。在生活和艺术中,战争总是沉重的话题,它和磨难、牺牲、痛苦形影不离。但在李渔的剧作中,严肃的题材被轻松化,因而具备了喜剧的品格:在《巧团圆》中,因兵荒马乱造成的流离失所变成了亲人团聚的契机;在《蜃中楼》中"龙战"一场,虾鱼蟹鳖相互格斗,虾儿脱须、鳖儿脱甲,令人捧腹;在《奈何天》中,犯边的女寇各自抢个南朝的汉子驮在马上回去受用;在《风筝误》里,蛮兵长驱战象,气势汹汹,却被纸扎的象吓得屁滚尿流,抱头鼠窜……都让人感觉到荒诞和幽默。

喜剧适应大众的观赏需求,它是有价值的:从生理上说,笑本身就是一种健康的行为;从文化上说,在艺术观赏中的笑,可以暂时忘却生活中的忧患,使精神补充新的营养,以便面对严酷的生活话题。李渔以取悦大众为本位的戏剧活动丰富了中国传统喜剧的内容。但是,李渔的戏剧理念和实践也存在着不可忽略的缺陷。

其一,来自喜剧本身的缺陷,使李渔把戏剧活动局限于调笑取乐,未能观照人生的重大课题。喜剧是以对外在价值的否定为表现形式的，李渔的戏剧作品展示了对待外在价值的"滑稽"态度。德国哲学家黑格尔从实体性旨趣出发，对艺术活动的滑稽态度进行了批评。[1] 把外在的价值都否定掉，必然使否定者自身变得空虚。因此，喜剧的旨趣是一种浅表的机智，不是一种深沉的智慧；它是一种感性的生活体悟，不是一种理性的深度反思。用喜剧驱除观众的"睡魔"是必要的，但基于心理疲劳的规律来设计戏剧，必然无法关涉重大的人生话题。李渔的目标是在笑中"忘愁"，但愁是一种形而上的东西，它来自人生本质上的忧患和悲剧意识。李渔没有认识到，在深刻引动人的心灵的剧作中，不需要科诨也能驱除睡魔——这取决于戏剧进入人的生存世界的深度。

其二，李渔没有区分生活中的愁和戏剧中的愁，未能全面思考审美经验的特征。生活中的愁和现实功利相关，是需要认真克服、努力解决的；戏剧和生活有了一定的距离，戏剧中的愁不需要观众去克服和消除，观众为剧中人的命运担忧，受到震撼和感动，为之紧张、惊喜、流泪，不仅不会转换成生活中的愁，而且能够获得更加丰富和全面的审美体验，从而实现情感的宣泄和净化的效果。在《水浒传》第三十九回中，金圣叹的夹批说："偏是急杀人事，偏要故意细细写出，以惊吓读者。盖读者惊吓，斯作者快活也。读者曰：不然，我亦以惊吓为快活，不惊吓处，亦便不快活也。"[2] 金圣叹把惊吓和快活连在一起，不同于李渔在戏剧中对"笑"的直接追求。同时，戏剧中的惊吓也能满足广大市民阶层消愁娱乐的心理需求，却比单纯的喜剧带来更加丰富的审美感受。

---

[1]　黑格尔说："因为真正严肃的态度都起于一种有实体性的旨趣，一种本身有丰富内容的东西，例如真理、道德之类，这就是说，引起严肃态度的内容就它本身来说，对于我就是有实体性的，所以只有我沉浸在这种内容里，在我的全部知识和行动里都和这种内容吻合，我才感觉到我自己有实体性。"（黑格尔：《美学》第 1 卷，商务印书馆1979 年版，第 81—82 页。）

[2]　《金圣叹全集（二）·贯华堂第五才子书水浒传（下）》，江苏古籍出版社 1985 年版，第83 页。

2. 寻常闻见中的新奇体验

美国哲学家布洛克在讨论艺术家的价值时说："艺术家个人特有的新鲜的见解和看法变成了日常现实的'解释'，从而创造了一种新的观看现实的方式。"① 艺术家因创造对世界的新奇视像，从而区别于日常观看世界的陈腐视像，这是艺术家的价值，也是艺术家对文化的贡献。李渔认为，戏曲作为新的艺术形式，提供的是不同于诗、文等艺术形式的新的感受和体验世界的方式，他说："新也者，天下事物之美称也。而文章一道，较之他物，尤加倍焉……古人呼剧本为'传奇'者，因其事甚奇特，未经人见而传之，是以得名，可见非奇不传。新即奇之别名也。"② 他把新奇作为戏剧艺术的生命，使之给观众带来全新的审美感受。

第一，戏曲的"新"是指道前人所未道、道自己所未道。如果前人已道，我必以新的方式道之。李渔把这种情况叫作"尖新"："同一话也，以尖新出之，则令人眉扬目展，有如闻所未闻。"③ 新是吸引读者和观众、产生审美感受的前提条件。它在李渔的戏剧创作中有多方面的表现，兹举例如下：

对"才子佳人"模式的颠覆。在《奈何天》中，中国戏剧传统中的"才子佳人"变成了"财主佳人"——主人公阙素封和三位太太的故事——实现了传统模式的颠覆。这种颠覆意味着，才子佳人的"才—情"变成了财主佳人的"财—欲"；才子因才华品貌为佳人青睐而一见钟情变成了财主因丑陋鄙俗为佳人厌弃而誓死远离；才子因才而升值变成了财主由散财被天地神明和皇帝官府嘉赏；才子作为效仿的对象变成了财主作为嘲弄的对象。最后的结果，财主因财变美，抱得美人归，皆大欢喜。这种颠覆深刻反映了新兴商业社会的本质特征，也包含了作为文人的李渔对金钱至上的现实环境的愤疾之情。

---

① ［美］简·布洛克：《现代艺术哲学》，四川人民出版社1998年版，第103页。
② 《李渔全集》第三卷，浙江古籍出版社1991年版，第9页。
③ 《李渔全集》第三卷，浙江古籍出版社1991年版，第52页。

对历史人物的新阐释。皇帝君王走出宫廷拈花惹草、处处留情，是民众对历史人物的普遍想象，江山美人成为中国的顶尖故事。在今天，许多宫廷题材的影视剧所述说的，以及由著名音乐人小虫谱曲填词、歌手李丽芬原唱的歌曲《爱江山更爱美人》广受欢迎；相传为第六世达赖喇嘛仓央嘉措写的情诗："住进布达拉宫，我是雪域高原最大的王。流浪在拉萨街头，我是世间最美的情郎"，①都是江山美人模式，应和了民众的这种想象。据史书记载，明朝的武宗皇帝"耽乐嬉游，昵近群小，至自署官号，冠履之分荡然矣"②。他贪图玩乐、好大喜功，居住在特意兴建的"豹房"中，在豹房蓄有番僧、乐人、各方所献妇女，供其玩乐之用。③从正统的历史观念看，武宗是一位荒淫无道的皇帝。在明代齐东野人著的《武宗逸史》、清代蔡东藩所著的《明史通俗演义》等文本中，明武宗也正是被这样叙述的。但是在李渔的传奇《玉搔头》中，明武宗正德皇帝被叙述成至情至性的情痴形象，李渔迎合了民众对历史人物的这种想象，一方面给予历史文本以符合读者期待的重释，另一方面也呼应了晚明以来个性解放的社会思潮。

对道学——风流的重新界定。在传统社会里，道学是一种超我的道德准则，它存在于主流的儒学典籍、官方话语、民间思维之中，维系着传统社会的基本秩序。风流是本我和自我的结合，它能够突破道学原则，大量存在于官员、商人、文人的行为之中。在传统的小说、戏剧中，风流才子的浪漫故事是受众乐于闻见想象的题材，这类故事游移于道学的边缘，没有越过道学划定的界限。《金瓶梅》中的西门庆作为欲望宣泄的典型代表，因为远远越过了道学的边界而被文化传统和社会公众所拒斥。在

---

① 该诗引自 Vivibear、九夜茴、浅白色等：《若非死别，绝不生离　仓央嘉措那些掩埋在情诗背后的前世今生》，作家出版社 2011 年版，第 135 页。但在《仓央嘉措情歌及秘传》（民族出版社 1981 年版）一书中未见该诗。

② （清）张廷玉等：《明史》，中华书局 1974 年版，第 213 页。

③ 明武宗死后，"遗诏……放豹房番僧及教坊司乐人。戊辰，颁遗诏于天下，释系囚，还四方所献妇女"。[（清）张廷玉等：《明史》，中华书局 1974 年版，第 212 页。]

李渔的戏剧中，风流越过了道学的边界，但道学始终对越界行为保持着宽容或予以合理的解释，从而实现了道学—风流关系的重释。如传奇《慎鸾交》的《订游》一节，当侯隽邀请华秀明日去参加花朝令节时，他自称是个"腐儒"，最怕与良家妇女相遇："这等说起来，那名山古刹之内，游女众多，男妇之间，不免混杂。小弟是个腐儒，最怕与良家女子相遇，宁可不去游山，这种瓜李之嫌，不可不避"①；当侯隽告诉他，相杂的妇女都是青楼姐妹时，他就觉得无妨。又如，《风筝误》中的才子韩世勋端庄持重、秉持礼法，却倾慕风流艳遇，星夜赴约，"俯首潜将鹤步移"②，惴惴不安地步入香闺和情人相会。再如，《比目鱼》中的刘藐姑有道学的一面，她内心又极解风情，等等。

另外，李渔还对古典故事进行世俗化的演绎。《蜃中楼》本于唐人李朝威的《柳毅传》，在李渔这里，把李朝威的报恩剧变成了爱情剧，"从基于宗教文学、贵族文学的重教义向基于平民文学的重世俗人情做了下倾式的转变"③，并消解了龙的神异性，使之回到世俗人情的框架之中。李渔还对妻妾关系给予新的表达：在传统戏剧中妻妾之间的残酷争斗，在李渔的戏剧中变成了相互关怀、和谐相处。

创新离不开已有文化的基础。才子佳人、道学风流、古典故事、历史人物都是传统的文化资源，李渔以它们为基础，从中汲取养分，在戏剧中创造了一系列全新的视听意象，从而应和了时代的基调，促进了传统文化资源的更新和它向新时代的开放。

第二，通过戏剧表演，给观众新奇的感受。在阅读小说时，读者和小说文本进行接触，使小说的魅力在读者的接受之链上延续是一种"新"。戏剧不同于小说，它要有两重的"新"：演员和剧本接触，演员要理解剧本、体验情感并把它传达出来，是一重"新"；演员在剧场演出时创造艺

---

① 《李渔全集》第五卷，浙江古籍出版社 1991 年版，第 436 页。

② 《李渔全集》第四卷，浙江古籍出版社 1991 年版，第 147 页。

③ 胡元翎：《李渔〈蜃中楼〉对"柳毅"故事的重写》，《文学遗产》2002 年第 2 期。

术意象，这种意象和观众的接触是又一重的"新"。因此，戏剧"新"的要求较其他艺术形式更高，它因剧场的演出而处在一个随时创新的动态过程中。李渔认为，戏剧艺术的魅力，一是因事之奇，观众能从中获得新鲜之感；二是因演出的魅力，能够对"奇事"作出完美的传达。

在戏剧的进程中要制造悬念、吊足胃口，这样观众看戏才过瘾。悬念的审美价值在于充分调动观众的感知、情感、想象。李渔说："水穷山尽之处，偏宜突起波澜，或先惊而后喜，或始疑而终信，或喜极信极而反致惊疑，务使一折之中，七情具备，始为到底不懈之笔，愈远愈大之才，所谓有团圆之趣者也。"① 也就是说，戏剧要充分调动欣赏者的惊、喜、疑、信等多种情感，使人的情绪在惊和喜、疑和信之间摆动、变化，使观众因而获得丰富的审美感受。在这里，李渔虽然说到"七情"，但他讲的主要情感涉及喜、思、惊，并不包括怒、忧、悲、恐等，这和李渔的戏剧理念是一致的：制造悬念是为了满足喜剧的美感。

制造悬念的方式是多种多样的。李渔认为，在戏曲的开头要用"奇句"抓住人的注意力，使人不能离弃；在结尾要使人流连不已、欲罢不能。

戏剧的开头如《怜香伴》第一出《破题》有云："奇妒虽输女子，痴情也让裙钗。转将妒痞作情胎，不是寻常痴派。"② 在传奇《奈何天》的开头有："此番破尽传奇格，丑、旦联姻真叵测。""阙郎貌丑多残疾。一生所遇尽佳人，反被风流厄。"③ 前者讲女子的情痴情胎，后者讲丑郎遇佳人，都能够做到让人一见即惊、欲罢不忍。在戏剧的结尾方面，如传奇《巧团圆》："人失散天教重遇，天缺坏人保无虞。天人二者难偏去……"④ 又如传奇《凰求凤》说："享殊荣，叨奇福，只因当日少淫逋。但愿普天下好色的男儿尽学吾。"⑤ 前者把故事升华到天人关系，后者从故事引出劝

---

① 《李渔全集》第三卷，浙江古籍出版社1991年版，第64页。

② 《李渔全集》第四卷，浙江古籍出版社1991年版，第7页。

③ 《李渔全集》第五卷，浙江古籍出版社1991年版，第7页。

④ 《李渔全集》第五卷，浙江古籍出版社1991年版，第414页。

⑤ 《李渔全集》第四卷，浙江古籍出版社1991年版，第521页。

谕的念想，都为读者或观众留下了不绝的余音。

演员是戏曲的中心，演员要对角色有很好的理解和体验，能够"解明曲意"，在此基础上创造性地展示角色。在李渔看来，演员的创造性展示包括两层意思：一是把不同角色的性格特征扮演出来。演员要理解角色的身份、体验角色的情感、和戏曲中的情意合为一体。演员在"说"的同时，没有沉默在角色之中，观众也没有被引导完全体验角色的情感，演员是一个叙述者、传达者；观众是一个倾听者、评判者，这一点和西方戏剧不同。① 二是演出属于二度创造，演员要体现自身的主体性，依靠高超的艺术技巧，把戏曲中的情意创造性地传达出来，每次都给受众带来新鲜之感。李渔反对"百岁登场，乃为三万六千日雷同合掌之事"② 的机械重复，以玩花赏月为喻来说明演戏的新鲜之感。他说，同样的花、同样的月，今日看它明日看它，它必在人面前展开为不同的面貌，桃陈李代，月盈则亏，花月尚能自变其审美样态，何况人的演唱呢？

第三，戏剧之"新"，不能脱离世俗生活。李渔认为，戏剧的"新"不是在"寻常闻见"之外"别有所闻所见"，而是"在饮食居处之内，布帛菽粟之间，尽有事之极奇，情之极艳，询诸耳目，则为习见习闻，考诸诗词，实为罕听罕睹，以此为新，方是词内之新。"③ 这就要求日常生活中可见、可闻、可历的事情进入艺术，在艺术的境域中使之成为"罕听罕睹"的东西，给人带来丰富的审美享受。

在李渔的戏剧中，爱情、人情、国家天下的事情，当然属于寻常闻见之内；同时，还有神佛、龙宫世界等，李渔也没有认为它属于"寻常闻

---

① 布莱希特："西方的演员则用尽一切办法，尽可能地引导他的观众接近被表现的事件和被表现的人物。为了达到这个目的，演员让观众与自己的感情融合为一，并用尽他的一切力量将他本人尽量无保留地变成另一个人，即他所演的剧中人物。""中国戏曲演员不存在这些困难，他抛弃这种完全的转化。从开始起他就控制自己不要和被表现的人物完全融合在一起。"（刘上洋主编，叶青、胡颖峰选编：《读精品 品经典·艺术卷》，江西人民出版社2011年版，第144页。）

② 《李渔全集》第三卷，浙江古籍出版社1991年版，第70页。

③ 《李渔全集》第二卷，浙江古籍出版社1991年版，第509页。

见"之外的东西。由此可以认为，李渔说的"寻常闻见"的事物，可以包括两类：一是日常生活中经验的事，以爱情、情欲为核心，从家庭扩展到社会生活，包含了世俗社会的各色人等和各种事件；二是文化生活中经验的事，以劝善惩恶为核心，融入社会生活中的人情来叙述。因为，神佛、玉帝、龙王以及果报的观念等作为包含特定内容的文化符号已成为社会生活不可或缺的组成部分。

李渔认为，戏剧要符合人情，符合生活的情理，这样它才能打动人、实现戏剧的感染力。他说："传奇无冷热，只怕不合人情；如其离合悲欢，皆为人情所必至，能使人哭，能使人笑，能使人怒发冲冠，能使人惊魂欲绝，即使鼓板不动，场上寂然，而观者叫绝之声，反能震天动地。"① 就是说，戏曲所演的故事要符合情理、符合事件发展的内在逻辑，这是戏曲打动人的首要条件。从艺术上说，虽是编造杜撰，但符合情理、看来是"必定然之事"，就能够打动观众。因此，符合人情也属于"寻常闻见"之内。

在日常生活中的经历属于"习见习闻"，它们一旦进入艺术，就变成了"罕听罕睹"。在这里，不是简单的艺术模仿生活、把生活中的样貌搬到艺术中，而是艺术家提供一种新的观看世界的方式，把日常生活的惯常闻见变成艺术中的新奇闻见。

因此，新奇，是使日常生活的事件进入艺术境域，从而展示一种新的面貌。具体而言，就是通过戏曲艺术的形式，为日常生活中的事件提供一种新的经验方式。戏曲的生命是新奇，但这种新奇就在日常生活之中，要在日常生活的基础上给人带来审美的快乐，这就是戏曲艺术和艺术家的价值所在。

3. 皆大欢喜的戏剧结局

大团圆的结局，是中国传统的戏剧、小说的共同特征，它有深厚的

---

① 《李渔全集》第三卷，浙江古籍出版社 1991 年版，第 69 页。

文化基础。从理论上，《老子》讲："反者道之动"①；《周易》泰卦说："无平不陂，无往不复"；《象》曰："无往不复，天地际也。"② 佛家讲因果报应和转世轮回，都为大团圆的结局开辟了理论通道。在实际生活中，日夜交替四季循环，则是生活中可验证的感性经验，它为大团圆的结局提供了经验的基础。当代哲学家冯友兰在《中国哲学史新编》第七册"总结"里引述了宋代哲学家张载归纳辩证法的四句话，它们是："有像斯有对，对必反其为；有反斯有仇，仇必和而解。"冯友兰先生说："'仇必和而解'是客观的辩证法……人是最聪明、最有理性的动物，不会永远走'仇必仇到底'那样的道路。这就是中国哲学的传统和世界哲学的未来。"③ 中国哲学的传统是走向"和"，可以说，"和"是大团圆结局的理论基础。

大团圆的结局，也是在传统文化熏染下观众的心理需求，这也是一种"完形"心理的需求。就是说，戏剧结局的完满是观众心理完满需求的镜像，如果不是这样，观众就无法心平气和，作者也不能心安理得——戏剧作者主动地迎合或屈从于这种需求，就使得中国的戏剧一定要有一个大团圆的结局。

大团圆的结局，是中国戏剧不同于西方戏剧的重要表征，在学术界已有相关表述，如西方悲剧通过"一悲到底"引发人们心灵深处的震荡，中国悲剧则通过补偿、团圆、避世三大模式来表达美好的理想。④ 实际上，它是各不相同的对无法改变的残酷现实的处理方式：西方悲剧重视客观叙述，更多地具有"写实"性；中国悲剧要表达美好的愿望和理想，更多地具有"写意"性。无论《孔雀东南飞》中的焦仲卿夫妇、《窦娥冤》中的窦娥还是梁山伯与祝英台的爱情悲剧，它们的结尾处理都表达了面对无奈现实的"理想性"。

---

① 陈鼓应：《老子注译及评介》，中华书局 1984 年版，第 223 页。
② 李学勤主编：《十三经注疏·周易正义》，北京大学出版社 1999 年版，第 67—68 页。
③ 冯友兰：《中国现代哲学史》，广东人民出版社 1999 年版，第 251、253—254 页。
④ 参见马明杰：《超脱痛苦 抚慰心灵——中国古典戏剧结尾模式的文化涵义》，《大舞台》2003 年第 1 期。

这种理想性和完形需求展示了传统文化具备的痛苦遗忘功能或心理修复机制：《梁祝》的结局"化蝶"对悲剧气氛一次冲淡；到了著名的小提琴协奏曲《梁祝》则成了哀而不伤的"中和"之音，它充其量表达的是一种淡淡的哀伤，这是对悲剧情感的又一次消解；到了20世纪90年代流行歌曲《梁祝》之中，连淡淡的哀伤也消失了，留下的是梁祝故事的咏叹并由此升华成他们爱情的欢乐颂歌。杜十娘的悲剧从故事到流行歌曲，也有类似的转换。之所以出现这种现象，一方面是生理—心理原因，它基于生物自我保护的需求；另一方面，主要还是文化的原因：中国传统文化的"乐生"性格以及重视"现世"的特征。

看完戏后使观众高高兴兴、轻松愉快，是李渔理解的、戏剧的基本目的。这就要避免两种情况：一是观众为剧中的人和事流泪，尽管它宣泄和净化的功效能够使观众获得"无害的快感"；二是观众获得更多的伦理教化，虽然它是传统艺术的主流观念、能够确证艺术的合法性。这就决定了李渔戏剧的喜剧特性：结局一定是皆大欢喜，但它不等于悲剧的"补偿"，也不同于正剧的正义胜利、邪恶失败，以"大团圆"的形式留一个光明的尾巴的形式。

在李渔的戏剧作品中，其结尾是皆大欢喜、"大团圆"的形式，它主要通过加冕和揭谜两种形式来实现，这是李渔戏剧的特色。

第一，加冕。法国作家雨果说画家鲁本斯"得意地在皇家仪典的进行中，在加冕典礼里，在荣耀的仪式里也掺杂进去几个宫廷小丑形象"①。加冕是庄重严肃的，鲁本斯通过宫廷小丑和皇家仪典的对比消解了画面和观众的紧张关系，提升了画面的可观赏性。在李渔的戏剧结尾，对丑角的加冕把庄重严肃和丑怪滑稽结合在同一个角色身上，通过对庄重严肃的直接解构产生喜剧效果。在《奈何天》中，阙素封因助边、行善而受封尚义君，接圣旨之前要沐浴，他说："我今日这个澡，比不得往常，要像那宰

---

① 北京大学哲学系美学教研室：《西方美学家论美和美感》，商务印书馆1980年版，第236页。

猪杀羊的一般，一边洗一边刮，就等我忍些疼痛也说不得，总是要洁净为主。"① 这就把猪羊之喻和尚义君的封号结合起来，削减了加冕的神圣性。

在李渔戏剧的结尾，即使为生、旦加冕，也搞得热热闹闹，把各种庄重严肃的部分组合起来，产生滑稽的效果。如《巧团圆》第三十三出《哗嗣》，本是惯常的大团圆结局，主人公姚继说："两边各送冠带，没有空收转去之理。少不得就要做官，今日拜谢高堂，不若权用一用。戴了父亲的纱帽，穿了丈人的圆领，踹了自己的皂靴，一齐拜谢，何等不好!"② 父亲的纱帽、丈人的圆领、自己的皂靴被整合到姚继身上，通过"拼贴"产生喜剧效果。又如《凰求凤》第三十出《让封》，皇上的封诰只有一幅，三位夫人你推我让不可开交，最后"既然如此，把封诰悬在上面，大家拜谢皇恩，都不要穿戴，做一件公器便了"③。同时，媒婆何二妈、殷四娘索要谢仪、相互揭示阴谋的宾白伴随和穿插其间，使戏剧结尾的"加冕"带有滑稽的特征。

第二，揭谜。谜语的揭示能够满足人的好奇之心并带来精神乐趣。朱光潜先生形象地说明了谜语心理："他的乐趣就在觉得自己是一种神秘事件的看管人，自己站在光明里，看旁人在黑暗里绕弯子。"④ 在戏剧的结尾，李渔通过谜底的揭示给观众带来惊喜，并给予人生教谕。

传奇《怜香伴》第三十六出《欢聚》，曹语花与范介夫已有婚约，其父亲曹有容不知情，范介夫归宗复姓名石坚，金榜题名，曹有容领来圣旨要与石坚和语花成亲，曹语花向父亲道出实情，曹有容只能顺水推舟。《风筝误》第二十九出《诧美》揭一谜，实现了有情人（韩世勋、詹淑娟）的真正团圆，第三十出《释疑》又揭一谜，在詹烈侯的两房太太争吵、讨价还价和相互让步中，剧中人彻底明白真相。

在这里，观众就像"神秘事件的看管人"，他是全知的；剧中有的角

---

① 《李渔全集》第五卷，浙江古籍出版社 1991 年版，第 91 页。

② 《李渔全集》第五卷，浙江古籍出版社 1991 年版，第 413 页。

③ 《李渔全集》第四卷，浙江古籍出版社 1991 年版，第 520 页。

④ 朱光潜：《诗论》，生活·读书·新知三联书店 1998 年版，第 37 页。

色是"在黑暗里绕弯子",有的角色虽然经历"神秘事件",但无法马上揭开谜底。在结尾之处,经历者和绕弯子的人相互辩驳、表白、纠结,由不知到全知,于是"在黑暗里绕弯子"宣告结束,谜底在观众和角色面前全部揭开,观众因自身和角色的豁然明朗而获得乐趣。

在传奇《比目鱼》的结尾,谭楚玉和刘藐姑、刘藐姑和母亲已团圆。谭楚玉率军剿寇擒获贼首,贼首攀咬慕容介,谭楚玉审明真情、解惑释疑。之后,夫妻二人和慕容介一同归隐,理由是:"凡人处得意之境,就要想到失意之时。譬如戏场上面,没有敲不歇的锣鼓,没有穿不尽的衣冠……通达事理之人,须要在热闹场中,收锣罢鼓;不可到凄凉境上,解带除冠。"① 这就超越了滑稽带来的表层欢喜,在解谜释疑中直逼人生的真相,这是李渔戏剧结尾的另一种意趣。

中状元、得功名、受封赏是传统戏剧、小说叙事中常见的结尾模式,在李渔的《奈何天》《凰求凤》《怜香伴》《风筝误》《慎鸾交》《巧团圆》等剧的结尾中都是这样,和它们相连的是守节操、行善事、建军功……得到功成名就的果报,这是传统的"大团圆"的形式。李渔用游戏的手法,通过加冕、揭谜等的结尾设计,把严肃和诙谐、尊贵和卑微、雅致和世俗结合起来,为传统的"大团圆"形式增添了新的内容,满足了更大范围受众的欣赏需求。

作为文人的李渔,在传奇的嬉笑中表现了强烈的愤世情感。如《奈何天》中,阙素封因钱多而形变,在形变之前夫人躲避他而去静室修佛;阙素封在形变、受封之后,夫人们又闹封、争夺诰命夫人。在这里,诰命的价值大于修佛、世俗的诱惑战胜了信仰,这是对现实人生的讽刺。又如,《比目鱼》结尾主要角色的归隐,也映射了李渔的一种人生态度。但是,总体上说,李渔的戏剧作品迎合的是广大受众的喜剧心理。喜剧心理是一种典型的现世主义症候。现世主义在人生的有限性中寻找乐趣,无法承受因精神无限追求而产生的生命之重,也无法回应因价值失落、世

---

① 《李渔全集》第五卷,浙江古籍出版社1991年版,第210页。

相空幻而带来的生命之轻。悲剧、崇高和纯粹理性、普遍永恒的道德律令联系在一起，喜剧则因形式大于内容、否定外在价值，在李渔时代商业主义背景下，只能成为一种取悦大众的媚俗工具。这一点，李渔是有自知之明的，他评价自己的传奇作品时自谦地说："弟则巴人下里，是其本色，非止调不能高，即使能高，亦忧和寡，所谓'多买姻脂绘牡丹'也。"① "大团圆"结局已受病诟，被认为掩盖人生的悲剧真相，无益于引导人直面生命的艰难②，在"大团圆"的结尾处继续游戏调笑，就难以规避喜剧心理的消极一面：远离了艺术家的社会责任，消解了道德的永恒价值。

艺术源于生活，有人评价李渔的作品时说："他相信写作的材料应当基于所见所闻，写作的方式应当通俗易懂，写作的目的是娱乐大众，这些理念使他列身于明清过渡时代杰出的观察家和记录者。"③ 李渔遵循通俗易懂和娱乐大众原则，观察和记录着明清朝代转换的时代与历史，同时用他出众的才华创造出对这一段历史的独特理解和感受。《清朝野史大观》说李渔："能吐人不能吐之句，用人不敢用之字，摹人欲摹而摹不出之情，绘人欲绘而绘不工之态状。且结想摘词，段段出人意表，又语语仍在人意中。"④ 李渔的戏剧作品从题材选择、语言使用、受众需求等方面创造了一系列生活意象，给受众带来了丰富的审美感受。

艺术反作用于生活。美国哲学家布洛克说："一件艺术品总是由外部

① 《李渔全集》第一卷，浙江古籍出版社 1991 年版，第 191 页。

② 明代学人卓人月曾经批评"大团圆"的结局："天下欢之日短而悲之日长，生之日短而死之日长，此定局也……今演剧者，必始于穷愁泣别，而终于团圞宴笑，似乎悲极得欢，而欢后更无悲也；死中得生，而生后更无死也；岂不大谬耶！夫剧以风世，风莫大乎使人超然于悲欢而泊然于生死。生与欢，天之所以鸩人也；悲与死，天之所以玉人也。第如世之所演，当悲犹不忘欢，处死而犹不忘生，是悲与死亦不足以玉人矣，又何风焉？又何风焉？"（陈多、叶长海：《中国历代剧论选注》，湖南文艺出版社 1987 年版，第 246 页。）

③ ［美］张春树、骆雪伦：《明清时代之社会经济巨变与新文化》，上海古籍出版社 2008 年版，第 204 页。

④ 小横香室主人撰：《清朝野史大观》全 3 册，中央编译出版社 2009 年版，第 1085 页。

世界上搜集的材料组成，然而这些材料在作品中又受到了改造，使之能够表达这件特殊作品特有的观点和独特的形象，这种特殊的观点和形象又反过来向外部世界即它所从中借用原材料的世界投射光芒。"① 李渔创造的独特意象，向日常生活投射出光芒，成为生活审美不可或缺的内容，并对现实发挥着评价和干预作用。李渔说："弟之见怒于恶少，以前所撰拙剧，其间刻画花面情形，酷肖此辈，后来尽遭惨戮，故生狐兔之悲是已。"② 这或许是李渔戏剧作品在调笑之外为日常生活带来的正面价值。

---

① ［美］简·布洛克：《现代艺术哲学》，四川人民出版社 1998 年版，第 233 页。
② 《李渔全集》第一卷，浙江古籍出版社 1991 年版，第 181—182 页。

第三章　女性的审美设计

　　无论古代还是当代、中国还是外国，女性都是人体审美设计的主要对象，也是审美主体审美期望的对象。在古代，女性的审美设计是生活的重要内容，因而在文学作品中留下了女性审美的诸多描述。比如，在《荷马史诗》中对希腊美女海伦的描写："当海伦走进议事大厅的时候，赫克托耳却觉得心中猛地抖动了一下，眼前这个女人，她看上去是那么圣洁，那么的柔弱无助。站在众人的中间，她就像一个小女孩一样的娇羞！"① 又如晋朝的陈寿在《三国志·吴书·周瑜传》中说："瑜时年二十四，吴中皆呼为周郎。……时得桥公两女，皆国色也。策自纳大桥，瑜纳小桥。"② 从而有了唐代诗人杜牧在《赤壁》中的"铜雀春深锁二乔"以及宋代文学家苏东坡在《念奴娇·赤壁怀古》中"小乔初嫁了"的言说。在当代，女性的审美设计支持着庞大的服饰产业和美容产业。就美容产业而言，2017年10月，由中国国家发改委产业所和国颜美容企业管理中心编制的《全国美容产业发展战略规划纲要》显示，中国已经成为全球美容产品第一大生产国和全球第二大化妆品消费国，到2020年，我国美容产业年产值将超过1万亿元，就业人口将达到3000万人。③ 这就意味着，美容产业在我国国内生产总值（GDP）中将超过1个百分点。美容产业的消费对象主

---

① ［古希腊］荷马：《荷马史诗》，天津教育出版社2008年版，第28页。

② （唐）陈寿：《三国志》，江苏凤凰美术出版社2015年版，第352页。

③ 参见《报告预测：2020年我国美容产业年产值将超过一百亿元》，新华网2017年10月27日，http://www.xinhuanet.com//2017-10/27/c_1121867312.htm。

要是女性，女性的美容消费是一个持续增长的趋势。

李渔把女性之美作为生活美学的首要内容，这和当时女性在社会以及家庭生活中的定位有关。有论者指出，李渔对女性的审美标准"不像皇家选妃那么美艳之外重端庄大方，也不像青楼花榜评议那样推崇妖艳风骚，也不像普通百姓那样平实，注重健康和生育潜能，他所具有的是明确的文人情趣，又兼顾世俗心理"①。这种评价是准确的，李渔的文化活动迎合了新兴的市民阶层的文化需求，这是他对女性审美不同于皇家、青楼、传统社会中普通百姓的原因。李渔还是一位剧作家、导演、小说家，他对剧作中女性的审美必然会移迁至生活之中，从而使其女性审美观念带有文人的情趣，具有了从男性视角对女性"玩赏"的特点。在当时的社会背景下，女性还没有能够拥有在经济、政治和社会各方面的平等权益，更不可能实现女权主义奠基人、18世纪英国哲学家玛丽·沃斯通克拉夫特在《女权辩护》一书中提出的，把女性当作有理性的人，来追求真正的尊严和人类的幸福的目标。② 李渔也无意揭示社会性别的形成机制。从女权主义的参照系来看，李渔的女性审美观有着历史局限性，应该给予深刻的批判。但是，李渔对女性审美的论述仍然有其可取之处，它毕竟代表了商业和市民文化中的女性审美观，并且也涉及女性审美设计的一般规律。

在《闲情偶寄》中，李渔从形态、衣饰、气质等方面展开对女性审美的论述，它的目的和指向是生活的审美。

---

① 杨岚：《李渔对女性的审美》，《美与时代》2010年第3期上。

② 在《女权辩护》一书的"前言"中，玛丽·沃斯通克拉夫特指出，妇女的行为和态度，对美的追求："像培植在过于肥沃的土壤中的花草一样，力量和用途都为'美'而牺牲了；而那些绚丽的花朵，在使好品评的观众感到赏心悦目以后，远在它们应该达到成熟的季节以前，就在枝干上凋谢，不受人们重视了。"（[英] 玛丽·沃斯通克拉夫特、约翰·斯图尔特·穆勒：《女权辩护 妇女的屈从地位》，王蓁、汪溪译，商务印书馆2011年版，第3页。）

一、天生媚态，足以移人

在《闲情偶寄》卷三《声容部·选姿第一》的开头，李渔就对自己谈论女性审美设计的合法性做了说明。他提出两点理由：第一点是食色性也，"王道本乎人情"①。李渔把人性原本就有的对美色的追逐作为人情，认为它们不能刻意湮灭。古代圣贤说话不违背人之常情，他自己也是在人情的基础上谈论这个问题，这是给自己罩上了"王道"的外衣，使这一话题具备了"保护色"。第二点是李渔自身经验不足，需要用道理和想象来弥补。他说，自己是一介书生，一生落魄，国色天香的美人难得遇见，即便勉强可看的妇人也没有见过几个。但"缘虽不偶，兴则颇佳，事虽未经，理实易谙，想当然之妙境，较身醉温柔乡者倍觉有情"②。为此，李渔以传说中楚襄王梦见"巫山神女"的例子来说明幻境的美妙高出事实十倍，所以能够流传至今。他认为，"能以十倍于真之事，谱而为法，未有不入闲情三昧者"③。闲情的真谛就在这里。

1. 意味不同的肌肤眉眼

在李渔看来，构成女性人体美的要素包括肌肤、眉眼、手足，它们的形式会有差别，具备不同的审美意味。

第一，白皙的肌肤使女性妩媚多端。李渔引用《论语·八佾》转述的《诗经》中"素以为绚兮"作为依据。素就是白，在白之中可以幻化出绚烂的色彩，就是"素以为绚"，所以白皙的肌肤能够使女性妩媚多端。但白皙的肌肤是先天生成的，在生活中常常看到"眉目口齿般般入画，而缺陷独在肌肤者"④，表明女性审美时，肌肤比眉目口齿更加重要。

---

① 《李渔全集》第三卷，浙江古籍出版社1991年版，第108页。
② 《李渔全集》第三卷，浙江古籍出版社1991年版，第108—109页。
③ 《李渔全集》第三卷，浙江古籍出版社1991年版，第109页。
④ 《李渔全集》第三卷，浙江古籍出版社1991年版，第109页。

　　肌肤颜色的根本是什么呢？中国古人认为，怀孕是男子的"精"和女子的"血"的结合，李渔从这个角度解释了肌肤颜色的成因。他认为，精色中有白，血色红中泛紫。父精和母血交聚在一起形成的胎儿，如果接受父精多，肤色必然较白；如果接受母血多，肤色会在黑白之间；如果母血颜色浅红，胎儿的肤色就在黑白之间，她出生以后住在深宅之中，肤色还会渐渐变白，因为她的本质并不完全是黑的。有的女人小时候不白，长大了会变白，就是这种情况。如果母血呈深紫色，成为胎儿以后，本质已经是黑的，失去了变白的基础。待到出生以后，即便吃的是水晶云母，住的是玉殿琼楼，也难以指望她变白了。

　　把握了根本，也就明白了选择美女的方法。皮肤白的女人容易分辨，皮肤黑的也容易分辨，只有在黑白之间的不容易分辨。李渔提出了三种可以分辨这种女性的方法。

　　◎面部比身上黑的女人容易变白，身上比面部黑的不容易变白。面部露在外面，身体蔽于衣内。露在外面难免风吹日晒会显得黑，如果面部也和身体一样蔽之有物，也会和身体一样，所以容易变白。

　　◎皮肤黑但却细嫩的容易变白，皮肤不仅黑而且还粗糙的不容易变白。肌肤细嫩的女性就像绫罗纱绢一样，质地光滑，所以受色容易褪色也容易；皮肤粗糙就会像麻布和毯子，染色的时候要比绫罗纱绢困难十倍，但若想要使其褪色，也要花费不止十倍的工夫。

　　◎皮肤宽松的容易变白，皮肤紧的很难变白。肌肤稍黑而且宽松的，因为褶皱没有被拉直，所以浅色也显得很深，淡色也好像很浓，经过熨烫和填充后纹理就会发生变化。肌肤宽松的，还需要生长养育，等到血肉充满之后就会显得白。

　　李渔关于肌肤颜色成因的高论，来自于传统的理解、想象中的推论，而不是作为科学的遗传学或生理学原理。因此，可以把它看作奇论而存疑。李渔关于肌肤之色在女性美的塑造中重要性的论述，和当今女性审美的趋向还是一致的。在当今社会中，皮肤白皙仍然是女性美的重要标志，追求自身皮肤的白皙，是女性同胞孜孜以求的目标。在这一强劲需求的支持下，各种美容圣经、膳食宝典、养生指南、保健问答、美颜秘籍层出不穷，在先天的因素之外对女性皮肤不够白的原因进行探讨（如受自然环境、金属元素、药物等多方面的影响），并给出了多种有效的药方（如减轻压力、保证睡眠、注意防晒、通过运动提高血液含氧量等）。另外，各种配方的美白化妆品，都宣称使皮肤白皙细嫩、富有弹性、延缓衰老，它们都在实现着女性肌肤美白的梦想，这也许能够使李渔相人肌肤的理论黯然失色吧。

第二，眼睛和眉毛表露人的性情。面部是识别个人身份的依据，证件照片一般要求正面、免冠的面部，而不是人体的其他部位。在人像摄影中，面部是身体最重要的部分，要通过面部体现人的个性特征、气质风度、精神面貌。在面部的各个器官中，眼睛是最重要的器官，它代表着一个人的性情和品德。

古代中国人误以为人是用"心"来思考的，认为意识是"心"的机能。孟子说："心之官则思"①。在今天的日常语言中保留了"心"的这层意义，这样的词汇比比皆是："用心"、"心想事成"、"好心眼"、"热心"、"爱心"、"心安理得"等等。李渔提出，看人的时候应该先看其心，之后再看其形体。心不可见，可以看眼睛，眼睛表达了一个人性情的刚烈或温柔、心思的愚钝或聪慧，眼睛作为心灵的窗口，它体现了一个人的性情。通过眼睛可以预判一个女子是高雅还是庸俗，是泼辣悍妒还是温柔贤淑。李渔提出了眼睛和性情之间关系的原则。

◎眼睛细而长的，性情必定温柔。

◎眼睛粗而大的，性格必定凶悍。

◎眼睛灵活善动而又黑白分明的，必定聪慧过人。

◎目光呆滞而眼白过多或眼珠过大的，必然愚蠢蒙昧。

眼睛灵活善动的未必能够马上转动，目光游移不定的也有固定的时候。怎样才能正确地观察呢？李渔提出了两种方法：其一，以静待动。眼

---

① 杨伯峻译注：《孟子译注》，中华书局 1960 年版，第 270 页。

睛都是随着身体转动的，让对方来来往往多走几趟，目光必然会转动。其二，从低看高。女子害羞，目光会朝下看。等到她位于高处，或站在台坡之上，或处在楼阁之前，我仰身去看，她朝下避之不及，势必会转动目光来回避我。在眼睛转动的勉强和自然之间能够显示出贵贱和美丑的不同。

眉毛也和性情有关，可以和眼睛一起观察。眼睛细的人眉毛也一定长，眉毛粗的人眼睛也一定大，这是一般的情况。眉眼不太对应的，就要进行人工修补：眉毛短的可以画长，妙在增补；眉毛粗的可以改细，则妙在缩减。

在眉毛修补方面的关键词是"曲"，眉毛必有天然的弯曲，然后才能巧施人工，达到"眉若远山"、"眉如新月"的审美效果。李渔认为，即便不能完全像远山和新月，也应该稍微带一点新月的形状，略微有一点远山的意味，或上面弯下面不弯，或两边细中间不细，这都可以凭人工去改善。在眉毛修补方面最忌讳的是平空一抹眉，好像太白星在白天出现；还忌讳两笔斜冲眉，俨然成了倒写的八字。这种把远山变成近瀑，把新月变成长虹的眉毛是不符合审美要求的，因为，这是在为温柔乡选美，不是给娘子军挑选将领。

在眼睛和性格的关系方面，中华传统的相术有细致、丰富的描述。在眉毛美容方面，当今的美容整形书籍也有详细的记录。李渔的"相眼"策略能够为中华传统相术增添新的内容，李渔关于眉毛修补的理论反映了他在女性审美方面的标准和趣味。

第三，手脚的审美效果。李渔说，社会上有一个观察女子的口诀："上看头，下看脚"，但它们是远远不够的，还要在其中补充对手指的观察。因为两手的十指意味着人的巧拙，关系到一生的兴衰荣辱，不应该忽略它。李渔认为：

◎手指白嫩的人一定聪明。

◎手指尖细的人大多有智慧。

◎手臂丰满手腕厚实的人一定会享尽荣华富贵。

李渔设想，如果抚琴挥弦的手上指节粗大得像拉弓射箭的扳指一样，品箫弄笛的手臂粗壮得像伐树的斧子一样，这样的女人就毫无可爱之处；这样的手臂给人捧杯敬酒，也不是那么回事。所以，对于女人来说，手是十分重要的。李渔认为，在现实生活中很少能碰到真正的纤纤玉指，那么，在白嫩、柔软、纤细之中只要能达到一条，也就很不错了。

李渔的时代，女性缠足之风盛行。缠足毁坏形体，给妇女带来痛苦，是一种野蛮的风尚。黑格尔曾批评缠足现象，他说："不仅对外在事物人是这样办的，就是对他自己，他自己的自然形态，他也不是听其自然，而要有意地加以改变。一切装饰打扮的动机就在此，尽管它可以是很野蛮的，丑陋的，简直毁坏形体的，甚至很有害的，例如中国妇女缠足或是穿耳穿唇之类。"[1] 但在时代审美范式的强制下，缠足作为一种客观存在的现象，也反映在《闲情偶寄》当中。在书中，李渔表达了在狎妓放浪之时对小脚的欣赏，在今天看来属于病态的审美心理，应该被摒弃。

李渔在讲小脚的审美效果时谈到的一些观点，有一定的可取性。比如他说，造物赋予人腿脚，就是想让人走路，这是脚的实用价值。在这个基础上，形容风姿绰约女子，或者"步步生莲"，或者"行行如玉立"，这都是说她脚虽小却能行走，而且行走起来美不胜收，可以入画，所以特别值得珍爱。在今天，缠足恶俗已废弃一百多年，但女性"亭亭玉立"的S造型或走路时的动感和曲线的美感，仍然存在于人的审美经验之中。这种美感的产生都和女性穿用高跟鞋有关。高跟鞋能够增加下身的长度，体现人体黄金分割比例的美。同时，增加了走路时的不稳定感，女性在走路时又要保持稳定，因而产生了略带柔弱的袅袅婷婷之感，这是女性美的一种形式。

李渔对女性的手的审美判断，着眼于女性在乐器演奏、人际交往中的场景，在这样的场景中，女性的纤手和演奏交往的画面、音乐的氛围以及把酒欢聚的乐趣融为一体，是一幅有声有色、有情有味的图画。在这样

---

① 　[德] 黑格尔：《美学》第 1 卷，商务印书馆 1979 年版，第 39 页。

画面中的女性，要演奏、要应酬，需要体会音乐、熟谙人性，应时顺情、游刃有余，岂有不聪明、不智慧的道理？

相比之下，李渔对女性肌肤手足之美的叙述，既不够全面也不够详细。战国时期楚国的文学家宋玉在《登徒子好色赋》里就说到女性的眉、肤、腰、齿等。今天的女性审美，做到了详尽和量化。比如，三围（胸围、腰围、臀围）标准，体现女性的丰满苗条、姿态美妙，它是女性美丽的量化指标；又如美腿标准，反映了腿的长短以及肌肉的弹性和光洁程度，皮肤的光滑结实、腿部曲线均匀优美，也都有了量化的标准。但是，李渔对女性肤色的价值、眼眉和性情的关系、手足的价值等的论述，始终贯穿着文人的情趣，创造了女性审美的意象，有一定的启发性。

2. 无形可知的天生媚态

在外形方面，女性美的要素包括肌肤、眉眼、手足等，它们都很重要。但最重要的是女性的自然"媚态"。李渔说："媚态之在人身，犹火之有焰，灯之有光，珠贝金银之有宝色，是无形之物，非有形之物也……态之为物，不特能使美者愈美，艳者愈艳，且能使老者少而嫫者妍，无情之事变为有情，使人暗受笼络而不觉者。"① 媚态来于自然天生，不是模仿造作可成，西施之颦为美的极致，东施效颦则愈增其陋，自然的媚态是女性审美的关键之点。

第一，媚态的价值是"以少胜多"、"以无胜有"。这是媚态和姿色相比而言的，李渔认为，女子有了媚态，虽然只有三四分姿色，就可以抵得上六七分姿色；让有六七分姿色但没有媚态的女人和只有三四分姿色却有媚态的女人站在一起，人们会更加喜爱那个只有三四分姿色的女人。媚态和姿色相比，胜出的不止一倍两倍。如果让有两三分姿色却无媚态的女人和全无姿色而只有媚态的女人站在一起，人们会被媚态所迷惑，而不会被美色所迷惑，因为媚态和姿色相比，还可以"以无胜有"。李渔认为，有

---

① 《李渔全集》第三卷，浙江古籍出版社 1991 年版，第 115 页。

的女子在相貌姿色上毫无可取之处，但却能让人思念起来不知疲倦，甚至舍命相从，都是因为"态"在作怪。

在评价女子时，容貌和姿色都不如媚态更重要。容貌、肌肤、眉眼，都可以有标准、说清楚，唯独人的媚态，难以用清晰的语言说出来。李渔认为，嘴上能说出来的都是物，却不是"尤物"，媚态属于"尤物"。美国哲学家简·布洛克把欣赏艺术分为经验的层次和分析的层次。在经验的层次嘴上说不出，在分析的层次是可以说出来的。在经验当中，无法找到一种语言形式把"媚态"完整地说出来，但和人交流，就需要从分析的层次上来言说它。

第二，媚态的表现，在分析层次的言说。李渔讲了两个媚态的例子，一个是他帮富贵人家相妾买姬时的经验。当时，多位女子打扮入时、款款而至，她们全都低头站着，请她们抬起头时，抬头的方法不同：

◎一个毫不害羞地把头抬了起来，无媚态；

◎一个娇羞腼腆，强迫多次才抬起头来，无媚态；

◎一个刚开始时未抬头，经强迫以后才抬。抬头时先是用眼光一扫，好像在看人，实际上却又没有看人，眼光扫完以后才抬起头，等别人看完以后，她又用眼光一扫，然后才把头低下，这就是媚态。

从这个例子来看，媚态不是纯粹的害羞，它产生于"看"和"被看"的关系之中，它是"被看者"对"看者"的自然回馈，生成于"看者"的凝视之中。

另一个例子是李渔春游时观察到的，他描述了这几个动态的画面。

画面1：春游下雨，李渔躲避到一个亭子中。

画面2：好多女子，美丑不一，跟跟跄跄地跑来。

画面3：一个三十岁左右、白衣的贫寒妇人，独自徘徊在亭檐下面，亭中人已满。

画面4：亭中的人都在抖各自的衣服，害怕衣服太湿，白衣女子任其自然。因为亭檐下仍有雨水侵入，抖也没有用。

画面5：雨停，大家都准备走，白衣女子独自迟疑。

画面 6：女子们刚走出没几步又下起雨来，只好又跑回亭子。

画面 7：白衣女子站在了亭子中间，神态淡定，毫无骄傲神色。

画面 8：见到后进来的人站在檐下，衣服比之前更湿，她帮助她们抖衣服。

这些画面的视觉效果是，众女子姿态百出，反衬出白衣女子一人的媚态。这一例子是李渔的"静观"的结果：画面 4 和画面 5，白衣女子没有动，在稳重中休息养神，这是无心之举，显露出一种娇羞无奈的神情，已让人对她倍生怜爱；画面 7 和画面 8 是自然而然的媚态展现。

在这个例子中，媚态生成离不开三个因素的共时性存在或者相互作用。一是白衣女子和其他女子行为的对比；二是白衣女子在雨中淡定的神情和态度，它是面临困难时的超然，同时让人怜惜；三是此刻观察者李渔的心境，是李渔生起了怜惜之心。媚态就在这个情境中自然地生成了。

"态"体现了天地鬼神造人的巧妙，它能够使美丽的人更美丽，娇艳的人更娇艳，让年老的人变年轻，让丑陋的人变漂亮，让无情的事变有情，使人不知不觉中便被吸引和笼络。媚态是在特定的环境和条件下生成的，它不能通过"教"和"学"来产生。李渔认为，可以让没有媚态和有媚态的女性居住、生活在一起，通过朝夕的熏陶受些影响。

第三，古今佳丽，媚态各异。从美学上说，"态"是一种审美意象，它把某些理念内容融合在特定的形式中，使形式升发出意味，形成特有的美学风貌。在传统文学中，对不同女子的"态"有多种多样的描述，它们大略相当于李渔说的"媚态"。

有的媚态生成于笑。战国时期宋玉在《登徒子好色赋》中描述"东家之子"的美："嫣然一笑，惑阳城、迷下蔡。"① 这是在描述了"东家之子"的身高、眉毛、肤色、皓齿、细腰等审美要素的基础上升华出来的效果。唐代诗人白居易在《长恨歌》里描述杨太真："回眸一笑百媚生，六

---

① （战国）宋玉著，吴广平编注：《集部经典丛刊·宋玉集》，岳麓书社 2001 年版，第 80 页。

宫粉黛无颜色。"① 回眸一笑，亦醉亦醒，令佳丽三千黯然失色。

有的媚态生成于目。《诗经·卫风·硕人》："巧笑倩兮，美目盼兮"②，美人之媚态，从巧笑和美目的流盼见出。王实甫《西厢记》中的张君瑞第一次和崔莺莺见面，就被莺莺那一双美目给震慑住了："怎当她临去秋波那一转！"③ 李渔的好友尤侗代张生立言说："唯见盈盈者波也，脉脉者秋波也，乍离乍合秋波之一转也。……此一转也，以为无情耶？转之不能忘情可知也；以为有情耶？转之不为情滞又可知也。……此一转也，以为情多耶？吾惜其止此一转也；以为情少耶？吾又恨其余此一转也。"④ 莺莺临去时留下眼波一转，可见并非无情；可又只此一转，到底叫人捉摸不透，于是媚态尽现，遐想无限。

有的媚态生成于力。《长恨歌》中杨太真"侍儿扶起娇无力"是一种媚态；《红楼梦》中宝玉初见黛玉时，觉得她"娴静时如姣花照水，行动处似弱柳扶风"，呈现出一种幽姿雅韵，也是媚态。李渔在短篇小说中描写："何氏跪在仪门外，被官府叫将上去，不上三丈路，走了一二刻时辰，一来脚小，二来胆怯，及至走到堂上，双膝跪下好像没有骨头的一般，竟要随风吹倒，那一种软弱之态，先画出一幅美人图了"⑤，也是一种媚态。媚态生成于"柔弱"之感，和女性以生理特征为基础形成的社会身份定位有关。

李渔对女性的审美完全是玩赏性质的，受到了持女权观念的学者的强烈批评："从'爱女人'的立场去欣赏女人，自然会欣赏她的自然之美、健康之美、自在之美，而从'玩女人'的立场去欣赏女人，关注的只是她满足、顺从自己的一面，自然会欣赏她的物化、弱化、幼化、柔化之态，

---

① （清）蘅塘退士等编：《唐诗宋词鉴赏经典集》上，江苏美术出版社 2014 年版，第 200 页。

② 周振甫译注：《诗经译注》，中华书局 2002 年版，第 82 页。

③ （元）王实甫撰，吴书荫校点：《西厢记》，辽宁教育出版社 1997 年版，第 4 页。

④ 伏涤修，伏蒙蒙辑校：《西厢记资料汇编》下册，黄山书社 2012 年版，第 666—667 页。

⑤ 李渔：《无声戏》，浙江古籍出版社 2012 年版，第 30 页。

而排斥她的独立、聪慧、成熟之美。"① 这种批评切中了李渔女性审美观中病态和腐朽的要害，启示了在当今文明社会中应该持有的、正确的女性审美立场。这让我们想到主张女权的英国哲学家玛丽·沃斯通克拉夫特的观点，她认为，在传统的男权社会中，男人更渴望把她们变成迷人的情妇，而不是深情的妻子和有理性的母亲。深情的妻子和有理性的母亲，一定是拥有独立、智慧、成熟之美的女性。

从女性主义视角对李渔的批评，也存在着把问题简单化的倾向，事情的复杂性表现在两个方面。其一，在女性身上柔化与弱化，和深情与理性（智慧、成熟）不是逻辑上的反对关系或矛盾关系，它们是相容的。在更多时候，在女性身上内蕴了柔弱的独立，是真正的智慧和成熟。深情的妻子和理性的母亲所展示的柔性一面，也是一种自然、自在、健康的美。比如1988年上映的印度电影《血洗鳄鱼仇》中，女主人公阿尔蒂在向恶魔桑杰复仇时对女性的陈述堪称经典，可以为此观点佐证。其二，虽然李渔从男性角度对女性"玩赏"，但它和"爱女人"也是相容的关系。玩赏不等于贬抑，它可以和爱、尊重互为因果、共存共生，把它们对立起来有一定的片面性。

如果说中国传统文化中对女性柔性之美的叙述可以成立，那么，在当代话语中用"女汉子"一词称谓男人化的女性，把她们不爱撒娇、性格独立、不喜化妆、举止粗鲁、出口成"脏"等特点整合在一起，构成了对传统女性审美的极大挑战。

二、仪容修饰，切勿过当

女子整理容颜是一种文明的表现，在古代的时候就存在。《诗经·卫风·伯兮》："自伯之东，首如飞蓬。岂无膏沐，谁适为容。"② 是说丈夫不

---

① 杨岚：《李渔对女性的审美》，《美与时代》2010年第3期上。
② 周振甫译注：《诗经译注》，中华书局2002年版，第91页。

在家，妻子的头发像乱飞的蓬草，虽然有化妆用的油膏（膏沐），但为谁修饰为谁容？汉乐府古诗《孔雀东南飞》中有诗句："鸡鸣外欲曙，新妇起严妆。"① "严妆"就是认真地梳妆打扮。汉代还有张敞画眉的故事，《汉书·张敞传》记载："敞为妇画眉，长安中传张京兆眉妩。"② 说的是张敞帮助妻子画眉，把妻子画得很妩媚的故事。作为生活美学家，李渔通过对女子美容的深入观察分析，系统地总结了女性美容的问题。现代作家林语堂称李渔"是一个戏剧作家、音乐家、享乐家、服装设计家、美容专家兼业余发明家，真所谓多才多艺"③。此言不虚。

在《闲情偶寄》"修容第二"部分，李渔强调了女子修饰的必要性。他认为，女性不论长得美丑，都需要修饰。俗话说三分人材七分妆饰，实际上，即使七分人材也需要那三分妆饰。在书中，李渔没有详细介绍修饰面容的技术，那种技术在当时的江南地区已十分工巧。他阐明了修饰的一般原则，并据以批评当时社会流行的修饰风尚。李渔发现，在妆饰方面人们往往一味地追求流行、相互比试着求新求异，这就失去了天真。他举例说："楚王好细腰，宫中皆饿死；楚王好高髻，宫中皆一尺；楚王好大袖，宫中皆全帛。"④ 这都是追求细腰、高高的发髻、宽宽的袖子太过度的表现，它的结果是把人变成鬼魔妖怪。他认为，当时女子修饰面容，很像当年楚宫里的恶俗。这就需要建立一种章程或规则，告诉人们这样做不但不可爱反而很可憎，让人们分清美丑。

1. 脸面洁净，乌发焕彩

李渔分析了女性在化妆过程中面部出现问题的原因，批评了当时流行的发髻样式和名称，根据自然和符合情理的要求提出了自己的见解，之

---

① 季镇淮、冯钟芸、陈贻焮、倪其心选注：《历代诗歌选》上册，中国青年出版社 2013年版，第 83 页。

② （汉）班固著，（宋）吕祖谦编：《汉书详节》，上海古籍出版社 2007 年版，第 468 页。

③ 转引自李彩标主编：《李渔思想文化研究》，大众文艺出版社 2005 年版，第 394 页。

④ 《李渔全集》第三卷，浙江古籍出版社 1991 年版，第 118 页。

后，讲述了发型制作的原则和方法。

第一，脸要洗干净。要把脸上的污垢都洗干净，脸上的污垢就是油，分为两种。一种是自生的油，从毛孔沁出，胖人多而瘦人少；另一种是沾上的油，从头发沾到脸上。头发上总是有很多油，头发和脸接近的地方会有油。用手抚弄头发，手会挨到脸，把油抹到脸上。脸的不美观，脸上肤色的不白、不匀都和这个情况有关。搽粉着色的地方是最怕有油的，有油就不能着色。如果在刚刚洗完脸、还没搽粉的时候，就有手指大的一块地方被油手弄脏了，等到搽过粉之后就会满脸都是白色的，只有这个地方是黑色的，并且黑而发亮，这是在搽粉之前留下的毛病；如果搽过粉之后被油手弄脏了，弄脏的地方就会变得黑而发亮。这是因为搽的粉加上了油，只看见油而看不见粉，这是在搽粉之后留下的毛病。

这两种毛病弄脏的只是皮肤的一小部分，不是整个脸。如果擦脸的毛巾不干净，就会使整个脸部皮肤变脏。用来擦脸的手巾、手帕，往往还同时擦胳膊、抹胸，这些地方都有油脂，可能会带到脸上；即使有爱干净的女人只用它来擦脸，也无法保证它不擦到头发，擦到头发就会沾油脂，这样手巾就沾油了。用这样的手巾擦脸，就等于是在细致地打磨面部、用油布把脸擦光，使它不能沾上别的东西，当然也不能沾粉了。同一种粉有人搽上白、有人搽上不白，就是这个原因。李渔认为，善于擦脸的人一定要先把手巾洗干净，使它只是用来擦脸、用过就洗，不要让它带上一点油的痕迹，这是脸部化妆的基础。

第二，发髻和头发的样式要自然美丽。李渔对古人和时下的发髻名称、样式进行了批评。他说，古人把发髻称作"蟠龙"，随手把头发一缩，都成蟠龙之势，可见古人妆饰全是自然而然，没有一点造作的地方。龙是善变的东西，头发的形状也要有变化，如果"蟠龙"这种发式传到今天，没有变化，那么龙就不是蟠龙，而是死龙；头发不再是美人的头发，而是死人的头发。没有变化就没有生命、没有活力，也就没有审美。所以，女子的发型善于变化是对的。女子改变发型如果仅仅追求新奇变化但不合乎情理，就会失去天然的美丽。

李渔说，古人把头发叫作"乌云"，把发髻叫作蟠龙，是合乎情理的。因为这两样东西都在天上，它适宜在头顶上。头发缭绕就像云，头发盘曲就像龙，并且从颜色上说，云有黑云，龙也有黑龙。颜色、形状和情理都相符合。

当时社会上流行"牡丹头"、"荷花头"、"钵盂头"等不同样式的新发型，它们有新颖别致的一面。李渔认为，它们在是否合乎情理、外形和内在是否相符方面并不可取。他说："人之一身，手可生花，江淹之彩笔是也；舌可生花，如来之广长是也。"[①] 却没有见过头上生花，把头当作花、把身体当作花蒂的；钵盂是装饭的东西，没有人用它倒过来装活人的脑袋，做倒扣盆子的头型的。再者，花的颜色万紫千红，却独独没有见过黑色的。假设一个女人站在这儿，有人喊她"黑牡丹"、"黑莲花"、"黑钵盂"，这个女人一定会勃然大怒。这样的发型模仿人们不喜欢的怪物形状，确实令人费解。

第三，美人所梳的发髻，应该符合情理地变化。符合情理的发型很多，最妙的是上面提到的"乌云"、"蟠龙"这两样东西。原来的名字可使用，它的实际形状可变化，这是古代和今天的统一。在中国文化中，乌云和蟠龙是全天下事物中最千态万状、变化无穷的：龙善于变化，有飞龙、游龙、伏龙、潜龙、戏珠龙、出海龙；云在眨眼之间就能够变换位置、变无数次形状。李渔认为，一位聪明的女子，如果每天抬头观察天象，模仿云的形状来改变发型，即使一天变一个发型，都不能穷尽云的巧妙奇幻、变化离奇，这是发髻创新的好办法。

模仿云的形状的做法是：

◎让画工画出几朵巧妙的云形，剪下来做个纸样，衬在头发下面。

◎梳洗完了再把它取掉。这样，头发就成为云形。

◎头发上尽可以附上颜色，或者插上鲜花，或者饰以珠翠，幻化成五彩的云朵，光怪陆离。

---

① 《李渔全集》第三卷，浙江古籍出版社 1991 年版，第 121 页。

◎这些饰品须位置得当，使它们与头发的形状相互配合，不要把鲜花、珠宝完全露出来。

模仿飞龙、游龙形状的做法是：

先把自己的头发在下边梳得光滑，然后用假发做龙的形状，使假发盘旋缭绕，覆盖在自己的头发上。不要让它和自己的头发有一点儿空隙，也不要让假发和头发黏贴住，这样才是飞龙、游龙。如果假发和头发粘贴到一起，就是潜龙、伏龙了。可以用一两条铁线衬在看不见的地方使龙悬空，龙爪向下的，就用几根头发当作线，系到自己的头发上，"龙"就不会掉下来了。

把发型做成"戏珠龙"和"出海龙"的方法是：

用假发做两条小龙，缀到头的两旁，龙尾向后，龙头向前，前边缀一颗大珠接近龙嘴，名字就叫"二龙戏珠"。"出海龙"也是照前面的方法做，只不过是把假发做成波浪纹的形状，缀到龙身空隙的地方。这都是把云和龙分开做的方法，云是云，龙是龙。

李渔认为，在头上云和龙不应该分开，可以把它们两个合起来用。同样是用假发，为什么不同时做出这两个东西呢？可以使龙不要露出全身，云也不做整朵的，忽而见龙，忽而见云，令人分辨不出哪个是龙哪个是云。这样一来，美人的头发就有了盘旋飞舞的气势，真正是早上梳起头发来是"行云"，晚上散下头发来是"行雨"，两方面的绝妙都有了。

头发的名称和样式是文化习俗的产物，在不同的国家、地区和时代，都有不同的发型式样和名称，以及它们的文化寓意。李渔强调头发的设计要合乎情理、清新自然，体现了他的生活审美观。同时，李渔的论述还体现了中国的文化传统。其一，人居于天地之间，头在上、接近天，所以头发可以和天上的云和龙联系起来，这就有了相关的名称和发型的做法。其二，龙是中华民族的图腾，也凝结了中华传统的审美精神，比如神龙变化多端的无限性，移植到头发的设计，就变成了头发设计的丰富多样性，能够给人带来无限的遐思。

李渔对发型的描述也存在着进一步探讨的空间。其一，发型的名称很美，不等于它体现为审美设计时会有相应的效果。双龙戏珠寓意祈求吉祥、对美好生活的向往；青龙出海寓意破空而去的飞动之美，这都是作为文人的李渔的情趣和想象，这种美体现为名称带来的联想意义，而不是物化为女性的发型样式后的实际审美效果。其二，李渔提出的设计戏珠龙和出海龙的方法是很写实的，写实则会死板，写意才能够生动、才能产生丰富的审美意蕴。其三，李渔批评的当时流行的新的发型名称和形式，相对于古代也是一种创新，虽然大众趋时具有一定的盲目性，但应该考虑它存在的合理性，以及它对生活审美的价值，李渔在这方面有所欠缺。其四，妇女的发型用"牡丹"、"莲花"等鲜花命名，样式模仿鲜花，不等于身体就变成了花蒂。鲜花能够衬托人的美，鲜花美女相映生辉也是一种清新的境界，把这种命名和样式否定掉，也有一定的局限性。

2. 美人香气，熏染之道

名花和美女，气味相同，有国色必有天香。李渔认为，天香是从胞胎里带来的，不是熏染形成的，但"天香"是早逝、被摧残的兆头，它往往预示着美丽女人不好的命运。国色天香的女人很罕见，对大多数女人来说，要想让身上有香气，就必须使用熏染的方法。为此，他介绍了当时女性熏染的三类方法。

第一，用花露熏染。富贵人家需要使用花露，花露是摘取花瓣放进瓶中酝酿而成的。在花瓣中，蔷薇是上等香料，其他的花次一点。蔷薇每次用一点就行，在洗浴之后舀出几勺放在手掌，均匀拍拭到身上和脸上。这种香味不像其他花的香气，要么很快就挥发掉了，要么很长时间散不去，它的妙处是像花又不是花，似露又不是露，有花的芬芳却没有花的气息，所以效果很好。

第二，用香皂洗澡、用香茶沁口。香皂也是一种神奇的物品，人身上偶尔沾染了脏东西，或者偶尔沾上难闻的气味，用它一擦就全没了。香皂能够去掉脏的气味、保留香的气味。好的香皂用过以后香气整日不散，它就是生来供修饰容貌和身体使用的。用香茶沁口的费用也不高，香茶虽然贵重，但每天沁口需要的香茶只不过手指大一片，重量只有毫厘。具体做法是，把香茶撕成若干块，每天饭后及临睡时用少量润润舌头，就会满嘴都是香气。香茶不能多用，量多了味道就会变苦，反成了药的气味。

第三，用荔枝做香料。李渔说明，用荔枝做香料，用起来费用更低廉。平时人们吃荔枝时只觉得它味道甜美，但闻起来却分辨不出它的香味。实际上，荔枝虽然长在人间，却和交梨、火枣这些传说中的仙物没有什么区别，它的颜色倾国倾城，它的香气是天香，它属于果子中的尤物。陈旧的荔枝不如新鲜的荔枝，但陈旧荔枝的香气没有完全消失，它和橄榄一样，好处是在回味的时候。美人睡觉时只吃一颗，那么嘴里的香味就可以保持一晚上，吃荔枝要适量，吃得多了就会觉得甜腻。

3. 搽脂抹粉，方法得当

李渔通过类比，十分精当地说明了胭脂和粉的适用范围和使用方法，他强调适宜的原则，对今天女性的化妆也不无参考价值。

第一，胭脂和粉的适用范围。人们一般说，脂粉是为姿色中等的女人用的，姿色上等的美人可以不用。李渔不认同这种看法，他认为，只有美人才可以施胭脂和粉，其他的女人似乎可以不用。因为胭脂和粉很带世俗气，有趋炎附势的样子，美丽女人用了会更加美丽，丑陋的女人用了会更加丑陋。如果绝色美人的脸上微施脂粉，唇上略染猩红，会增加她的娇美妩媚；假如相貌丑陋的女人脸上涂脂抹粉，让人看了就会害怕。原因是肤色白的女人用了粉更加白，皮肤黑的女人搽粉后还没有马上变白，黑的皮肤和粉的白色形成鲜明的对比，似乎故意要显出脸部的黑。李渔通过实验说明，天下万物，同一类的可以放在一起，即使不是一类但有相似之处的也可以放在一起。那些相反的事物，万万不能让它们在一起，在一起会相互不便，就是说不能胡乱地使用粉。

胭脂不同于粉，脸白的人可以用，脸黑的也可以用。胭脂和粉是相互依赖的，脸黑的人在脸上搽了粉、唇上涂了胭脂，就会显得灿然可爱；

脸上没有搽粉只染了红唇，那么不但红色不够鲜明，并且红色还衬得脸上的黑色变成了紫色，使脸上精光四射，紫气东来，有了五色斑斓的祥瑞之气。胭脂和粉与脸色最黑的女人没有缘分，如果脸色介于黑白之间，就是同类而相似，可以使用它们。

第二，脂粉使用的方法：均匀涂抹。李渔认为，如果脂粉运用得法、浓淡配合恰当，它们就会争着显灵，呈现审美的效果，这种方法就是均匀涂抹。画家涂颜色时，用胶才能让颜色均匀，人的脸万万没有用胶的道理，但也可设法涂抹均匀：把一次搽的粉分成两次搽，从淡到浓、由薄到厚，就可以确保没有这种担忧。他以砖匠在墙上刷石灰为例说明，把一次所敷的粉分为两次敷，先敷一次，等到第一次敷的粉稍微干了，再敷第二次，那么浓的地方就会变淡，淡的地方就会变浓，不管远视还是近观都很耐看。

这种方法能敷得均匀，还能改变肌肤，使黑皮肤渐渐变白。他举染匠染布帛为例来说明：染匠染布帛都是由浅到深，在深浅之间会有一种过渡的颜色，比如，如果想把白色染成紫色，就要先把它变成红色，再使红色变成紫色，红色就是白色和紫色的过渡色；如果想染成青色，就必须先使白色变成蓝色，再使蓝色变为青色，蓝色就是白色和青色的过渡色。如果女人的脸稍黑，想使脸一下子变成白色实在很难。如果先均匀敷一层薄薄的粉，这时候脸上的肤色就已经在黑白之间，不像以前的纯粹黑色了；再敷一次，能够使淡白变为深白；把两次敷扩展到三次敷，深黑的皮肤可以渐渐地变白。这样说，在人世间就没有不能用粉敷匀脸的女人了。

李渔还提出了使用胭脂和粉的注意事项：

◎敷脸的时候必须把脖子也敷均匀，否则前边脸白，后边脖子黑，就像戏场上的鬼脸一样。

◎给脸上搽粉时必须记着擦擦眉毛，否则霜花盖住了眼睛，就几乎和祭祀仪式上的巫婆一样了。

◎点唇的方法和搽脸相反，一下子点成，才能成樱桃的形状；如果陆陆续续增添，涂两三次，那么就会有长短宽窄的痕迹。

李渔对女性熏染和脂粉擦抹的论述，至少包括了两方面的美学观点：一是色彩的美学，他对色彩之间的过渡色的论述是值得肯定的；二是他对熏染和脂粉擦抹过程的描述，在这一过程中始终伴随着对香味、花的气息、颜色变化的感官体验。肯定感官的作用、注重体验的过程，是李渔生活美学在女性化妆方面的特点。

三、衣以章身，才品尽现

衣服除了实用功能，还有伦理功能，它还是一个人身份修养的标志。李渔认为，"衣以章身"的"章"不是颜色花纹显露，而是显着的意思；"身"不仅指形体的"身"，而且包含着一个人是聪慧还是愚蠢、是贤良还是不肖的内在本质。同一件衣服，富人穿上会显出他的富有，穷人穿上则会更加显出他的贫穷；有身份的人穿上会显出他的身份，身份低下的人穿上却更显出他的低下；有德行的贤能之人，和没有品德才能的不肖之子，他们穿上衣服也能显出不同的本质。

《大学》中有"富润屋，德润身，心广体胖，故君子必诚其意"的话。宋代哲学家朱熹解释说："言富则能润屋矣，德则能润身矣。故心无愧怍，则广大宽平，而体常舒泰，德之润身者然也。"[1] "富润屋"的字面意思是，财富能够装饰房屋。在《大学》中的本意，是用它做比喻说明"德"和"身"的关系。李渔对它进行了引申的阐释，认为富人住的房子不一定非常豪华，即使他住在几间茅屋里，经过和去过他家的人，也会经常觉得他的房屋之间自有一种兴旺之气，这就是"润"；公卿将相的后代，子孙衰落了，所住的房屋没有稍微改变，经过他的家门会觉得冷清，这是因为这家家境衰落了，没有人使它"润"起来。李渔认为，很多读《大学》的人把"润屋"解释成修饰房屋，是不准确的。

衣着服饰都是为女性的美、快乐、健康而设，这就要遵循"物服从

---

[1] （宋）朱熹集注：《四书集注》，岳麓书社 1985 年版，第 10 页。

于人"的原则。穿衣服时符合"衣以章身"的道理，衣服与人的品貌气度相适合，以品貌气度为基础来选衣和穿衣。李渔说："贵人之妇，宜披文采，寒俭之家，当衣缟素，所谓与人相称也。"[1] 首饰也服务于女性的审美，过度的装饰、穿金戴玉会掩盖和减损女性本身的娇媚，因此，要避免"但见金而不见人"，"人饰珠翠宝玉，非以珠翠宝玉饰人"[2] 的情况。就是说，首饰不能掩人之美，不能把人变成金玉珠翠的展示架。他依据自然适宜的审美原则，从配饰、服装、鞋袜三个方面讨论了这个问题。

1. 配饰：名花倾国两相欢

从生活审美的角度出发，李渔不赞同女子佩珠戴玉，他对鲜花情有独钟，把它作为高雅的头饰品。他还对簪子、耳环的形制提出要求。这些都体现了他追求切近自然、精致高雅的审美思想。

第一，首饰佩戴，简约中的精致。李渔认为，珍珠和美玉都是女人的头发饰物，对于脸上皮肤不够白皙，或者头发颜色有点发黄的女人来说，把它们点缀在头发上就会光芒四射，皮肤、头发都得到改观；对于皮肤白皙、头发油黑的美人来说，如果满头都缀满美玉珍珠，就会让人只看见珠宝却看不见美人。因此，珍珠和美玉的佩戴应该因人而异。李渔提出，女子一辈子戴珍珠美玉的时间只能有一个月，从出嫁算起，到满一个月为止。目的是为了告慰父母公婆为婚事操劳的一番心意。过了这一个月后，就应该去掉它们的束缚恢复自己的本来容貌，这体现了李渔追求天真自然的思想。

简约中的精致是配饰的审美原则，家庭无论贫富都应该遵循这一原则。李渔认为，对女子来说一个簪子、一对耳环做饰品就足够了，它们就可以陪伴一辈子。因此，簪子和耳环要精致完美。富贵人家的女子，可多准备金银、玉石、犀角、贝壳之类的饰品，在佩戴时多变换形状，几

---

[1] 《李渔全集》第三卷，浙江古籍出版社 1991 年版，第 132 页。
[2] 《李渔全集》第三卷，浙江古籍出版社 1991 年版，第 129 页。

天或者每天更换都可以；贫穷的人家买不起金银、玉石，可用骨制的、牛角的簪子和耳环，它们很耐看，如果做得精致，和犀角、贝壳做的没什么区别。不可使用铜锡之类金属的饰品，它们看上去不雅观，还损伤头发。

第二，鲜花点缀头发的方式方法。李渔认为，鲜花对美人的点缀，要比珍珠美玉更高雅、更有生气，能够实现美人和鲜花的相互成就。因此，如果得到美人，富贵人家就应当把名花找遍，都种在园子里，使美人和名花朝夕相伴。早晨起来往头上插花时，可以根据自己的心情任意选择，自然能够插佩合适；穷人家如果娶到美丽女人，只要屋旁稍有空地，也应该种树栽花，以供美人点缀云鬓。其他的事情可以节俭，只有这件事不能节俭。即使穷得一干二净的人家，家无立锥之地，也应该向种花的园子索要一些、向卖花的购买一些鲜花，每天花费的几文钱，也只是少饮一杯酒而已，这样既让女人高兴，又愉悦了自己的眼睛，等于得到了很多便宜。鲜花的颜色，白色最好，黄色次之，淡红又次之，最忌大红，尤其水红。玫瑰最香但颜色太艳，只适宜压在髻下，让它暗暗发出香味，千万不可暴露出来。茉莉花可插鬓上，它让女子更加美丽，化妆的时候不可或缺。

还有更省钱的方法：吴门一带制作的假花精美雅致，和从树上摘下的没什么区别。每朵不过几文钱，可以用一个多月。这些花像真的但它的叶子不像真的，可把假叶去掉换成真叶子，这样就会显得更加真实。

第三，簪子和耳环的形式。李渔说，簪子的颜色宜浅不宜深，原因是要衬托头发的黑。从材料上说，首先，玉簪最好；其次是近于黄色的犀角、近于白色的蜜蜡做的簪子；再次是金银做的簪子；玛瑙、琥珀做的簪子都不可取。簪头可仿别的东西的形状做成，如龙头、凤头、如意头、兰花头等，取吉祥之意，同时贴近自然。簪头应该做得结实自然，不宜过于玲珑雕琢；应该和头发相互映衬，不可一抬头就跳来跳去的，因为簪头是用来压头发的，插得服帖才好。

耳环越小越好，要么用珍珠一粒，要么金银一点，这是家常佩戴的，因为像丁香花的形状，俗称"丁香"。如果要配盛装艳服，可用略微大一点的，但不要超过丁香花的一倍二倍。既要做得小，又要做得精巧雅致。一定不能做得大，李渔说："时非元夕，何须耳上悬灯？若再饰以珠翠，则为福建之珠灯，丹阳之料丝灯矣。"[1] 这样的形状做灯也还让人觉得讨厌，更何况做耳环呢？

今天，关于头发的装点和耳环的佩戴，在众多的礼仪礼节、人际交往策略、人性心理、人物审美、化妆造型、首饰设计等书籍中都有介绍。介绍的内容包括耳环的形状、大小、色彩、亮度等视知觉元素和佩戴者的脸型、额头、下巴的关系，和佩戴者的性格、发型（量感、动感、线条轮廓等）、服装（面料、造型、颜色等）之间的关系，以及它在人的目光流盼、生活动态中呈现的审美效果等等。这些论述、介绍比李渔的论述已有大大的丰富，这是当今现代性社会中生活美学发达的体现。李渔主张女性使用小巧玲珑、精致简约的耳环，反映了他对女性的美丽典雅、自信而不夸张、务实智慧的欣赏。从李渔的观点看，今天许多女性佩戴很大的耳环，确实存在着耳环喧宾夺主的现象，看起来并不雅致。

2. 衣衫：洁净淡雅欲称人

服装是审美社会学的话题，它和时代有着紧密的关联。李渔从古典审美理想的角度提出了服装的审美原则、点评了时下流行服装样式的长处和不足之处，把服装和时代特征、社会风气相关联做了分析。他说："妇人之衣，不贵精而贵洁，不贵丽而贵雅，不贵与家相称，而贵与貌相宜。"[2] 女人衣服的基本标准，是洁净、淡雅、与相貌相称。

第一，女人穿衣，贵在与容貌相称。李渔认为，人的脸、衣服的样式和颜色的搭配，有相对固定的原则。如果拿来一件鲜艳的衣服让几个少妇先后穿上，其中一定会有一两个穿上好看、一两个穿上不好看的，这是

---

[1] 《李渔全集》第三卷，浙江古籍出版社 1991 年版，第 132 页。
[2] 《李渔全集》第三卷，浙江古籍出版社 1991 年版，第 132 页。

因为她们脸的颜色和衣服的颜色有的相称，有的不相称。虽然说富贵人家的女子可以穿华丽的衣服，但如果她的脸色不适宜穿华丽的衣服而适宜穿朴素的衣服，就应该穿俭朴的衣服，所以说衣服不在于和家庭背景是否相称，而在于和容貌是否相称。

脸色白嫩、体态轻盈的女子，穿衣的适应性比较强：颜色浅或深的衣服都能显出她脸色的白皙；精美的或粗糙的衣服都能衬托出她的娇媚。但这样的女子属于国色天香，在生活中凤毛麟角。长得稍微一般的，就应当根据自己的特点穿衣服，不能乱用颜色。它的基本原则是：

◎脸色白皙的，衣服的颜色可深可浅。

◎脸色稍微黑的，不宜穿颜色浅的，只适宜穿颜色深的衣服。

◎肌肤比较细腻的，衣服可以精致也可以粗糙。

◎肌肤有些粗糙的，不适宜穿精致的衣服，只适合穿粗制的衣服。

棉布、麻布存在精致、粗糙、颜色深浅的不同，绫罗绸缎也有这样的不同。绸缎中质地不够光滑、花纹突起的，是精致中的粗糙，深色中的浅色；棉布和麻布针线紧密、漂染精细的，就是粗糙中的精致，浅色中的深色。所以，李渔所说的原则既适合富贵人家的女子，也适合贫寒人家的女子。

第二，青色的妙处。李渔说，在他小的时候，年轻女子爱穿银红桃红色的衣服，年龄稍大一些的喜欢月白色；之后，女子衣服的颜色，银红桃红变成大红，月白变成蓝色；再后，大红变成紫色，蓝色变成石青色。由明而清改朝换代以后，石青与紫色都很少见到，男女老少，都穿青色的衣服。青色是最完美的境界，它是颜色由浅入深、达到尽头的结果。青色的妙处在于：

◎脸色白的女子穿上它会更加白，脸色黑的穿上它，脸也不会觉得黑，它适合不同脸色的人。

◎年轻的穿上会显得更年轻，年老的穿上年纪也不会觉得很老，它适合不同年龄的人。

◎贫贱的人穿上它，这是贫贱的本色；富贵的人穿上它，又觉得脱去了繁华之气，只留下淡雅和朴素，也没有失去富贵的本色，它适合不同经济条件的人。

◎它的颜色浓重，凡是比它颜色淡的东西弄脏了它，都看不出来，它可以接纳其他的颜色，它适合不同卫生环境的情况。

在穿着的时候，贫寒的人只穿一件青色外衣，没有漂亮衣服穿在里面也没有关系。因为穿在外边的衣服不鲜艳，即使里面的衣服旧了、脏了，也不会看出来；富贵人家，凡是有锦绣衣裳，都可以穿在里面，风一吹，衣角飘起来，因为外边的衣服颜色最深，才使得里边衣服的花纹越明显，有复古的美名；妙龄女子如果想穿得华美，把青衣绣上线、绣上花，就比别的颜色更显眼。李渔大大赞赏青色，认为衣服颜色的妙处没有超过青色的，把它看作大大胜过古代、可以固定不变的规范。

第三，违背情理的衣服。李渔时代有一种流行样式的服装叫"水田衣"，它是零拼碎补成的。李渔认为它违背了情理，标志着世道人心的下滑。古人做的衣服上有缝，是客观情况使然，人有胖瘦高矮之分，不能比着身体织布，所以必须制成整块的帛，剪碎了做成衣服。人们用"天衣无缝"来赞美神仙的衣服，喻义做事情周密完善、浑然一体，没有雕琢的痕迹。但"水田衣"却把一两条缝扩展为几十上百条，不但不像天衣，而且也不像人间的衣服，这就出了问题。

李渔认为，这种现象的出现有两方面的意义。其一，大约缝衣服的奸匠，在裁剪时偷工减料，窃取一段段的布，创造这种制法，是为了把自己窃取来的东西卖出去。结果，人们喜欢新奇的东西，群起仿效，把成片的布剪成零星小块，让它遭受碎尸万段的刑罚；"水田衣"把碎裂的布片缝得像百衲僧衣，当女子穿上它时就会带有出家的模样。其二，这种风俗好尚的变化，意味着社会和时代的变化。李渔说，这种"水田衣"的制法是从崇祯末年开始的，衣服无缘无故地这样变化，似乎预示着天下将要土崩瓦解。果然不久盗贼四起、割裂中原。李渔完成《闲情偶寄》时已61岁，当时为清康熙十年（1671），天下承平。李渔认为，为了当今君主圣明、万邦来朝、制度统一，这种做衣服的规矩自然应该给予革除。李渔自认为这种主张声音虽然微弱，但对太平盛世也是有意义的。

第四，披肩、坎肩、带子等配饰的使用方法。披肩、坎肩、腰带是衣服的有机组成部分。其中，披肩的功用是保护衣领，使衣领避免沾上头发的油。披肩的颜色应该与衣领同色、浑然一体。即使难以同色，也应该彼此接近、不可相差悬殊。因为如果相差悬殊，头部和整个身子的区别就很明显，看起来它们像处在两个地方一样，就会不协调。李渔说，不仅披肩的颜色应该和外衣的颜色相一致，而且它的内外颜色也应该一致。原因在于，披肩不能时刻贴在肩上，稍稍遇到风吹就会翻过来。如果内外同一种颜色，不管它是整齐还是颠倒都不用担心。如果出外见人，就一定要在暗处用线把披肩和衣服连在一起，使披肩在肩上不动，使它和衣服不分离，这样就不会凌乱。

女子的装束中，有两种物美价廉的东西必不可少：一个是坎肩，俗称"背褡"；一个是束腰的带子，俗称"鸳绦"。女子的身体宜窄不宜宽，一穿上坎肩，肩宽的就不会显得肩宽，肩窄的就会看起来更窄；女子的腰宜细不宜粗，一束上带子，腰粗的看起来会变细，腰细的就会更加觉得细。在穿法上，坎肩应该穿在外边，腰带应该系在里面。腰带藏在衣服里面，束了腰带也像没束，让人觉得她的腰本来就这么细，这是一种自然的审美效果。

第五，裙子样式的优与劣。李渔认为，裙子的关键点不在于做工是否精细，而在于折纹的多少。折纹多就能行走自如，不会缠身碍脚；折纹少行路就会不方便，像被枷锁束缚一样。折纹多裙子就容易飘起来，活泼灵动；折纹少就不容易动，会显得呆板僵硬。所以做衣服时，其他衣服可以节省料子，做裙子一定不能节省。古诗有"裙拖六幅潇湘水"① 之句，李渔认为，八个裙幅的裙子适宜在家里穿，能达到十个裙幅的，在人前穿

---

① 唐代诗人李群玉（808—862）在《杜丞相悰筵中赠美人》一诗中有"裙拖六幅潇湘水"之句，唐代妇女穿的裙子多折裥、形似波浪，故以潇湘水为喻。[原诗参见（清）廖元度选编，湖北省社会科学院文学研究所校注：《楚风补校注》上，湖北人民出版社1998年版，第620页。]

才会显得美观。当然，做这样的裙子需要使用又轻又软的料子，李渔点评了当时苏州流行的几种裙子：

◎百裥裙。非常美丽，适合配盛服，不适合平时穿，浪费物力。如果做得比旧式样稍稍增几幅，比新式样稍稍减几幅，在人前就穿十幅的，平时就穿八幅的，就很得当了。

◎月华裙。一折中有五种颜色，就像皎洁的月亮现出光芒。这种裙子费的人工、料子比一般的裙子多十倍，不可取。遮盖下体的衣服，颜色宜淡不宜浓，宜纯不宜杂。古诗中"红裙妒杀石榴花"等句子，表明了前人的笨拙。如果真是这样，那也是一个打扮浓艳的乡下妇女，无法使雅人韵士们动心。

◎弹墨裙。别致，但是尚未使李渔动心。

李渔决心设计出一种新的裙子样式来纠正当时的风气，但没有下功夫做出来，也不敢轻易地说出来误导世人。

在这一部分，李渔坚持的是适当、整一、雅致的女性审美原则。就适当来说，衣服的穿着要和容貌、肌肤、家庭背景（身份）相匹配才能和谐、才能显得美，这一原则在今天仍然有效；就整一来说，披肩和衣领颜色相一致、不要相分离；坎肩和带子使女性自然地显得优美，作为一种审美原则也有其意义；就雅致来说，衣裙的颜色淡则雅、浓则俗，淡色接近文人雅士的审美趣味，浓色（大红大绿）则是乡下妇女的打扮方式，作为文人的李渔显然更倾向于淡雅。李渔对青色的妙处进行揭示是有文化依据的。在中国文化中道即是玄，《老子》说："玄之又玄，众妙之门"，青是玄的颜色，也就是"道"的颜色，在审美上，它有着幻化出自然界各种颜色的丰富性，这寓意了青色使用者具备丰富的内涵和高雅的性情。所以，肌肤不够白的女性使用青色显得和谐，肌肤白、稳重的女性使用青色，则表露出高贵优雅的气质，它是雅的一种高级形式。李渔在论述裙子样式时，显然以妇女裙子的飘动之美作为标准，对裙子的设计提出了要求。裙子的飘动之美包含了柔软的、动态的曲线，符合了社会对女性特质的理解和想象，是一种优雅的形式。

明代末年奢靡之风盛行，许多富贵人家常将昂贵的锦缎剪成小块再拼缝起来做"水田衣"，造成了锦缎的浪费。李渔从自然、简朴的角度厌弃水田衣，可以看成是对社会奢靡之风的批判，这有一定的合理性。但李渔对"水田衣"的批评还是带有较强的个人偏好。水田衣为明清时期妇女的"时装"，它是由零星的织锦缎料拼合而成，它的图案、大小、形状各不相同，拼起来后显得色彩斑斓，呈现出如水田般相互交错的美感，受到妇女的喜爱。最先制作水田衣时还比较注重各块面料形状、大小的协调，衣服看上去错落有致、匀称和谐。之后，设计者渐渐打破了形式的束缚，较为随意地裁出形状、大小，做的衣服更加自然。

在明清时期的文学作品中也有对"水田衣"的描写。如吴敬梓的《儒林外史》第十四回"蘧公孙书坊送良友，马秀才山洞遇神仙"中写道：马二先生"吃完了出来，看见西湖船沿上柳阴下系着两只船，那船上女客在那里换衣裳：一个脱去元色外套，换了一件水田披风"[1]。元色外套的风格是简约，水田披风则使之娇媚奇异。又如《红楼梦》第六十三回"寿怡红群芳开夜宴，死金丹独艳理亲丧"中描写："当时芳官满口嚷热，只穿着一件玉色红青酡絾三色缎子斗的水田小夹袄，束着一条柳绿汗巾，底下是水红撒花夹裤，也散着裤腿。……越发显得面如满月犹白，眼如秋水还清。"[2]芳官的水田小夹袄，是由三种颜色的缎子做的：玉色介于淡青和绿色之间，红青是略泛微红的黑色，酡絾是微带赭色的淡红。这三种颜色做成的水田夹袄色彩丰富，穿在芳官身上显得无比俏丽。这都表明，水田衣不像李渔说的那样一无可取之处。

可以说，水田衣这种服装样式作为对形式美的展示和对形式的突破，是服装发展史上一种新的现象，李渔从美学上对它全面否定有着他自身的局限性。另外，虽然服装是社会生活的晴雨表，但李渔把水田衣和社会政治做直接的关联却是很牵强的。

---

① （清）吴敬梓：《儒林外史》，华夏出版社 2013 年版，第 101 页。

② （清）曹雪芹、高鹗：《红楼梦》，人民文学出版社 1982 年版，第 867 页。

图 6　女子水田衣①

图 7　收藏于美国明尼阿波利斯艺术博物馆的清代菱形彩绣花卉水田衣②

---

① 蒋义海主编:《画海》上册,哈尔滨出版社 1996 年版,第 772 页。

② 冯盈之、余赠振编著:《古代中国服饰时尚 100 例》,浙江大学出版社 2016 年版,第
　54 页。

3. 鞋袜：大小颜色各相宜

李渔从脚小为美的基本原则出发，讨论了社会上流行的女性鞋袜的样式、颜色、命名，以及它和脚的适应性等问题，得出了饶有趣味的结论。

第一，高底的鞋子，穿上之后更美。李渔说，把鞋做成高底的，能够使脚小的看起来更小，脚瘦的看起来更瘦，有尽善尽美的效果。但是，如果脚大的女子也穿这种鞋子，就会出现"东施效颦"的效果，当这种鞋子变成丑陋女人盲目模仿的工具后，就埋没了设计者的一片苦心。

平底鞋的出现是为了矫正这种盲目模仿的弊端，平底鞋能够使真正的小脚和假小脚区别出来。但平底鞋做出来后，人们又倾向于穿高底鞋了。因为鞋有底，脚趾头就向下，宽脚看起来也很尖瘦，大脚看起来可以变小。李渔认为，鞋的高底不应该全部除去，只要减一点就行了。脚大的女性适合穿厚底儿鞋，不适合穿薄底儿的；脚大的女人还应该穿大的鞋子，否则，鞋子小了就会夹得脚痛不能走路。李渔从实用性、审美价值，以及鞋子和人的适宜程度来判断鞋子的样式和穿用。

第二，鞋袜的命名和装饰。李渔说，古人根据事物本身的含义来为它命名，有的取得很好，比如"凌波小袜"，表明女子步履轻盈，这个名字很雅致。但在女子脚上，命名却和实际情况不相符合，比如"三寸金莲"，莲花在花中是比较大的，用它来称呼女子的脚就不合适。假如女子的脚真像莲花瓣的形状就会又宽又大，即使极小极窄的莲花瓣也比三寸长。因此，把女子的脚叫作"金莲"让人不可理解；历来称呼女人的鞋都是"凤头"，世人便用金银制成凤的形状点缀在鞋尖上。凤凰只比大鹏小一点，和众鸟相比还是很大的，用"凤头"来称呼鞋，初衷是赞美，实际上像是在讥讽。如果说凤的头是尖的，"凤头"的名称只是模仿凤的形状，那么众鸟的头也有很多比凤头尖的，为什么不用它们来命名呢？和其他的鸟比起来，只有凤头是向上昂着的，女子的脚趾尖妙在低而能伏，假使像凤凰高昂的头，样子就不能看了。因此，"凤头"的名称也让人难以理解。李渔认为，"凤头"、"金莲"等名字流传已久、不能马上改掉，但在鞋的制作时不能模仿它的实际形状，否则就会很不美观。不仅如此，凤凰和龙的地位一样，是帝王装饰衣服和器皿的元素，用它来装饰脚就是一种亵渎。在生活中女性在袜子上绣龙凤的形状都是不明事理、不合身份的事。

李渔发现，当时女子的鞋头点缀珠子，他对此大加赞扬："珠出水底，宜在凌波袜下。且似粟之珠，价不甚昂，缀一粒于鞋尖，满足俱呈宝色。"① 穿上这样的鞋登上歌舞台，就是在盘上滚动的珍珠，令人眼花缭乱；穿上这样的鞋男欢女爱，就成了手掌上的珍珠，令人把玩不已。

第三，鞋袜的颜色搭配，各有讲究。李渔说，袜子流行白色和浅红色，鞋流行深红色，之后又流行青色，做得已经很漂亮了。在它们的搭配方面，袜子的颜色和鞋子的颜色应该相反：袜子颜色浅，鞋子颜色深，通过颜色的对比显出脚的美。当时，女子的袜子流行白色，鞋子流行深红色和深青色，已很完美。但家家都这样穿就是雷同，李渔想把颜色颠倒一下，让袜子的颜色深鞋子的颜色浅，这样就更能显出脚的小来。同时，鞋子的颜色不应该和地面的颜色相同。地面上的泥土砖石大多是深色，颜色浅的鞋子站在上面就会界限分明。如果地面是青色而鞋子也是青色，就显不出鞋子的好坏。脚大的女人穿鞋应该与此相反，应该看地面的颜色而定，目的是遮掩脚的短处。

鞋袜的穿用和缠足的习俗有关，李渔谈到的鞋袜审美都以缠足造成的脚小为基础，从更广阔的时间和空间背景来看，这是其出发点的错误之处。美国汉学界的学者高彦颐博士探讨了缠足的可欲和可行，他说："在 10 世纪里，透过唐诗而广为传诵的'纤足'，成为审美偏好；由于时尚潮流的变化，遮蔽双足成为合乎礼节的举动；椅子的引进，解除了坐姿的脚部压力；以墙壁为隔间的室内建筑空间设计，或许强化了深闺幽幽的吸引力；所有这些发展，共同成为孕育缠足兴起的环境，使得缠裹双足不仅可欲，而且可行。"②

---

① 《李渔全集》第三卷，浙江古籍出版社 1991 年版，第 139 页。

② ［美］高彦颐：《缠足："金莲崇拜"盛极而衰的演变》，苗延威译，江苏人民出版社 2009 年版，第 175 页。

因此，作为文人的李渔对小脚以及和它相关联的鞋袜的审美，也是这种时尚变化、社会礼仪和物质文化的表现，并且不仅是深闺幽幽的吸引力，而且是女性的"性"和缠足的功用的吸引力。关于女性的性，高彦颐博士说："若说女性的'性'被二分为'狐狸精'与'贤妇'这两种角色类型，那么缠足之'用'，也相对的二分为感官的求逗刺激，以及身体的经济生产，这两种劳动领域。"① 从李渔女性审美的总体特征看，他更看重女性的"狐狸精"一面，作为一个文人，他承继了中国的文化传统：唐代的艳体诗通过生动的画面表达对袜、鞋和足的关注，这种关注包含了鲜明的情欲意涵；物质和礼仪文化形成的遮蔽美学将女性的鞋袜情色化。前文所述，李渔的女性审美设计思想，和他作为一个戏剧导演选定女演员的活动有关，戏剧艺术对女性演员的要求和礼教的社会对"贤妇"的要求标准是不同的。同时也应该看到，女性审美设计中情欲意涵的增加为女性身体审美开辟了广阔的领域，这是女性审美的解放，这种解放在传统的儒家典籍教训中不可能实现，它只有在戏剧艺术、文人情趣的背景下才可能有所突破，并反作用于社会生活。从这个角度说，李渔和女性之间不应该被理解成单向度的情欲窥视关系，也不应该被单纯理解成对女性的"玩弄"。前者还没有从情欲升华至审美，后者局限于道德批评而遮蔽了审美的解放。

四、学文习艺，变化性情

除了外在的容貌、服饰等元素之外，女性还需要通过学文习艺来改变内在气质。李渔说娶妻如买田庄，用来种植桑麻和五谷；买姬妾如治园圃，用来欣赏和娱乐性情。因此，从生活美学的角度说，学文习艺的主体是姬妾。李渔的说法有其时代的局限性，从今天来看，学文习艺能够开阔

---

① ［美］高彦颐：《缠足："金莲崇拜"盛极而衰的演变》，苗延威译，江苏人民出版社2009年版，第219页。

眼界、储备知识、优化性情，它应该是人类群体的事情。李渔从审美角度谈到了学文习艺对性情的影响，把增添生活的乐趣和美作为期待达成的效果，这种看法又不无道理。李渔认为，学习的次第和重要性，以诗文书画为首选，其次是乐器，再次是歌舞。

针线刺绣是女子分内之事，妇道人家的职业以缝纫为主，应该在缝纫技能熟练之后，逐渐学习其他技能。李渔郑重强调，描鸾刺凤的事不敢遗漏，绝不能因学文习艺而放弃。识文断字、学歌习舞一定以学好女工为基础，否则就是舍本逐末、丧失了造物主的本意。《闲情偶寄》述说的学文习艺等事情都是"闲情"，但"闲情"不能伤损"大道"，女性的"大道"是学好针线刺绣，这是"闲情"的基础，也是女性的立身之本。只有这样，也才谈得上"闲情"。

1. 识文断字，明了次第

习艺之前要学文，学文的目的是把握"文理"。明了"文理"，在习艺时才能起到事半功倍的效果。"文理"一词从字面上看有两层含义：一是文之理，即文本身的规矩方圆，以及从文中体会的"心营意造"；二是文所表达的理，在中国古代叫作"道"、"道德"，它体现为文辞。清代学者章学诚认为，学问是文辞的基础，"故宋儒尊道德而薄文辞，伊川先生谓工文则害道，明道先生谓记诵为玩物丧志……但文字之佳胜，正贵读者之自得，如饮食甘旨，衣服轻暖，衣且食者之领受，各自知之，而难以告人。"[1] 章学诚认为，文的美可以涵蕴"道"、"道德"，而不是工文害道。李渔对"文理"的理解包含了它的两层含义，他论述女性学文的内容和方法，以及文字的美给女性、生活带来的价值。

第一，读书识字，明了事理。李渔认为，学习技艺必须先读书识字，通过读书识字学到"文理"。他说，文理具有普遍性，是解开天下所有锁子的万能钥匙："盖合天上地下，万国九州，其大至于无外，其小至于无

---

① （清）章学诚撰：《文史通义》，上海古籍出版社 2015 年版，第 88 页。

内，一切当行当学之事，无不握其枢纽，而司其出入者也。"① 偌大的世界都被摄入"文理"之中，在这里，文理约略相当于宇宙人生的普遍规律。李渔把文学性的文辞，扩大到包括哲学等其他学科都使用的文字，更扩大到文化符号。李渔认为，通过读书识字把握文理，不单是女子的事，全天下的士农工商、三教九流、百工技艺，都应该如此。

李渔说，学文不是单纯的学习作文写字，它的本质是为了明白事理。天下的技艺多到无穷，源头却只有一个"理"字。各种技艺背后的理和写字作文表达的理是相通的，明理的人学习技艺不仅能够知道技艺"是什么"，还能知道它"为什么"，这就比不明理的人学习技艺容易得多，所以学习技艺之前一定要学读书识字。

同时，李渔还描述了读书识字创造的审美意象。他说："妇人读书习字，……初学之时，先有裨于观者：只须案摊书本，手捏柔毫，坐于绿窗翠箔之下，便是一幅画图。班姬续史之容，谢庭咏雪之态，不过如是，何必睹其题咏，较其工拙，而后有闺秀同房之乐哉？"② 这是一种美的图画，也是一种高于感官之乐的文化之乐，它本身就是生活中的美。

教女子读书识字的方法，应该有序进行、循循善诱，杜绝使用体罚的方式。李渔认为，指导女子学习文字，最好在她情窦未开的时候，也就是十三四岁之前，这时候比较专注。应该先教女子识字，之后再教她读书，具体的做法是：

◎每天学几个字，先挑笔画最少、最常见的字教给她。从易到难，从少到多。

◎大约半年到一年之后，女孩儿学会自己寻章觅句了。趁着她喜爱看书，找来有情节的传奇、没有破绽的小说来任她翻阅。传奇、小说使用的都是通俗的日常语言，容易理解。如果一句话中有十多个字，她认识七八个，顺口念下去那另外几个也就悟出、认识了。

---

① 《李渔全集》第三卷，浙江古籍出版社 1991 年版，第 143 页。
② 《李渔全集》第三卷，浙江古籍出版社 1991 年版，第 145 页。

第二，让女子多读诗歌。在识字、读传奇激发女子对阅读的兴趣的基础上，需要选一些迎合女子天性的诗歌来读。这是对女子进行诗歌的教育。首先，诗歌的选择要迎合女子天性，离不开"平易尖颖"四个字。平易就是容易明白和学习；尖颖就是纤巧。平易不会造成学习的障碍，女人的聪明在于纤巧，读纤巧的诗，她就像碰到了从前的自己，会产生喜爱之情并愿意去学。其次，诗歌教育的目的在于，女子在对诗熟稔之后就能口不离诗，把诗当作说话。那么，女子的话中自然而然地带有诗意和诗情，随时随地都会触发并流露，成为自鸣的天籁，这就会为生活增添审美的价值；诗是情感的表达，它还融合了生活的理，因此，读诗还能开发女子的聪慧。最后，在媒介选择方面，最好选晚唐和宋代的作品，它们精工雕琢、语言典丽、空灵婉约、曲尽情态，和女子的性情相一致。初唐、中唐、盛唐时期的都不适合，两汉魏晋南北朝时期的诗作更不适合，它们会阻碍女子学习的兴趣。

第三，擅长唱歌的女子，在读诗的基础上，可以学习写词。词的篇幅较短，容易完成，比如《长相思》《浣溪沙》《如梦令》《蝶恋花》之类，每首不过一二十字，写起来还可以激发灵感。在词的选本中有许多都是闺秀女郎的作品，写词的道理容易明白，口吻也容易模仿。

在能够熟练写词之后，就可以由短到长，扩展到曲的创作上。曲的篇幅长，每一套有好几支曲子，只有才情丰富才能写出来，这是一个识字—阅读传奇—阅读诗歌—填词—作曲的学习过程，也是李渔理想的学习过程。

在这里，李渔描写了女性填词唱曲的审美意象。他说，如果真能这样，听凭女子自己填词自己演唱，那可真是才子佳人合而为一，千古以来的闲情雅致和风流韵事也不会比这更加美妙，恐怕天上的神仙也会自叹弗如、想屈尊到人间来享乐了。

第四，闺秀女子要学琴、棋、书、画。它们的学习要根据轻重缓急、天资禀性来进行。李渔认为，学琴不论学得深浅好坏都不能强求；画画和书法对闺中女子来说也不是很重要，学不学可以听之任之。围棋是必须学的，学围棋对别人、对女子自身都有多种好处。其一，妇人无所事事的时候会心生杂念、胡思乱想，通过下棋来消遣，就会断了她的杂念。其二，女人们群居一起容易产生争端，下棋能让她们安静下来。其三，孤男寡女坐在一起，在弹琴品茶之余下棋，就会把各种欲念置之度外。其四，还可以创造生活审美的意象。和女人下棋，没有必要计较胜负，宁可让她一子，输给她一点，她就会喜形于色、笑容可掬；如果有心让她输掉，不但令她难堪，还会影响她下棋的兴趣。李渔描述了女性下棋的美："纤指拈棋，踌躇不下，静观此态，尽勾消魂。"[①] 下棋的本质不在于决出胜负，而在于创造生活情趣。

在本节，李渔描述了女性的多个生活审美视听图景：案摊书本，手捏柔毫，坐于绿窗翠箔之下；通过学诗歌在讲话时带有诗意诗情，成为自鸣的天籁；自己填词和演唱成为才子佳人合一；学了围棋纤指拈棋，踌躇不下的意态；等等。这是把中国文学或绘画中的审美意象"移植"到生活中，变成现实生活的活动，从而创造生活的审美意象。同时，李渔的描述也体现了他的男性视角，在每种审美意象之前他关于学习的方式方法、对生活的意义的描述，不是基于女性学习之后对家庭和社会的作用，换句话说，他不是为了培养深情的妻子和理性的母亲，而是为了培养"庭院的花草"——姬妾，这是他明显的局限性。从这个基点出发，李渔倡导的不是学习本身的效果——知识和文化的学习不是为了制造生活的审美图景，而是为了探索真理，它的过程往往不是愉快的，在更多的时候需要付出较多的辛苦和坚持的努力——他倡导的是生活的审美，把它作为学习目的，把学习创造的意象放在比学习效果更高的位置上，正是他这种价值观的表现。

2. 丝竹之音，悦耳娱神

从生活审美的角度看，不同的乐器对生活有不同的价值，李渔仍然

---

① 《李渔全集》第三卷，浙江古籍出版社1991年版，第146页。

从男性文人的"观看"角度来评价女性学习乐器的价值，他认为这些价值不仅体现在乐器演奏的"音"上，而且体现在演奏乐器时的样貌姿态方面。

第一，弹琴。琴是生活审美的必要条件，李渔说："丝竹之音，推琴为首……妇人学此，可以变化性情，欲置温柔乡，不可无此陶熔之具。"①琴乐从古至今没有太大的变化，不像其他音乐或者颓废萎靡，或者有末世情调。女性学琴能够变化性情、美化生活。李渔认为，学琴不容易，欣赏也很不易。凡是想让姬妾学习弹琴的，应该先问自己能不能弹。主人知晓音乐，才能让下人掌握乐器，不然的话，弹琴的人弹得悦耳，听的人却听不出个所以然，这就不是在欣赏悦耳动听的音乐，而是把琴当成了折磨人的工具。在这里，李渔强调作为主人的听者应该具备的音乐文化素养。他进一步论证和评价了这种现象。他说，把琴弄响容易，明白其中的乐理不容易，只有善于弹奏的人才能聆听，俞伯牙遇不到钟子期，司马相如没碰上卓文君，他们都是白弹，这是李渔要求"听者"具备较高音乐文化素养的理由。李渔说，在当下能够弹琴的人多、能听的人少；请名师教授小妾的人多，配得上相如和文君这样知音的却少之又少。李渔所言是市民社会中流行于达官富商中的一种文化时尚，他以历史上的"知音"为范本和它比对，对文化时尚中的弹奏者和欣赏者提出了较高的要求。

知音的理想难以达到，生活中的审美意象仍然可以很动人。李渔引述《诗经》中"妻子好合，如鼓瑟琴"、"窈窕淑女，琴瑟友之"的句子来说明，如果主人擅长弹琴，就应该让姬妾舍弃其他技艺专门学习音乐，这样，在生活中便能通过琴瑟使得男女合而为一、联络情意，创造美的生活图景。他描述说："花前月下，美景良辰，值水阁之生凉，遇绣窗之无事，或夫唱而妻和，或女操而男听，或两声齐发，韵不参差，无论身当其境者俨若神仙，即画成一幅合操图，亦足令观者消魂，而知音男妇之生妒

① 《李渔全集》第三卷，浙江古籍出版社1991年版，第147页。

也。"① 这就是学琴为生活带来的审美价值。

第二，弦乐器中除了琴以外，适合女子学习的还有琵琶、弦索（三弦）、提琴（四胡）三种。琵琶非常美妙，可惜现在不再流行，善于弹奏的人也少。为了保证在音律上不出大错，从学习的顺序来说，首先应该让女子学弦索，其次是时曲，再次是戏曲。在保证音律正确的基础上，弦乐器的美可以包括三种形式。其一，形式上的美。弦索的声音可以代替琵琶，弦索在形状上比琵琶更瘦，和女子的纤体最为相配。其二，声音的美。弦乐器里最容易学的是提琴，可以事半功倍。不仅如此，提琴和弦索相比，形状更小而声音更清亮，是弹奏清曲必不可少的乐器。提琴的音色就是绝色美人之音，柔媚动人，婉转断续，全都惟妙惟肖。其三，生活意象的美。女子学琴能够创造悦耳娱神的生活意象，李渔说："即使清曲不度，止令善歌二人，一吹洞箫，一拽提琴，暗谱悠飏之曲，使隔花间柳者听之，俨然一绝代佳人，不觉动怜香惜玉之思也。"② 这是提琴和洞箫合作创造的美的生活意象。

第三，竹管类的乐器中，只有洞箫适合学习。竹管类乐器包括笛子、笙、管等，李渔说，可以偶尔吹吹笛子，但不宜经常吹；笙、管不是女人应该学习的乐器，也是在不得已时偶尔摆弄一下。在演奏乐器时，对女人和男人的审美要求不同，男人注重的是声音，女人注重的是姿容。吹笙捏管的声音可以听，但需要嘴中鼓气两腮发胀，女性的花容月貌随之变形，姿容就不好看，所以女性不适合它们。

女子适合吹洞箫，在演奏时不仅容颜不会受影响，而且能增加她的娇媚，创造生活的审美意象：用手指按着风孔编制成调，玉指就愈显纤细；把口撮起来吹出声响，朱唇就愈显得小巧。画美女的人常常画美女吹箫图，就是因为吹箫容易展现出女子的美丽。不论是箫还是笛，如果让两个女子一起吹奏，声音会倍显清亮，媚态也更加凸显，这时候焚香啜茗来

① 《李渔全集》第三卷，浙江古籍出版社 1991 年版，第 148 页。
② 《李渔全集》第三卷，浙江古籍出版社 1991 年版，第 148—149 页。

慢慢欣赏，会让人感觉到飘飘欲仙。吹箫品笛的人，手臂上一定要戴镯子，镯子不能太宽，太宽的话就会藏在袖子里看不到了。

在这里，李渔描述了三幅生活审美的画面。一是琴瑟合鸣图，它是艺术的和谐，也是家庭生活的和谐，艺术的形式指称了生活的美。二是怜香惜玉图，洞箫和提琴的悠扬之曲，加上花的香、花的影和柳的姿，传达出美人的清韵，这是对生活的美化。三是美人吹箫图，唐代诗人杜牧在《寄扬州韩绰判官》中有"二十四桥明月夜，玉人何处教吹箫"之句。月华似水，夜色朦胧，暗香浮动，一曲参差，这是诗画境界向生活的回归。这三幅生活审美的图画有诗情、有画面、有声音，是生活和艺术的合流，也是一个文人对生活的理想要求。

3. 学歌习舞，优美气质

在不同类型的艺术中，歌舞不易精通但容易学习和知晓，它是雅俗共赏的技艺。李渔说，欣赏者听到音乐的婉转、见到体态的轻盈，不用通晓音律就能领略其中的美妙并为之陶醉，所以，要教授女子学习歌舞。同时，女子学习歌舞也是可行的。

教女子学习歌舞的目的不在歌舞本身，不是学会技艺、把技艺学精，因为在生活中唱歌唱得清亮、跳舞跳得美妙的时候毕竟有限。它的本质是练习女子的声音和姿容，女子的声音和姿容是生活审美的必要成分。李渔说："欲其声音婉转，则必使之学歌；学歌既成，则随口发声，皆有燕语莺啼之致，不必歌而歌在其中矣。欲其体态轻盈，则必使之学舞；学舞既熟，则回身举步，悉带柳翻花笑之容，不必舞而舞在其中矣。"[1] 通过学习歌唱使女子的声音变得美，通过学习舞蹈使女子的体态动作变得美，这就能够把娇美的声音、妩媚的姿态带到生活中，创造审美的意趣。

在声乐方面，女性歌唱有着独特的优势。李渔采纳中国历史上"*丝*

---

[1] 《李渔全集》第三卷，浙江古籍出版社 1991 年版，第 150 页。

不如竹，竹不如肉"① 的论点，认为它说中了唱歌的奥妙，人的歌声是接近自然的声音，人的歌声是最美的。② 就男女而言，男声唱歌，即使达到极高的造诣，也只能比得上弦乐和管乐。女人的声音不同，它纯粹是人的声音，只要是善于唱歌的女子，不管长得美丑，她的声音都是最接近自然的。要采取正确的方法教女子唱歌，李渔以演戏为例做了说明。

第一，取材。取材就是唱戏所说的配角色，不同的嗓音有不同的角色适应性，可以在下面的表 3 见出。

表 3　声音和角色的适应性

声音特点	适合角色
嗓音清越而气长	正生、小生
声音娇美柔婉而气足	正旦、贴旦
声音稍次	老旦
嗓音清亮、稍带质朴	外末
声音悲壮、略微沙哑	大净

李渔说，演丑角和净副的就不论嗓音怎样，只要性格活泼、口齿伶俐就行。男演员中适合演旦角的很少，女演员中不容易找到可以演净角、丑角的人，女人的体态，可以扮演庄重、妖娆的角色，很难扮演魁梧、洒脱的角色。长得面貌娉婷、嗓音清婉的女人可以演生角旦角的，也可让她去演净角和丑角。让她扮演丫头，她的容貌胜过小姐；扮演仆人，唱的词曲比主人还好，观众就会对她备加怜惜。

第二，正音。正音就是看演员出生在什么地方，禁止她带家乡口音，

---

① 陶渊明在《晋故征西大将军长史孟府君传》中说："温尝问君：'酒有何好，而卿嗜之？'君笑而答之：'明公但不得酒中趣尔。'又问听妓，丝不如竹，竹不如肉，答曰：'渐近自然。'"［(东晋) 陶渊明：《陶渊明全集》，上海古籍出版社 2015 年版，第 149 页。］

② "丝不如竹，竹不如肉"，从今天的标准来看，不是单纯就器乐或者声乐来比较，而是就以自然的标准对发出声音的媒体进行比较。从当代音乐学意义上讲，这个论点是应该进一步讨论和判断的。

使他的发音符合《中原音韵》①的标准。地方音稍微一变就符合昆调的，只有苏州一郡；苏州一郡里面，又只有长洲、吴县两个县。无锡离苏州不过几十里，有些字的发音一辈子也改不了，比如把酒钟叫作"酒宗"之类就是这样。实际上，离得远的容易改，离得近的不容易改；词汇、语音差别大的容易改，大同小异的不容易改。纠正语音的时候，不管语音差别大小、地方距离远近，都应该把容易做的事看成难做的事，下大力气进行纠正。纠正字音的方法，应当在同一韵的韵母相近的字中，选出一两个关键字，用全副精力来纠正。这样，这一韵中韵母相同的字，都不用纠正就会自然而然地改过来。

一般北方话中平声字多入声字少，阴调的字多阳调的字少。吴地语音便于学唱戏，是因为它的阴阳平仄没太多错误。教人学唱戏，常常从平仄阴阳开始，把它弄清楚后再学唱曲子，可以事半功倍。纠正读音切忌贪多，聪明的人每天不要超过十几个字，愚钝的人可根据情况减少。每纠正一个字，就要在说话时把它改过来，不是在念曲词、宾白时才改正。这是借助词曲来改变语音，不是借助语音来完善词曲。

第三，习态。日常的姿态全是出于自然，戏场上的姿态要勉强去做，做得类似自然，就要在演练方面下一番功夫。生旦末净各有姿态，男人演旦角一定要扭扭捏捏，女人扮旦角要放弃矜持之态、像在家中一样，妙在自然，切忌做作。

女人演戏的姿态，不难在演旦角上，而难在演生角上；不难在演生角上，而难在演外末、净丑上；又不难在演外末、净丑的坐卧欢娱上，而难在演外末、净丑的走路哭泣上。

这是因为女人脚小不能跨大步、面容娇媚又不肯扮演憔悴的样子。但是扮演龙像龙，扮演虎像虎，扮演外末、净丑这种角色，应该把角色的

---

① 《中原音韵》为元代周德清著。当时作曲、唱曲的人不大讲格律，艺坛上出现了不少混乱现象，为了使元代盛极一时的北曲发挥更高的艺术价值，周德清对它的体制、音律、语音进行总结，完成该书。

神情演得惟妙惟肖，让人都赞美。美丽女人扮演生角，比扮演女角更有味道。历史上潘安、卫玠这样的美男子借美丽的女人来扮演，可以在台上生姿、唱曲时引人注目，即使离开舞台，"于花前月下，偶作此形，与之坐谈对弈，啜茗焚香，虽歌舞之余文，实温柔乡之异趣也"①。这是"习态"带来的生活情趣。

在学习歌舞方面，李渔要根据严格的艺术标准对女性进行声音、形体的训练，把训练的成果带入生活中，通过语言、仪态自然地流露出来，变成生活审美的组成部分。

---

① 《李渔全集》第三卷，浙江古籍出版社1991年版，第154页。

第四章 家居环境的审美设计

　　作为人们生活的中心,"家"由住所(Home)和家族(Family)构成。住所是家族寄居之所,它给家族成员带来安全感、稳定感。在传统的认识中,它被认为关涉到家族的兴衰。《黄帝宅经》说:"宅者人之本,人以宅为家,居若安即家代昌吉,若不安即门族衰微。"[1]就是这个意思。在今天,住所是"恒产"的主要表达形式;家族则强调家庭成员存在的意义和亲情的重要性。从逻辑上说,家居环境是住所和家族综合在一起所达到的质量和水平,但在目前的学术语境中,家居环境主要是指和住所相关的部分,即以房舍(含门窗)为中心,包括墙壁、联匾、山石、花木等室外环境,以及家具、日用器皿陈设等室内环境。

　　在家居环境审美设计方面,李渔主张以适中、适性为原则,以生活之乐为目的,其思想主要体现在《闲情偶寄·居室部》之中,包括房舍、窗栏、墙壁、联匾、山石等内容。家居环境和人的活动密切相关,在《闲情偶寄》中,李渔把日用器皿和花木栽培等内容作为日常生活中人类活动的内容,另辟《器玩部》《种植部》论述。因此,本章依据《闲情偶寄》的编排,从房舍等方面来阐述李渔的家居环境审美设计思想。

---

[1]　周履靖校正:《黄帝宅经》,中华书局1991年版,第2页。

一、房舍与人，欲其相称

在中国传统观念中，天和人是相通的，房舍是天人相通的媒介。宗白华说："中国人的宇宙概念本与庐舍有关。'宇'是屋宇，'宙'是由'宇'中出入往来。……中国古代农人的农舍就是他的世界。他们以屋宇得到空间概念，从'日出而作，日入而息'（《击壤歌》），即从宇中出入作息，而得到时间观念。"① 这是哲学角度的解释。在中国传统的观念中，房舍和家族成员的健康、家族的兴旺有着密切的关联。《黄帝宅经》云："人因宅而立，宅因人而存，人宅相扶，感通天地。"② 《黄帝宅经》又云："地善即苗茂，宅吉即人荣。"③ 这是实证经验的理解，它和哲学的解释都说明了房舍对人生的重要性。李渔认为，房舍和人要"相称"，这是房舍生活审美的基本要求。

1. 根据人的需求进行设计

李渔主张在考虑地势、环境等因素的同时，要以人为本、根据人的需求对房舍进行设计。

第一，根据人本身的需求进行设计。李渔认为，人需要房舍，就像需要衣服一样。衣服的功效是夏日清凉、冬日保暖，房舍的功效也是这样，要做到"夏凉冬燠"。因此，冬暖夏凉是房舍的第一个要求，也是判定房舍是否和人"相称"的第一个标准。李渔说："堂高数仞，榱题数尺，壮则壮矣，然宜于夏而不宜于冬。"④ 一仞为古代的八尺，大约相当于一般成年人的身高。⑤ 数仞是几个成年人的身高；榱题是指椽子的端头，它通

---

① 《宗白华全集》第 2 卷，安徽教育出版社 2008 年版，第 475—476 页。

② 周履靖校正：《黄帝宅经》，中华书局 1991 年版，第 11 页。

③ 周履靖校正：《黄帝宅经》，中华书局 1991 年版，第 15 页。

④ 《李渔全集》第三卷，浙江古籍出版社 1991 年版，第 155 页。

⑤ 《说文》："仞，伸臂一寻八尺。从人，刃声。"[（东汉）许慎：《说文解字》，中华书局 1963 年版，第 161 页。]

常伸出屋檐。形体高大、椽子伸出屋檐数尺的房子有气势、可以满足主人的虚荣心，但它和人对房舍的基本需求相背离，为李渔所不赞同。

第二，根据人的身体高度进行设计。房舍是一种社会性的存在，它和主人的社会地位、经济能力等相关，它的感觉和认知有社会性因素在其中。同时，它和自然性因素也分不开，房舍的物理尺寸会影响人的感觉。李渔说："登贵人之堂，令人不寒而栗，虽势使之然，亦寥廓有以致之……造寒士之庐，使人无忧而叹，虽气感之耳，亦境地有以迫之。"[1] 李渔认为，房舍如果过高过大，就会和所住之人不相称，不相称就破坏了生活的审美。因此，应该以人的尺度为基础来建设房舍，考虑人在房中的空间感受，不过大也不过小，这样才能给人舒适的感觉。

人的身高要和房舍的高度相匹配，李渔例举了传说是唐代诗人王维所作的《山水论》中的"丈山尺树，寸马豆人"[2] 来说明。在画面中，山、树、马、人有一个大体的比例关系，人和房舍的高度，也要有一个合适的比例关系。假如一个显贵的躯体能有商汤、周文王那样高九尺、十尺，[3] 房屋就要高数丈才能相配。否则，房舍越高，在其中的人就越矮；地面越宽大，就显得其中的人越消瘦。

在强调人和房相配的同时，李渔明确了节俭和整洁的原则。在节俭方面，他说："何如略小其堂，而宽大其身之为得乎？"[4] 房子略小，会显得人的身体宽大；在整洁方面，他说："处士之庐，难免卑隘，然卑

---

① 《李渔全集》第三卷，浙江古籍出版社 1991 年版，第 155 页。

② 相传为唐代王维所作的《山水论》有"凡画山水，意在笔先。丈山尺树，寸马分人。"（参见北京大学哲学系美学教研室编：《中国美学史资料选编》上，中华书局 1980 年版，第 269 页。）

③ "交闻文王十尺，汤九尺，今交九尺四寸以长，食粟而已，如何则可？"（《孟子·告子下》，杨伯峻：《孟子译注》，中华书局 1960 年版，第 276 页。）许慎《说文解字》说："周制，寸、尺、咫、寻……诸度量，皆以人之体为法。"[（东汉）许慎：《说文解字》，中华书局 1963 年版，第 175 页。] 寸，是指手掌后一寸的动脉名，也叫寸口。从寸口到肘部的距离为尺，约 20 厘米。

④ 《李渔全集》第三卷，浙江古籍出版社 1991 年版，第 155 页。

者不能耸之使高，隘者不能扩之使广，而污秽者、充塞者则能去之使净，净则卑者高而隘者广矣。"① 房子虽小，但整齐干净能够使它有宽大之感。

第三，房舍的设计要重"新制"不重"富丽"。李渔说："土木之事，最忌奢靡。匪特庶民之家，当崇俭朴，即王公大人，亦当以此为尚。"② 不仅普通百姓的居室设计要崇俭朴，而且王公大人的居室设计，也要以简朴为原则。原因在于，居室之制："贵精不贵丽，贵新奇大雅，不贵纤巧烂漫。"③ 精，代表着用心构制；丽，代表着外表的奢华。用心构制能够出新，吸引观者的目光；表面奢华人人皆知，流于平易。李渔认为，喜好富丽奢华的人，是因为他们不善于创造"新制"，才拿奢华富丽来炫耀。

以俭朴新制的审美而不是富丽奢华的平易来评价房舍，表达了李渔生活美学的价值趋向。实际上，俭朴未必是新制，谋求奢华也未必因为不能创新。俭朴需要创出新制，奢华也能体现审美的丰富性，问题在于关注点是低调的审美，还是张扬的奢华。

斗转星移，当今中国人的生活环境和李渔的时代已大不相同，但李渔提出的原则，在今天仍有参考价值。

第一，房舍的高度。当今房舍设计的尺寸，在农村和城市略有不同。农村以自建房屋为主，在经济条件有较大改善、存在攀比心理的情况下，约在1990—2010年的20年间，华北某地的平房建得较高，室内净高可达一丈（334厘米）以上。在城市，居民住在公寓（单元房）中，公寓的层高可由开发商来确定，开发商出于经济利益的考虑，不可能把楼层建得很高，许多房子在铺地面后为265厘米左右。

净高是指在室内从地面到天花板的垂直距离，它是评价居室好坏的重要指标。如果符合黄金分割比例是合适的，即从天花板到头顶的距离，

---

① 《李渔全集》第三卷，浙江古籍出版社1991年版，第155—156页。

② 《李渔全集》第三卷，浙江古籍出版社1991年版，第157页。

③ 《李渔全集》第三卷，浙江古籍出版社1991年版，第157页。

以及从头顶到地面的距离之间的比值符合黄金分割比，那么，房屋净高的计算公式是：

身高：屋高＝0.618

根据计算结果，身高在170—180厘米的成人，其房舍的净高应该在275—281厘米。由此可知，在铺地之后，公寓室内普遍的高度需要增加10—15厘米，否则会有压抑之感。如果农村平房净高一丈，正会遇到李渔批评的那种适合夏凉、不适合冬暖的问题，人在室内会有空旷之感。"我国建筑学家大都主张，在一般地区住室净高不能低于2.8米，条件允许的话可提高到3～3.2米。"① 只有这样，才能够实现房舍的高度和主人身高的匹配。

第二，创新和奢华。今天是一个高度工业化、商业化的社会。工业化意味着物品的大量丰富和同质性的增加，它也体现在房舍建筑和装饰材料上；商业化意味着消费主义盛行，在利益之轮的驱动下，奢华成为流行时尚和审美趋向，渗透到生活的方方面面：房子、车子、手表、服饰、饮食……在房舍建筑和装饰活动中已蔚为大观。

从当今社会中的居室装修能够看到，工业化带来的同质性体现在装饰材料和设计样式（方形、圆形）等方面，它创造了充满现代感的千篇一律的生活空间；同时，商业化带来的消费主义又使这一空间极尽豪奢。利益驱动产生了市场效应，虚荣和浮华的追求体现为包装和炫耀，它们联手遮蔽或取代了多样化、个性化的审美目标。当工业化的同质性和市场的利益形成共谋之后，俭朴原则、新制的创建便告隐退；当奢华变成审美和品位的代名词时，便产生了审美上的营养不良症，这就是李渔批评的有富丽而无新制的情形。因此，在今天这个工业化、现代性的社会中，以朴实和惜物、低调而不张扬为房舍的建筑装饰原则，显示房舍主人的品位和教养，仍然是建筑设计的方向，李渔的教喻仍然有着现实意义。

---

① 赵保利主编：《生活小窍门实用大全集》（上卷），百花洲文艺出版社2011年版，第152页。

2. 差异中的和谐与平衡

中国传统建筑的基本理念有二：一是中国地处北半球，建筑物坐北朝南可以藏风聚气，被视为理想的居住环境，这是人和自然的和谐；二是中国社会的伦理观念，要通过建筑的平面、立面、总体布局、构造制式表现出来，这是人和人的和谐。人和自然、人之间的和谐，是人精神和谐的基础和前提条件，这就彰显了建筑风水学和伦理学的价值。房舍的选址、建设、配置等是一个技术问题，也是一个心理问题。它需要因地制宜来建设，体现为差异中的平衡，从而达成实用和精神方面的和谐。在《闲情偶寄》一书中，李渔主要是从技术上来讲的，不关涉伦理问题。

（1）向背：巧借阳光

李渔说："屋以面南为正向"，面南可以直接接受阳光。但受房舍环境的限制，不可能所有的房屋都朝向南方，这就需要通过设计进行弥补：如果房子面朝北，在后面（南侧）留出空地；房子面朝东，在右面留出空地；房子面朝西，在左面留出空地，其核心都是从南面接受阳光。如果面向东、西、北面的都没有空地，可以开窗户借光来进行弥补。

（2）高下：叠石浚水

房屋有了高下起伏之势，就能够打破单调一律、具备审美价值。其基本原则是房屋前面低后面高，它既体现了形式上的变化，又具备了伦理的含义。李渔没有强调其伦理含义，他认为，当地形不允许按照常例来建设时，就要使用因地制宜的变通之法来处理：第一，在地形高的地方造平房，在地势低的地方建楼房；第二，在低处用石头垒成假山，在高处则引水做成池圃，这就实现了高低的沟通和平衡。当然，也不能拘泥于这些"成法"，还可以将高的地方继续加高，在高坡上建楼造山；将低的地方继续降低，在低洼潮湿的地方挖塘凿井，这都取决于地势、环境和需求情况，要根据具体情况作出巧妙的设计。

（3）出檐：长短得宜

李渔认为，住宅的第一要义是遮风避雨的实用功能，其次才谈得上精美或粗糙问题。但是，有的宅院设计得雕梁画栋、玉栏琼楼，或者过于宽敞，或者过于高大，它们只可在晴天消遣，不能在雨天使用。所以，柱子不宜太长，太长的话不能遮雨；窗户不宜太多，太多的话就成了风窟窿；一定要虚实相半，长短得宜。房子一定要能够适宜地使用，这是审美的基础。李渔说，有的贫寒之家，把房屋造得太宽大，剩余的空地就很少，想要把屋檐伸长来遮风挡雨，却苦于伸长之后房间太过阴暗；想要把窗户加长来接受阳光，却又担心阴天下雨，这都违背了实用、适宜的原则。

为此，李渔别出心裁地发明了"活檐"之法："何为活檐？法于瓦檐之下，另设板棚一扇，置转轴于两头，可撑可下。晴则反撑，使正面向下，以当檐外顶格；雨则正撑，使正面向上，以承檐溜。"①"活檐"就是瓦檐下面放置的板棚，在两头安装转轴，可撑起来也可放下去。晴天的时候就反着撑起来，使它正面朝下，把它当作檐外的顶格；下雨的时候正着撑起来，让它正面向上，用来接着檐上流下的雨水。

李渔提出的差异中的平衡原理，和今天的生活理念仍有关联。

第一，向阳。在城市的"水泥森林"中，房间"向阳"成为稀缺资源，成为居民的奢侈要求：有的房子终日不见阳光，有的每天特定的时段会有一些阳光……作为平衡的形式，就需要使用灯光来补充。在当代社会中，随着技术的进步，大量白炽灯已为 LED 灯所代替，在补充光线方面能够取得较为理想的效果。

作为个体单元的家庭传统上依据宅基地情况来建房，在当今城镇化的过程中，以集中居住为特征的住宅小区建设成为趋势。在房舍的向背方面，和小区的选址密切相关。小区如果能选在背山面水之处，自然是好的风景，住在其中，可以在自家阳台品赏所居城市的车水马龙和夜幕中的万家灯火；如果小区在平地建立，有条件的话可以在小区之内挖池蓄水，辅以花园的设计，使居住者感受流水环绕、花木葱茏的生活环境，倒也不失为滚滚红尘中的休闲体验。由此来看，在当今科技和经济高度发达的社会里，李渔基于节俭观念提出的房屋设计方式已不合时宜。

---

① 《李渔全集》第三卷，浙江古籍出版社 1991 年版，第 159 页。

第二，平衡。平衡是房舍建设和使用中的永恒法则。在当今的城市中，平衡主要是体现在生活区各栋楼之间、每套房子的不同房间之间。小区内的楼群要有主次：北侧的略高，南侧的略矮，以方便接受阳光、适应居民对阳光的感受和需求；各栋楼还要错落有致，给观者以视觉上的美感。一般情况下，小区的正门应该朝向主要的道路，方便进出的同时，还展示了生活区的开放性，让居民有舒畅之感。但目前地价飙升，在商业原则的支配下，楼层越来越高，楼距越来越小，小区正门未必能够面向主要道路，就使得许多小区难以达到实用和审美方面的要求。

《易》曰："一阴一阳之谓道。"[1] 每套房子的不同房间，要有阴面和阳面。在传统的多层楼房中阴面和阳面较易设定。功能划分方面，卧室应该有阳面和阴面，客厅应该放在阳面；如果是一室一厅，因白天活动而夜晚休息，厅在阳而室在阴比较合理。在山西省北部某县城见到 20 世纪 90 年代的公寓，很多都是把卧室全部设置在阳面，把客厅设置在阴面，这不符合平衡原则。

第三，实用和审美相结合。李渔认为，家中的道路要迁，这才有情趣和美。但迁不方便使用，还要开一个边门，以方便紧急时家人进出，这体现了实用和审美的结合；李渔发明的"活檐"之法，也是在节俭前提下实用和审美的统一。据考证，在李渔家乡的明清建筑中未发现"活檐"的实例，李渔的"活檐"设计被认为是明代居民楼挡雨板加上巧妙构思的变形。[2] 在当代建筑中，于窗外置一凉棚，可收可放，晴而遮阳，阴而避雨，其功能似近于李渔的"活檐"，有"用天"的特点。

在当代家庭装修方面，很多人要在买来的空间中充分体现个人和家庭成员的意志，做了复杂的装修，这就使得已有空间大大减少。在空间成为稀缺资源的背景下，要珍惜已经获取的空间，如果把花钱买来的空间又

---

[1]　李学勤主编：《十三经注疏·周易正义》，北京大学出版社 1999 年版，第 268 页。

[2]　参见陈星：《李渔建筑理念与兰溪明清古建筑之实践》，《长江文化论丛》第八辑，南京大学出版社 2012 年版，第 311 页。

花钱塞满，实在是可惜的事。因此，家庭的装修，应该以方便使用为原则，尽量为人的活动多留出空间，可以通过装饰来实现审美目的。

3. 屋顶和地面的审美设计

在居室之内，屋顶是"天"，地面是"地"。屋顶和人有一个距离，可以仰视；地面与人的脚直接接触，可以俯视，这就在居室之内形成了"仰观俯察"的审美空间形式。屋顶和地面的装饰有着审美意义，还有着文化学上的意义。

（1）顶格

顶格就是天花板。室内的房顶需要装饰，方法是使用覆板或糊纸来掩饰椽瓦的"丑态"。从李渔的描述可知，在当时，顶格还不是较高标准的"审美"要求，而是较低标准的"掩丑"功能。椽瓦被认为是不美的，它的不美有二：一是形式上不美。它的功能是实用的、兼具建筑力学上的价值，其色彩、造型无法满足审美的要求。二是理念上不美。居室应该是一个完全"人化"的空间、是一个精室。相对于家居的陈设等元素，椽瓦显得比较粗糙。因此，就需要通过"遮丑"来实现最低的审美要求。

李渔认为，当时常见的顶格虽然"天下皆然"，但"法制未善"——不具有审美价值，甚至也没有实用价值。这些顶格有两种形式。第一种是"齐檐"的做法："常因屋高檐矮，意欲取平，遂抑高者就下，顶格一概齐檐，使高敞有用之区，委之不见不闻，以为鼠窟，良可慨也。"[1] 就是天花板和较低的屋檐在同一个水平线上，天花板可取平，但天花板就遮掩了它上面很多空间，这些空间往往成为老鼠的居所，是非常可惜的事。第二种是"以顶板贴椽，仍作屋形，高其中而卑其前后者"[2]，这种情况仅仅是对椽瓦做了遮挡，说不上美观；同时，它又屈从于房舍顶端中高而前后低的形式，就比较刻板、呆笨。

---

[1] 《李渔全集》第三卷，浙江古籍出版社1991年版，第160页。

[2] 《李渔全集》第三卷，浙江古籍出版社1991年版，第160页。

李渔创造了新的天花板形制。这种形制的构思是：把顶格做成斗笠的形状，或是方形，或是圆形，中间高、四面低；天花板使用的板料和做平格是一样的，不增加材料。具体做法是：

首先，使工匠画好尺寸，或方或圆，把中间升高的部分去掉。

其次，把中间升高去掉的部分升上去做顶，在四周增加竖板，竖板约一尺长，根据自己的爱好，竖板可以做一层或两层。

最后，做成之后，如果用纸糊上，还可以在竖板上面裱贴字画。如果是圆形的，看起来像手卷；如果是方形的，看起来像册页。

这样的天花板能够给居室增加书卷气，使之看起来简朴雅致、新颖妥帖，这是它的审美效果。同时，方形天花板还具备实用价值，"用竖板作门，时开时闭，则当壁橱四张，纳无限器物于中，而不之觉也"①。李渔的天花板新制有书卷气、雅致，并且可以具备储物功能，弥补当时顶格设计之不足，把它从"掩丑"提升到"审美"，是顶格设计的创新。

今天的社会生活发生了巨大变化，家居设计已进入艺术境域，在审美要求方面也大大高于李渔的时代，但李渔的设计思想仍然可以和今天的设计实践相融通。

第一，实用和审美的统一。房子的天花板承担着遮掩梁柱和管线、隔热和隔音等实用功能，不但要对它进行装饰以"掩丑"，而且要通过装饰产生审美效果。现在的楼房层高很有限，在吊顶时就要考虑这一点，不能因过度追求美观而影响使用。因此，设计上就要从简，并体现天花板的个性。"把原本平整的屋顶改造得略有弯曲或坡度，打破传统天花板单调即可，甚至多用一些点光源就能营造出与众不同的效果。"② 这是对天花板的美化。

第二，天花板和家居环境的匹配。当代居室装修之后，家具美观、地面考究、配饰精致，天花板如果只有一盏灯，保持白色的原貌是不美观

---

① 《李渔全集》第三卷，浙江古籍出版社1991年版，第160页。

② 时涛、宋岩、胡恒毅：《家居品鉴》，中国纺织出版社2010年版，第47页。

的，这就要进行装饰，使之和新居的格调相一致，创造一个完满的家居生活空间。

第三，因地制宜和文化理念的结合。在当代公寓楼中，房顶都比较低矮，不适合很繁复的装饰，可以使用素雅的格调，用简约的灯来做装饰，这是因地制宜；天花板尤其是客厅的天花板是家中的"天"，可以借鉴"法天象地"的文化理念进行设计。比如，从造型上做成四边低中间高的假"天池"，再配以水晶吊灯；把天花板装饰成清淡、明快的格调，以法天之清朗；在天花板上使用"圆形"的灯具，以法天的日月高悬，这就使得天花板的装饰具备了浓郁的文化气息。

（2）地面

古人的房子用茅草、芦苇做屋顶，用泥土做台阶和地面，叫"茅茨土阶"。茅茨土阶是房屋简陋和生活俭朴的标志。李渔不赞同这种俭朴的生活，他从审美的完整性上来讨论这一问题：以天为幕者可以地为席，上面既有梁栋、有装饰精当的天花板，地面也必做装饰。它的道理就像人头上庄重地戴着帽子，下面就不可以光着脚一样。所以，房舍的地面应该做处理。

从实用方面，李渔分析了四种处理地面的情形：一是土。土直接暴露在外，容易潮湿，又容易生尘，所以，土是不合适的。二是板。李渔认为，用竹板做地面也不理想，原因是人走在上面有声音，喧闹、不够安静。三是三合土。① 从坚固、完整、丰俭的角度，三合土都是理想的，但它也有不足之处：在拌入灰（石灰）、土（黄土）时如果不用盐卤，地面就容易干裂；如果使用盐卤②，在天阴雨时又容易返潮。四是砖。李渔认为，最理想的是砖，用砖的好处有两个：一是可以挪移，日后迁移、重新装修时把砖拆下可以再用，这比使用三合土优越，三合土的地面在重新装

---

① 到了清代，三合土的应用则更加广泛，配比也有了明确规定。在清代《宫式石桥做法》一书中对三合土的配比作了说明："灰土即石灰与黄土之混合，或谓三合土"，并规定"灰土按四六掺合，石灰四成；黄土六成"。（《硅酸盐学报》第9卷第2期，第238页。）

② 海水或盐湖水生盐后残留于盐池内的母液蒸发冷却，析出的氯化镁结晶叫盐卤，有凝固功效。

修时就废掉了。二是用砖的地面可以很美。如果是丰饶之家，有财力把砖地面磨光自是很美；如果是简朴之家，保留砖的糙面也是美的形式，这些形式可以是大小相间、方圆相配、做冰裂纹、做龟背纹等，都很美。

图 8　冰裂纹基本形式

图 9　清代冰裂纹应用——仿哥窑橄榄瓶

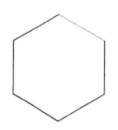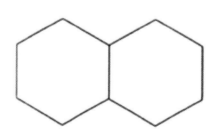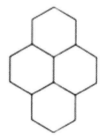

图 10　龟背纹的基本形式和演变形式

图 11　镂空龟背纹的装饰①

在当代科技文化背景下，地面铺设的材料已非常丰富。在我国，随着人口的增加、住宅的商品化、城市化进程的加速，对更多的人来说，房舍也不再是房舍（House），而成了公寓（Apartment）。不仅在公寓中"土阶"已不存在，即使在广大农村它也早已成为历史。铺设地面的青砖、水泥也渐成过去之事，代之以瓷砖、复合木地板、实木地板、地板革、竹木地板、地毯、大理石……多种多样的材料进入千家万户，从一个侧面展示了当代生活中丰富的审美景观。在这种背景下，李渔的生活美学原则仍有可取之处。

第一，俭朴。这是生活美学的永恒法则。虽然审美样式的丰富性和经济、科技的整体水平有正向关联，但爱惜物力的内敛精神始终是生活审美的内在价值。爱惜物力不等于故步自封，而是在和时代共同前进的过程中，持续葆有这种精神，把它体现在行为当中。在今天商业化的语境中，商业广告、公共关系以及各种促销和推广活动，其宗旨都在于调动人的潜在消费欲望，鼓励受众的大量消费行为。这种语境就使得"俭"的精

① 以上图片分别引自袁进东、李晴、曹春雨编著：《设计溯源：解析中西方经典设计元素》，中国林业出版社 2013 年版，第 49—58 页。

神显得更加珍贵。根据这一原则，超出经济能力购买贵重的材料用作地面装饰是不可取的。同时，把辛苦挣来的钱大量地"铺在脚下"也是应该慎重的。

第二，实用。生活美学以人为本，不是以物为本。地板是为人服务的，人不是为地板服务的。所以，地面的铺设要考虑实用原则。在各类材料中，地毯脚感舒适、噪音小、高档豪华，但它不易清理，怕火、易生虫，保养起来很麻烦，在家中不适合大面积地铺设，否则会成为沉重的负担。瓷砖、大理石等石材容易清理，铺在客厅，客人来访时可省去换鞋的麻烦。地板革虽然耐磨性好，但易损伤、耐燃性差、释放有害气体，不利于人的健康。实木地板脚感舒适、冬暖夏凉，根据中国的五行观念，实木的文化品性是"生"，它利于营造一个温馨舒适的家居环境。但是，实木地板会干缩湿胀、易变形、易虫蛀、不耐磨，打理起来很麻烦，这些都是在选择它们时需要考虑的因素。无论何种材料，如果铺设之后清洁成为一大工程，（无论是材料原因还是主人的癖好）甚至需要经常趴在地上用清洁剂一点一点地擦拭，都是不可取的。

第三，美观。各类地板材料都有不同的花纹，比如，石材类材料在制作过程中可以呈现不同的纹理，可以使之凹凸有致；实木地板有美观的自然纹理；地毯可以编织出丰富的色彩和图案……它比李渔提倡的冰裂纹、龟背纹要丰富得多，能够满足地面铺设的基本美观要求。问题在于，无论冰裂纹、龟背纹还是各类地板材料的纹样，都是形式相对稳定的图案，它们不可能有变化、缺乏多样性，日复一日就会因千篇一律而缺乏美感。在李渔时代审美样式匮乏，冰裂纹、龟背纹呈现在地面可以很美，它构成家居审美的重要内容。但在当今这个现代性充溢的时代里，地面的纹样总有千篇一律之感——无论是地砖、地板、大理石还是其他的装饰材料都如此。所以，如何在地面的固定纹样中体现出变化，用个性化的家庭装修和配饰来稀释现代性的审美匮乏，成为今天重要的、家居设计的美学课题。

二、窗栏之制，天然图画

窗，是房舍构成中的重要元素，它的主要作用是采光、通风和房屋的主人与室外的信息交流，它是房舍能够正常和舒适地使用的必要保证。《老子》说："凿户牖以为室，当其无，有室之用。"[1] "牖"指古时建筑物用以通风采光的孔洞，在版筑形式出现后，它于房舍建成后凿出，装上窗扇即能开启。随着时代的变化和建筑形式的多样化，"牖"作为孔洞已失去意义，它作为语词成为历史，今天的"窗"涵盖了"牖"的意义，并具备了审美品位。李渔认为，在家居环境中，窗栏是最能带来审美意味的，他讲述了窗栏的审美原理，留下多种形式窗栏的设计图。

1. 窗的审美区隔作用

借景，作为中国古典园林构建的重要语言，它是指把园外景物纳入园林的视线范围内，借景的技巧有许多种。明代计成在《园冶》中说："夫借景，林园之最要者也。如远借，邻借，仰借，俯借，应时而借。"[2]不管何种手法，借景都是由外而内，把外面的景借到我（观赏者）近前来，供我（观赏者）由内而外地"观"。建筑物的窗，就发挥着借景的作用。

（1）湖舫的"便面"窗

李渔说："开窗莫妙于借景。"他讲述了在西湖居住时想造一只湖舫，为之设计独特的便面窗的往事："人询其法，予曰：四面皆实，独虚其中，而为'便面'之形。实者用板，蒙以灰布，勿露一隙之光；虚者用木作匡，上下皆曲而直其两旁，所谓便面是也。"[3]

---

① 陈鼓应：《老子注译及评介》，中华书局 1984 年版，第 102 页。

② （明）计成原著，陈植注释：《园冶注释》，中国建筑工业出版社 1988 年版，第 247 页。

③ 《李渔全集》第三卷，浙江古籍出版社 1991 年版，第 170 页。

便面窗全部为空，开阔敞亮，不能有任何东西遮蔽视线，船的左右两面只有扇面之窗。它的审美效果是制造了一幅又一幅动态的图画："坐于其中，则两岸之湖光山色，寺观浮屠，云烟竹树，以及往来之樵人牧竖、醉翁游女，连人带马，尽入便面之中，作我天然图画。"[1] 这种天然图画是动态的：不仅在摇橹撑篙时不断变换景致，而且在系缆的时候也是风摇水动，刻刻变样。这样的便面窗在一天之中，就把成百上千、成千上万幅美妙的山水图画摄入船中。从里面向外看，是一幅幅扇面山水的图画。

这是通过窗子由外而内的借，窗内的人由内而外的观。李渔认为，还有通过窗子由内而外的借，窗外的人由外而内的观，这就是把船里的人物和几席杯盘映出窗外，供往来的游人观赏，从外面向里看，是一幅扇面人物画。"譬如拉妓邀僧，呼朋聚友，与之弹棋观画，分韵拈毫，或饮或歌，任眠任起，自外观之，无一不同绘事。"[2]

李渔设想的湖舫便面窗，能够把船内和船外进行区隔，从而产生审美效果：对船内的观者来说，通过窗子是在观画，所观到的是动态的画，这不同于电影艺术通过虚幻的声画意象对真实生活的全景模拟，而是通过窗子对自然风光和社会生活的隔离，展示出一幅幅动态的画面。它和房舍的窗执行着相似的职能：房舍的窗子使观者观窗外的四时景物，四时景物有异，自然的变化尽收眼底，实现人和自然的沟通。

李渔所说的由船外观船内，应该是一种理想状态，在审美操作中属于小概率事件，且有一定的难度。原因有四：一是"被观者"有定而"观者"无定；二是即使存在偶然的"观者"，因"观者"和窗有较远的距离，不能把窗内的人物和活动全部映出窗外，窗内的人物就被限定在较小的画幅中；三是运动中的画面在窗外"观者"的眼前倏忽即逝，难以留下深刻的印象；四是船内人的活动还是一种生活状态，除非经过特意的设计，否

---

① 《李渔全集》第三卷，浙江古籍出版社 1991 年版，第 170 页。
② 《李渔全集》第三卷，浙江古籍出版社 1991 年版，第 171 页。

则，很难产生审美的观感。图12（湖舫式）的观看是由外而内，但它也仅限于写意山水，而不是实景的观看。在实景观看中，窗内人物的活动不可能全部投射到窗口，窗口的光线也是暗的，观者和窗内人物之间是一种"由大观小"的关系，李渔所说并不符合现代透视学原理："透视图形与真实物体在某些概念方面是不一致的，所谓'近大远小'是一种'视错觉'现象，然而这种'视错觉'却符合物体在人们眼球的水晶体上呈现的图像，因而，它又是种真实的感觉。"①（见图13）

图12　湖舫式②

　　所以，船舫上便面窗"借景"审美的主要形式，还是产生于"观者"在有限的内部空间和窗子有较近的距离、"被观者"在窗外广阔的空间的情形，它能够通过窗子的区隔作用产生丰富的动态映像。

---

① 周长亮、胡国锋主编：《环艺设计手绘表现》，人民美术出版社2012年版，第16页。
② 《李渔全集》第三卷，浙江古籍出版社1991年版，第174页。

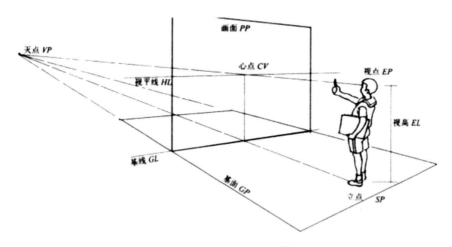

图 13　透视学基本原理[1]

同样一件东西，同样一件事情，在没有此窗之时，只把它们当作寻常事物看待；一旦有了此窗，自然就把它们当作图画看待，这就是扇面窗化平常为审美的神奇作用。

(2)"尺幅窗"和"梅窗"

李渔说，他还制作过一种用来看山的虚窗，叫作"尺幅窗"，也叫"无心画"。

其制作缘由是，"浮白轩"[2]后面有一座小山，在轩和小山之间有丹崖碧水，茂林修竹，鸣禽响瀑，茅屋板桥。有位雕塑家在那里为李渔雕了一座像，神情惟妙惟肖。李渔自号"笠翁"，像被塑成垂钓的样子。"浮白轩"本意是安置雕像，后来发现它虽然不大，却能够以小蕴大、小中见大。于是，李渔裁了几幅纸，装裱窗框四周，做成了一个画框。透过画框看去，远处的竹石和小山不再是自然的存在物，而被收纳到"无心画"

---

① 周长亮、胡国锋主编：《环艺设计手绘表现》，人民美术出版社 2012 年版，第 16 页。

② 据杜书瀛先生考证，浮白轩为芥子园中李渔的书房："(芥子)园内颇有几处佳构，如浮白轩、栖云谷、月榭、歌台等。书房也即浮白轩，在书房里能'雨观瀑布晴观月，朝听鸣禽夜听歌'。"(杜书瀛：《戏看人间——李渔传》，作家出版社 2014 年版，第 221 页。)

中，成为画面中的景物。"坐而观之，则窗非窗也，画也；山非屋后之山，即画上之山也。"① 这是李渔生活中尺幅窗的审美效果。

李渔还得意地设计了"梅窗"，它有着更加丰富的审美意味。"梅窗"设计的基本程序如下：

◎材质：石榴树、橙子树。

◎特点：木质坚硬。

◎自然形态：枝桠盘曲，有如老梅，苍老的树干盘桓扭曲。

◎做法：第一步，将比较直的老干保持本来面目，不加斧凿，做窗子的上下两边；第二步，用一面盘曲、一面稍稍平滑的枝桠，做成两棵梅树；第三步，一棵梅树安在窗子上边，向下倒垂，另一棵安在窗子下面，向上仰接；第四步，把稍为平滑的一面的树皮树节去掉，让它朝外，以便糊纸；第五步，盘曲的一面完全保留天然形态，包括稀疏的树枝树梗；第六步，用彩纸做花，分红梅、绿萼两种，缀在疏枝细梗之上。

◎效果：像花儿初绽的活梅。

李渔对窗情有独钟。船舫上的"便面窗"和浮白轩中的"尺幅窗"的审美包括两方面：一是窗本身，包括窗本身的造型，窗框的装饰；二是窗对外部景色的收纳作用。李渔发明的"梅窗"则注重窗子本身的审美效果，把窗当成艺术品来观赏，使之为生活增添了丰富的情趣。

（3）扇面窗在房舍运用中的审美

李渔无力置办船舫，其扇面窗的设计也仅存于理想状态。于是，李渔将扇面窗用在房舍之中，把它和活的景物结合在一起，创造了新的审美情趣。

李渔生性追求自由，他认为盆里的花、笼子里的鸟、缸里的鱼、桌子上摆放的有基座的假山石，都局促拘禁未能体现自由，所以他摒弃这些审美形式。李渔认为，自从设计出扇面窗之后，过去摒弃的审美形式就都变得有用了。

---

① 《李渔全集》第三卷，浙江古籍出版社 1991 年版，第 171—172 页。

图 14　梅窗①

◎思路：把扇面的山水人物、竹石花鸟等搬到窗外，使之动态化。

◎做法：第一步，屋内设置扇面窗；第二步，在窗子外面横一块木板，用于安放现成的景物；第三步，把盆里的花、笼里的鸟、蟠松怪石等变着样放置；第四步，用零星碎石把盆、基座等遮蔽起来。

◎效果：初绽的兰花移到窗外，就是一幅扇面幽兰；盛开的菊花放进窗中，便是一幅扇面佳菊。几天变换一次，常变常新。

李渔全面地对生活做艺术设计，使生活充满审美情趣，是"生活艺术化"或"艺术生活化"的表现形式，从现象上看，它和当代先锋艺术家消融生活和艺术界限的追求有相似之处。抹杀艺术和生活的界限，是现代艺术的一个重要趋向。20 世纪 50 年代以来，"绘画转化为行为艺术，艺术品从博物馆移入环境，所有体验都变为艺术，不管它有没有形式"②。美国当代艺术先锋们，从对抗"精英"立场的角度，提出了消融艺术与

① 《李渔全集》第三卷，浙江古籍出版社 1991 年版，第 180 页。
② 邓启耀：《视觉人类学导论》，中山大学出版社 2013 年版，第 170 页。

生活界限的要求："20世纪60年代正式登场的'波普艺术'在美国美术史中标示着一个非常重要的转折：让艺术等同生活，或者说让艺术进入生活。"① 让艺术走入生活、把生活变成艺术，是充满魅力的艺术发展新方向，也是艺术美学的新理念。但李渔的追求和现代先锋艺术家的追求有着本质的不同，李渔生活于传统的审美相对缺乏的社会中，他要全面引入审美设计，让生活在更大范围和程度上变得美；先锋艺术家则生活在物质过剩的社会中，要通过复原物质材料的活力内涵来对抗精英文化的优越感和消费主义的同质化。不仅李渔未能做到取消艺术和生活的界限，先锋艺术家也无法取消艺术和生活的界限。②

由此，还是回到瑞士美学家布洛"审美距离"学说的基本观点：审美生成于生活中的区隔，这种区隔使人从"心理距离"的角度去看待世界。李渔通过窗子对生活进行了区隔，制造出活动的、丰富的天然图画，以它来引动人的情感，使生活充满情调和韵致。可以说，李渔通过审美设计制造了和现实生活的"距离"，从而实现了生活审美的生成。

在李渔的时代，其故乡兰溪的民居，"开窗不多且小，除出于防风防火需求外，还有夏防暑气，冬防寒潮的作用"③。在开窗少而小、注重窗的实用性的背景下，李渔的梅窗、便面窗等等设计创造出了一幅幅生动的生活审美画面，这在当时的社会环境中是很突出的。

在当代生活中，窗的形式也发生了很大的变化。在密集的"水泥森林"和封闭的现代性生活中，房舍的窗开得尽量大，可以看作是对现代性生活的反拨。房舍阳面的客厅，使用落地窗可以使客厅宽敞明亮，也能获得更多的光线。在乘坐交通工具时，许多旅客愿意坐在靠近窗子的位置，

---

① 王瑞芸：《从杜尚到波洛克》，金城出版社2012年版，第190页。

② 简·布洛克说："如果杜夏真正想得到一件非指称性的普通东西，他满可以让自行车轮停留在自行车上，让自行车停在大街上——但这样一来，它就不会'提'出一种观点或主张，更不会造成一种抗议或挑战。"（[美]简·布洛克：《现代艺术哲学》，四川人民出版社1998年版，第206页。）

③ 陈星：《李渔建筑理念与兰溪明清古建筑之实践》，《长江文化论丛》第八辑，南京大学出版社2012年版，第310—311页。

以便向外观看：在快速运动中，欣赏窗外流动的风景带。在房舍和交通工具中，当代的窗有着和古代相同的功能：和外面的世界沟通，这也表明了人和外界做信息交流的基本需求。

窗子审美的深层意义，是人以窗为媒介和外界沟通，实现有限的自我和无限的世界的交往。《老子》说："不出户，知天下；不窥牖，见天道。"① 因为天下、天道是向着"我"的庐舍运动的，这种运动因门窗收纳外面的风景而发生，这就使"我"能够凭借庐舍的窗子成为一个自足的存在。宗白华先生说："这不是西洋精神的追求无穷，而是饮吸无穷于自我之中……正如杜甫诗云'江山俯绣户，日月近雕梁。'深广无穷的宇宙来亲近我，扶持我，无庸我去争取那无穷的空间，像浮士德那样野心勃勃，彷徨不安。"② 明代的计成在《园冶》中讲到窗子的审美意义，他说："轩楹高爽，窗户虚邻；纳千顷之汪洋，收四时之烂漫。"③ 也是把无限的时间和广大的空间收纳进来，相对于李渔在生活中的设计，这更是一种富于哲学意味的审美情趣。在广大世界向"我"运动的前提下，"我"向广大世界的"看"，就成为自足与平和自然的，这就是陶渊明的"悠然见南山"，南山无意中和"我"的观看相遇。从这个背景下可以判断，李渔通过"窗"对外界的观赏，一定也是平和安详、悠然自得的。

2. 不同窗栏的审美形式

窗栏和画框有着相似的功能，它们都在于对场景的限制、为场景提供边界。窗栏和画框的区别在于，窗栏的制作有实用目的，画框的制作基于艺术的需要。因此，窗栏里获得的景致，接近自然和生活之美；画框内的景观则纯属艺术的范畴。贴近生活，窗栏的审美形式可以是设计学的关注对象；属于艺术，画框可以精雕细镂地装饰，也可以在上面留下具有历史感的伤痕，它和框内的作品有着更密切的关联。把窗栏当作画框，是对

---

① 陈鼓应：《老子注译及评介》，中华书局 1984 年版，第 248 页。
② 宗白华：《美学散步》，上海人民出版社 1981 年版，第 86 页。
③ （明）计成原著，陈植注释：《园冶注释》，中国建筑工业出版社 1988 年版，第 51 页。

窗栏进行审美提升，从而为生活增添了审美的品味。

李渔在《闲情偶寄》中描述了窗栏的不同形式和审美功能。李渔描述的窗栏样式有两个来源，一是当时窗栏样式的总结；二是他自己的发明。实际情况可能是他总结的多一些，有些形式，他声称属于"先得我心之同然"，是和当时的窗栏形式"偶然相合"①，也应该看作李渔对生活中窗栏样式的总结。

（1）简约自然

李渔认为，窗棂之透明、栏杆之玲珑都不是最重要的，它们最重要的是一个"坚"字，"坚而后论工拙。"②造型是否美观、制作是否精巧的前提条件是"坚"。李渔说，有的人把窗、栏造得极其精致和漂亮，但没过多长时间，窗栏就残破不堪了，原因是造窗栏的人只想到形式的创新和美观，没想到它需要持续使用下去，会"旧"。因此，李渔总结了制造窗栏的原则："宜简不宜繁，宜自然不宜雕斫。"③

李渔提出窗栏设计的"简"和"自然"两类原则，来源于窗栏设计"坚"的要求，因为"简斯可继，繁则难久，顺其性者必坚，戕其体者易坏"④。从表4可以看出它们和"坚"的关系。

表4　两类窗栏的制作特点

简、自然	繁、雕琢
合笋使就	雕刻使成
顺其性	戕其体
头头有笋，眼眼着撒	头眼过密，笋撒太多

从"简"和"自然"的原则，窗栏要头头有笋、眼眼着撒，但不能

---

① 李渔说："予往往自制窗栏之格，口授工匠使为之，以为极新极异矣，而偶至一处，见其已设者，先得我心之同然，因自笑为辽东白豕。"（《李渔全集》第三卷，浙江古籍出版社1991年版，第164页。）

② 《李渔全集》第三卷，浙江古籍出版社1991年版，第164页。

③ 《李渔全集》第三卷，浙江古籍出版社1991年版，第165页。

④ 《李渔全集》第三卷，浙江古籍出版社1991年版，第165页。

头眼过密、笋撒太多，否则又成了雕琢、戕坏了形体，这是一个需要掌握好的"度"。木料的根数越少越好，少了才能坚固；木料上的榫眼越密越好，密了窗纸就不容易破，但"少"和"密"是一对矛盾，这就需要通过巧妙的设计来解决。

李渔把窗栏设计的三种形式之一——纵横格——作为理想的形式，这种式样用木根数不多，榫眼也很密，它的结构简单自然，坚固耐用，雅致整一，避免了雕饰的缺陷，有着天然的妙样。同时，它是从传统的样貌中变出，具备历史的继承性。纵横格的样貌可从图 15 见出。

图 15　纵横格①

窗的简约自然表现为"俭"、"朴"之美。俭，节约木料；朴，顺其自然。这一审美要求也体现在明清时代其他学者的论述中。比如，明代的文震亨在《长物志》中说到窗的创制原则："随方制象，各有所宜，宁古无时，宁朴无巧，宁俭无俗；至于萧疏雅洁，又本性生，非强作解事者所得轻议矣。"② 这是审美上的古朴（非时尚）、自然（非巧构）、俭省（避流俗），实现窗的素雅之美。清代学者钱泳说："屋既成矣，必用装修，而门窗槅扇最忌雕花。古者在墙为牖，在屋为窗，不过浑边净素而已，如此做

① 《李渔全集》第三卷，浙江古籍出版社 1991 年版，第 166 页。
② （明）文震亨原著，陈植校注：《长物志校注》，江苏科学技术出版社 1984 年版，第 37 页。

法，最为坚固。试看宋、元人图画宫室，并无有人物、龙凤、花卉、翎毛诸花样者。"① 这是民居门窗的审美原则，钱泳说即使宋元人画宫室，也是把它画得简约自然，这是宋元画家依据自身审美观念所做的意象创构，未必等于宫室门窗的实际情形。在宋代，"一些富贵人家对窗子的建造颇为重视，往往要求精雕细刻，以求美观豪华"②。宋代学者周密在《癸辛杂识》续集卷下《黑漆船》中描述了这种情况，他说："赵梅石孟奭性侈靡而深峻，其家有沈香连三暖阁，窗户皆镂花，其下替板亦镂花者。下用抽替，打篆香于内，香雾芬郁，终日不绝。前后皆施锦帘，他物称是。"③ 门窗的繁复雕饰、多色浓彩，在藏族宫室文化中是常见的现象（见图16），当然，它和汉地带有文人情趣的传统民居有着完全不同的文化意义。

图16　甘南藏族自治州拉卜楞寺贡唐活佛大殿的门窗④

---

① （清）钱泳：《履园丛话》（上册），中华书局1979年版，第326页。

② 徐吉军、方建新等：《中国风俗通史·宋代卷》，上海文艺出版社2001年版，第185页。

③ 转引自徐吉军、方建新等：《中国风俗通史·宋代卷》，上海文艺出版社2001年版，第186页。

④ 摄于2014年5月17日。

窗棂的简约自然,除了素净雅致外,还能和院落的景观结合起来,构成充满情趣的生活图景。善于营构"庭院"审美意象的画家郑板桥写道:"余家有茅屋二间,南面种竹,夏日新篁初放,绿阴照人,置一小榻其中,甚凉适也。秋冬之际,取围屏骨子,断去两头,横安以为窗棂,用匀薄洁白之纸糊之,风和日暖,冻蝇触窗纸上作小鼓声。于是一片竹影零乱,岂非天然图画乎?凡吾画竹,无所师承,多得于红窗粉壁日光月影中耳。"①在这里,围绕着"窗"(窗棂、窗纸),郑板桥通过季节、微风、日影、修竹、冻蝇、鼓声、粉墙等元素,营构了一幅有声有色的庭院审美画面。

(2)窗栏的审美设计

窗栏的审美离不开设计,在提出简约自然的设计原则的同时,李渔还对不同形式窗栏的设计提出了自己的见解。它们包括:

第一,欹斜格窗栏的审美设计。李渔认为,这种窗栏设计,能够取得让人意想不到的审美效果。他从制作、上漆和审美效果的角度,说明了欹斜格的设计。

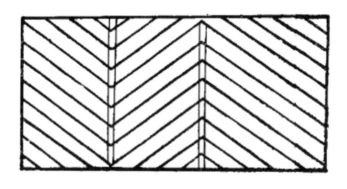

图 17 欹斜格②

◎目标:从外面看来好像是悬空的,里面却很稳固(化实为虚)。

◎制作方法:第一步,在木条尖角处的后面,另外设置一条坚固的薄

---

① 俞剑华:《中国古代画论类编》(下册),人民美术出版社 2004 年版,第 1179 页。
② 《李渔全集》第三卷,浙江古籍出版社 1991 年版,第 167 页。

板，在后面托住；第二步，上下两头设榫，把外面的尖角木条钉在上面，从前面看不出来，从后面看才有。

◎上漆方法：如果窗栏用的是红色，那么后面的托板就要用跟室内墙壁相同的颜色。如果室内墙壁是白色，托板也用白色；如果室内的墙壁是青砖的，托板也用青砖的颜色。

窗栏朝里的一面，又必须用另外一种颜色，不能跟朝外一面的颜色相同，青色、蓝色都可以；托板朝里的一面，颜色则应当跟窗栏朝外一面的颜色一致。

◎审美效果：从外面看，只能看见红色的纹路。托板跟墙壁浑然一色，托板隐没在墙壁之中，能够化实为虚。从里面看，窗栏和墙壁的暗色调接近，托板为红颜色，形成色彩的对比，构成另外一种图案。

第二，屈曲体窗栏的审美设计。李渔认为，这个式样最为坚固，同时也很节省费用，符合审美设计的基本原则。这种式样叫作"桃花浪"，也叫"浪里梅"。李渔说明了它的制作方法和审美特点。

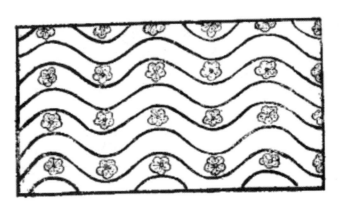

图 18　屈曲体①

◎制作方法：第一步，弯曲的木条单独制作，梅花也单独制作。第二步，把弯曲的木条安装完毕后，把梅花加在木条的缝隙处，上下用钉子钉

---

① 《李渔全集》第三卷，浙江古籍出版社 1991 年版，第 169 页。

好，以此把木条联结起来。第三步，里外两面花朵使用两种式样，一种做成桃花，一种做成梅花。

◎色彩：波浪的颜色不应雷同，有的用蓝色，有的用绿色；或者用同一种颜色，以深浅加以区别。

◎审美效果：将一种图案幻化为两种图案，使人一转身的工夫再看，已经是另外一种景致。这就是"桃花浪"、"浪里梅"。

这种窗格的设计，李渔遵循了"坚"、"俭"两个原则，用蓝绿等调和色彩与桃花、梅花的形式相结合，创造出屈曲体窗栏，为生活增添了美的元素。

第三，便面窗的审美设计。一个人如果能够抱持审美的情怀，入目便是图画，入耳便是诗情。李渔说："若能实具一段闲情，一双慧眼，则过目之物尽是画图，入耳之声无非诗料。"[1] 这是前文所述观者和窗外风景人物的交流。同时，李渔还论述了便面窗本身的设计价值，包括便面窗外推板装花式、便面窗虫鸟式、便面窗花卉式等。

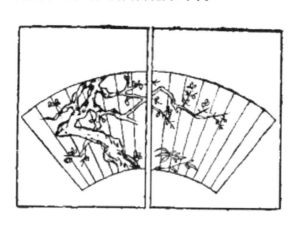

图 19　便面窗外推板装花式[2]

便面窗外推板装花式的制作要点：

◎四周用板：遵循坚固、俭省的原则。

①　《李渔全集》第三卷，浙江古籍出版社 1991 年版，第 177 页。
②　《李渔全集》第三卷，浙江古籍出版社 1991 年版，第 175 页。

◎当中有花树：保证扇面画本色。

◎斜欹的窗棂：上宽下窄，有如扇面的折纹。

◎直棂隔在中间：给花树以依靠，防止松动，保持扇面窗的长久使用。中间合缝处需要糊纱糊纸，直棂使纱和纸有所依附。

◎区分窗棂和花树之法：窗棂要和花树区分，以产生便面窗的审美效果。方法一：花树粗细不一，参差不齐；窗棂粗细均匀，越细越好，用极坚硬的木料来制作。方法二：油漆和着色时窗棂用白粉，与糊窗的纱、纸同色；花树用各种相应的色彩，就像活树生花。

◎题材的使用：梅花、其他的花或鸟均可，简便即可。山水人物不能用在这种式样的窗上。

◎制作：第一步，板和花、棂都分开制作；第二步，花、棂做好以后，再用板来镶；第三步，花、棂的连接处各自削去少许，以便接合，或用钉子钉，或用胶粘，务必使它们牢固耐久。

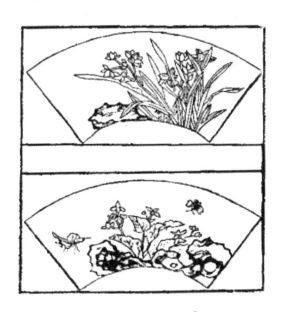

图 20　便面窗花卉式[1]

---

[1]　《李渔全集》第三卷，浙江古籍出版社 1991 年版，第 176 页。

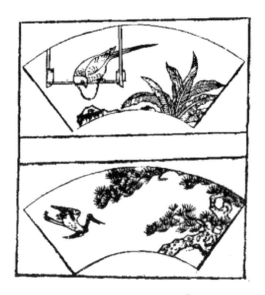

图 21　便面窗虫鸟式①

　　李渔还提供了便面窗花卉式、便面窗虫鸟式的图样，没有介绍它们的制作要点。从图样看，这些窗格本身都是精雅优美的画面，花草葱茏，怪石嶙峋，彩蝶游戏，松鹤延年，它们都为日常生活增添了情趣。

　　李渔说："诸式止备其概，余可类推。然此皆为窗外无景，求天然者不得，故以人力补之；若远近风景尽有可观，则焉用此碌碌为哉？"② 在他看来，这些设计都是因为窗外没有天然的景色好看，所以用人工来弥补。实际上，窗格的设计和室外的景色是两种审美形式，各有其独立的价值。

　　在当今的科技文化背景下，在玻璃上雕绘山水花鸟、人物草木，早已成为寻常之事，其产品可以价格低廉、毫无门槛地进入寻常百姓之家。从这个意义上，李渔提倡的节俭原则已不适用，李渔别出心裁的设计在今天也很难看出更多的新意。随着科技的进步和生活方式的变迁，无论富豪还是平民、城市的高楼还是农村的庐舍，家居生活中这些传统的审美形式

① 《李渔全集》第三卷，浙江古籍出版社 1991 年版，第 177 页。
② 《李渔全集》第三卷，浙江古籍出版社 1991 年版，第 177 页。

已不存在，它们已沉默到"传统的乡土艺术"的境遇，成为抢救和保存的对象。在实际生活中，通透的双层玻璃既坚固又美观，能够把窗外的景观尽收眼底；窗栏从木制到铝合金再到断桥铝，科技含量日渐提高，材料的坚固度、柔韧度和方便性不断提高，即使处在"水泥森林"之中、窗外没有好看的景色，窗栏本身也不再有更多的审美设计需求。

李渔为窗栏的审美设计花费了很多心血，留下了颇有启发性的设计成果。这些成果和李渔生活的社会背景、科技水平等因素共同构成不同于当今时代的、特定的社会文化语境。今天，尽管社会文化语境发生了巨大的变迁，李渔的设计工具、设计成果也不合时宜，但是，李渔追求生活审美、积极创新窗栏设计的努力，仍然鼓舞着当代设计师，鞭策他们在家居设计中创意迭出。同时，李渔的窗栏设计成果，是当今窗栏审美设计可资借鉴的宝贵资源，当今的窗栏设计应该能够在李渔成果的基础上开出独特的设计之花。当然，把李渔时代的审美元素放在今天的窗子设计中，进行跨时代的审美对话，这本身就是一种创新，它意味着生活在现代性焦虑中的当代人对和谐、安宁、朴雅的古风的一种追慕，李渔的价值也许能够在这种意义上体现出来。

三、墙壁联匾，雅趣妙赏

墙壁和联匾，都是自然存在和文化存在的统一，它们是物质存在形式，同时承载着精神文化内容。无论是物质形式还是精神内容，都和时代的科技、文化有着紧密的关联。在家居环境设计中，李渔对墙壁、联匾的审美设计提出了独到的见解，至今仍有启发意义。

1. 界墙：萧疏雅淡，丰俭得宜

界墙是区分房舍内外的重要标志，有了界墙，就能够使房舍处在一个独立的空间中，使人的生活具有相对的私密性。界墙具备空间认知、安全卫护的双重意义。从现象上看，安全卫护是界墙存在的重要缘由，无论家庭范围的院墙、房屋的外墙，当代城市中生活区的界墙，还是国家意义上的城墙、长城都是如此。

在汉文化传统中，有固定的居所才能身心安宁，房子是生活的重中之重。在传统社会，有房子就有院落，有院落就有墙壁。李渔说的界墙作为"家之外廓"应当包括院落的墙和房屋的外墙，在论述中他又以院落的墙壁为主。李渔认为，墙壁的基础意义有二：一是它标志着贫富，展示了房主的经济状况；二是它关涉稳固和坚实，国家巩固城池才能稳固，家庭坚固墙壁才能坚实。①

首先，在建材方面，强调效果的多样性。李渔认为，用乱石垒成的墙最好，不受石头大小方圆的限制。墙是人工垒起来的，乱石却是大自然造就的东西。次于乱石的是石子，石子也是得之自然，但比乱石要差一些，因为它们大多光滑平整，千篇一律，却跟人力雕琢出来的差不多。在这里，李渔用两个标准来判断乱石和石子之美：一是要呈现出"得之自然"的样貌，乱石优于石子；二是体现多样统一，乱石仍占优势。

为了说明乱石在审美方面的优势，李渔讲到一个案例：一位老和尚盖寺庙，收集了石匠凿剩的零星碎石近千担，砌成一座墙壁，高、宽都超过十仞，凸凹嶙峋，光怪陆离，大有悬崖峭壁的情致。以至于三十多年过去了，这座墙壁还时时在李渔的梦中出现，它迷人的魅力可想而知。

计成在《园冶》中讲到园林的"乱石墙"，他说："大小相间，宜杂假山之间，乱青石版用油灰抿缝，斯名冰裂也。"② 当时还没有发明水泥，使用由石灰和桐油调和制成的"油灰"，作为乱石之间的黏合剂。乱石墙的砌筑形式为"平纹卧砌法"和"顺纹立砌法"两种形式，两种砌法都呈现多样统一的美感。一般采用"平纹卧砌法"，③ 因为它从视觉上的稳定性较

---

① 就国家说，城池的巩固和国家的稳固不是因果关系。实际上，国家稳固才能巩固城池，巩固城池成为国家稳固的象征，从而在统治者和百姓的心理上产生一种安全感。

② （明）计成原著，陈植注释：《园冶注释》，中国建筑工业出版社 1988 年版，第 193 页。

③ 国家建委西北建筑设计院编：《建筑设计资料》第一集，陕西人民出版社 1979 年版，第 572 页。

好。在当代的围墙建筑中，或以整石红砖垒成，双面涂以水泥，以水泥立面作乱石样态，可以看作是对"乱石墙"的延续。

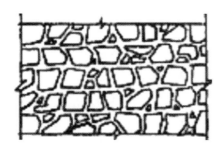

图 22　平纹卧砌法

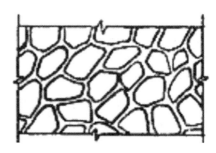

图 23　顺纹立砌法①

　　其次，在建材方面，强调雅致淡泊的情趣。李渔认为泥土墙壁的审美风貌，就是"极有萧疏雅淡之致"，泥土墙壁贫富皆宜，它的美来源于素朴自然。泥土墙壁可掺以麦秸、杂草，它们为泥土的素朴增添了风韵。李渔从建筑学的角度谈到泥土墙建造的审美缺陷：收顶太窄、像山尖一样，参差不齐、凸凹不平，不能像砖墙那样整齐，影响了泥土墙壁的审美。为此，他提出采用砌砖墙时挂线的方法：先定下建墙的界限、墙壁高低宽度的尺寸，然后立隔板，在隔板里面打墙。这样打出的墙美观大方，毫无颓败的迹象，就保证了土墙的审美效果。

　　李渔认为，砖砌的墙壁普天之下都一个样，它的原理和方法人人明白，可以放下不提。由此可以推断，砖砌的墙壁在当时应该没有设计，或设计感差、千篇一律。计成在《园冶》中讲到园林中的磨砖墙、漏砖墙，但在李渔时代家居的墙壁，没有使用园林墙壁的样式，也谈不到审美的多样性。

　　最后，李渔讲到女墙的审美。女墙，又称睥睨，《释名》说："城上垣曰睥睨，言于其孔中睥睨非常也。亦曰陴。陴，裨也，言裨助城之高也。

---

① 　国家建委西北建筑设计院编：《建筑设计资料》第一集，陕西人民出版社 1979 年版，第 572 页。

亦曰女墙，言其卑小，比之于城，若女子之于丈夫也。"① 通俗地说，女墙就是城墙上的矮墙，它可供人从里向外窥视。李渔认为，女墙的名称很美，但不应该专指城墙，在民居中凡是大门里面肩膀那么高的矮墙，都可以使用这个名字。在墙上嵌花、露孔，使墙里的人能往外看、墙外的人能往里看，就像园圃筑的墙那样，可以叫作"女墙"，它是模仿"睥睨"的式样筑成的。李渔从功能方面说明女墙的审美：嵌花露孔、内外互看，把内外空间隔离开来，同时也把内外空间连接起来，它成为古代诗文中的审美道具。苏东坡有"墙里秋千墙外道，墙外行人，墙里佳人笑"② 之句，佳人的笑声逾越墙头，给墙外的人留下丰富的想象空间；叶绍翁有"春色满园关不住，一枝红杏出墙来"③ 之句，出墙的红杏，在墙产生的"隔"与"不隔"的张力平衡中，把墙内春色传达出来；刘禹锡有"淮水东边旧时月，夜深还过女墙来"④ 之句，以月亮为媒实现内外交通，传达了一种历史感和沧桑感。佳人笑语、红杏春色、月影移动，都发生于"墙"制造的审美距离中。

李渔指出，筑墙时可参《园冶》样式中的稳固者，在人眼能够观看的位置留孔，空出二三尺，雕一些精巧的花纹，在墙的其他部位仍然垒砌坚实，留孔的意义是让外面的人能够看到里面人家的富裕美满。这样既保证了墙壁的安全，同时没有浪费人力财力，是丰俭得宜、有利无害的。

在当代社会中，筑"墙"的材料得到了极大丰富。除砖土外，还有石材、竹篱笆、混凝土等多种多样的材料，这从材质上丰富了家居围墙的审美内涵。同时，在日渐开放的社会环境中，"墙"的通透意义也得到了较为充分的体现：墙体砖石的"实"和围栏空间的"虚"有机地结合在一

---

① 王国珍：《〈释名〉语源疏证》，上海辞书出版社 2009 年版，第 192 页。

② （宋）苏轼：《蝶恋花》，见（清）蘅塘退士等编：《唐诗宋词鉴赏经典集》下，江苏美术出版社 2014 年版，第 363 页。

③ （宋）叶绍翁：《游园不值》，见傅德岷等主编：《宋诗鉴赏辞典》，上海科学技术文献出版社 2008 年版，第 427 页。

④ （唐）刘禹锡：《石头城》，见蔡义江选注：《绝句三百首》，浙江文艺出版社 2013 年版，第 77 页。

起，红色的砖、鲜花和绿色的树木合理搭配，生机勃勃。还有竹篱环绕在流水别墅周围，构成别样的田园风光，等等。

图 24　虚实结合的墙体设计①

当今围墙设计形式符合当代围墙设置的原则："能低尽量低，能透尽量透，只有少量须掩饰隐私处，才用封闭的围墙。""由围墙向景墙转化。善于把空间的分隔与景色的渗透联系统一起来，有而似无，有而生情。"②根据这一原则设置的围墙使"内外互看"得到了充分实现，同时，发掘和创新了"景墙"，这是围墙本身的审美价值，它们和李渔设置界墙的审美理念是一致的。

应当指出的是，在当代农村中，广泛存在着"高墙＋大院＋狗"的现象。例如河北省南部某地的农村，很多百姓家都建起了 2 米以上高的红砖墙，取消了"内外互看"的功能，也不具备"月移花墙"的审美价值。这种情况的出现，一是经济条件有所改善，不必再使用 20 世纪六七十年代的土墙，而是以红砖、水泥取代之；二是城市化的趋势，农耕活动减弱、商业行为增强，人员来往频繁，安全感随之降低。当城市的围墙体现

----

① 金涛、杨永胜主编：《居住区环境景观设计与营建》（第 1—4 卷），中国城市出版社 2003 年版，第 599 页。

② 朱春阳、李晓艳、胡仁喜编著：《AUTOCAD 全套园林纸绘制自学手册》，人民邮电出版社 2013 年版，第 242 页。

审美多样性、以"通透"为发展趋势之时，农村的围墙却走向封闭，这是一种和文明进程不协调的独特现象。

2. 内墙：生动有致，陶冶性情

内墙包括厅壁和书房壁。客厅是房间的中心，有集聚、游戏、娱乐的功效，体现主人的审美品位；书房是阅读、书写、工作的空间，需要宁静、沉稳、馨雅。李渔从设计学的角度提出了厅壁和书房壁装饰的美学原则。

第一，厅壁装饰的"适宜"和"生动"。李渔认为厅壁装饰不应过于朴素，也不应太过华丽。过于朴素接近自然缺少人文气息，太过华丽过度装饰则陷于流俗，装饰应当浓淡适宜、错落有致。李渔说，装裱过的字画挂轴不如实贴在墙壁上好，因为挂轴一经风吹就摇动，这样会损坏名人字画。实贴在墙上没有这一麻烦，而且大小都可以。但实贴在墙上又不如直接在墙上画画。李渔模仿杜甫《题玄武禅师屋壁》中的诗句"何年顾虎头，满壁画沧洲"[①]描述的作画雅兴和韵致，在家中厅壁上作画，给来做客的好朋友以耳目一新之感。

在作画的同时，李渔在画中嵌入鹦鹉和画眉鸟，创新了厅壁审美的感受。

◎嵌入鹦鹉的做法：第一步，请人把厅的四面墙壁画上彩色斑斓的鲜花树木，又以缭绕的云烟烘托；第二步，把养鹦鹉的铜架去掉三面，只留一根立柱和两根供鹦鹉喝水吃食的管子；第三步，在松枝上开一个小洞，把架鹦鹉的铜条牢固地插在里面。

◎嵌入画眉的做法：第一步，选取一段树枝蜷曲有如笼子的树；第二步，枝叶密集的地方用其自然形态，枝叶疏少的地方网上铁丝；第三步，疏密程度控制到鸟儿在里面飞不出来，把画眉鸟养在里面；第四步，在松枝上开洞，把树枝牢固地插在里面。

---

① 沧洲，滨水的地方，古称隐士所居之所。

　　李渔提出了这种设计的审美效果：其一，画是虚的，是静止的；鸟是实的，它在架子上来来回回地蹦蹦跳跳。其二，松枝是上了颜色的，小鸟也是色彩绚丽的，松枝和小鸟互相映衬，好像是一笔画出来的。其三，画眉鸟叫起来声音动听，欢叫声此起彼伏，这边刚刚收敛翅膀，那边又探出了脑袋，生趣盎然。其四，鸟儿叽叽喳喳，树枝花影婆娑摇动，流水不鸣而似鸣，高山似静而非静。

　　这四方面的效果从美学上说，就是首先，画面上虚和实、动和静统一，用真实取代想象，给人以新奇之感。传统绘画审美中的实、动存在于想象中，已形成审美惯性。李渔让真实的小鸟存在于画面中，它的"动"和"活"成为目视的对象，这就突破了欣赏者的审美惯性，带来惊诧的效果。李渔说："良朋至止，仰观壁画，忽见枝头鸟动，叶底翎张，无不色变神飞，诧为仙笔；乃惊疑未定，又复载飞载鸣，似欲翱翔而下矣。"[1] 就是这个意思。其次，松枝和小鸟色彩的和谐统一，这还是画面。再次，鸟叫声音的动听，加进了听觉元素，使画面变成存在着真实声音的画面，为画面的欣赏增加听觉维度，丰富了审美感受。最后，画面上真实的"活"带动想象中的"活"，树枝、流水、高山也有了动感。

　　从当今科技文明的角度看，李渔的设计实属"小儿科"：当今的影像深度介入生活，能够全面复制真实现实、创造奇幻世界，动摇人在真实世界中的存在感，它远远超出了李渔时代的水平，成为"日常生活审美呈现"的典型形式。但是，李渔在当时能够用心至极地创新，为厅壁加入设计元素，创造了新的审美意趣，是值得肯定的。同时，中国传统的等级观念（长幼有序、男女有别等）、修齐治平主题往往体现在厅壁的设计中，李渔没有选择伦理化的传统厅壁，而是抛开传统伦理把厅壁艺术化，以对时代风俗的突破体现了生活的审美追求，也是值得肯定的。

　　当今厅壁的装饰，在色彩、图案、造型、材料等各个方面的设计，也较李渔时代有了很大程度的丰富。主人可以根据自己的喜好和品位，选

---

[1]　《李渔全集》第三卷，浙江古籍出版社1991年版，第184页。

择欧洲古典、中国传统、现代简约等多种审美风格的设计。当代家装把设计元素用于艺术品之外的生活空间，是"日常生活审美呈现"的另一种形式。从哲学层面上看，这和李渔有相同之处：使用厅壁整合美术作品，实现了自然性的家装材料和人文性的艺术形式的统一，因而给客厅空间带来文化的温馨感。李渔的独特性在于，他把有动态、有鸣叫的鸟整合在画面中，实现了自然（鸟）和人文（画）的统一，比当代电子化、千篇一律的动态流水和音响高明了许多，实现了对传统图画阅读方式的突破。

第二，书房壁的装饰点缀，陶冶性情。古人读书，往往注重道德和审美层面的收获，把读书理解成脱离了俗务的"雅"事。因此，书房作为读书场所，一定要和读书之"事"相匹配。李渔以此为出发点，从审美、材料等方面，创新了书房壁的装饰。

书房墙壁要素雅，装饰要适中。李渔认为，最理想的方式，是用石灰粉刷书房墙壁，并把它打磨光滑；其次是用纸糊墙壁，保证屋柱窗楹同一颜色。李渔强调，即使墙壁用粉刷，柱子上也必须用纸糊，纸的颜色和粉灰的颜色相差不大，这样可以保证墙壁、柱子颜色的一致性。在材料上，书房的墙壁忌讳使用油漆，油漆属于俗物，还有刺鼻的气味，不可作为书房墙壁的装饰材料。

书房的墙壁虽以素雅为上，但它会古板缺少变化。为此，李渔做了创新设计，使书房墙壁具备了审美的丰富性。他的具体做法是：

◎先用一层酱色纸糊墙做底。

◎用豆绿色云母笺随手剪成零星小块儿[①]，或方或扁，或长或短，或三角形或四角形、五角形，只是不要圆形，随手贴在酱色纸上。

◎在它们的缝隙处必须让酱色纸露出一线来，而且必须使得大小错

---

① 云母笺系宋代纸名，在原纸上填以云母或浸染后制成，将云母（含有镁、钾、铝的硅酸盐矿物）粉掺入胶矾水中，持排笔均匀地刷到宣纸上，晾干之后再进行染色，放在架上晾干；再洒清水，排刷平整，抹浆上墙挣平。纸面闪烁光泽，分外美观，是一种名贵的加工纸。（参见中国书画装裱工艺学院教研室：《中国书画装裱艺术》，齐鲁书社2002年版，第176页。）

杂，斜正参差，这样贴成之后，满屋都是冰裂碎纹，就像哥窑出产的精美陶器。

◎在大块的纸笺上题诗作画，置于零星小块之间，就像古人在名器上镌刻的铭文，处处显出高雅风流。

这样，书房就成了陶冶性情的场所，让人耳目一新，身在书房，心在仙境。

李渔反对书房墙壁上粘贴太多的字画，如果把墙壁搞得像屏风那样花团锦簇、不留余地，就太过于俗气了。他批评当时很多寺庙中的斋壁，贴满了长长短短的字画，没有一点儿空余之地；他还批评了当时交通要道上的旅店，往来过客都在墙壁上题诗留言。李渔也不赞同不在墙壁上做装饰，他举唐代的例子来说明：玄览和尚是荆州陟屺寺的住持，张璪在寺庙的斋壁上画了古松，符载写赞，卫象题诗，一时号称三绝，可是都被玄览和尚粉刷掉了。有人问为什么，玄览说："不要让我的墙壁生疮。"① 玄览的话当然是高僧之言，但说得还是太过分了。

李渔的书房壁有较多的空间可以供他施展才华，他用墙壁之间的空隙来代替柜橱。看来，在李渔时代文人们藏书量还不够多。因此，可以设计书房的墙壁、可以在壁中藏书。今天的情况发生了重大变化：世界范围内的文化交流、整体教育水平的提高、机械复制时代书籍的大量生产，使书籍的种类、范围远远超出李渔的时代；同时，现代科技手段的使用大大降低了书籍的印刷成本，这就使得读书人家普遍书很多，书房墙壁上供设计的空间少了。当代生活中，有人在书房墙壁挂上书法、绘画、摄影作品自然是一件雅事，但书房墙壁主要的面积还是应该用来做书柜的陈设。当今市场上销售的书柜无法适应书房空间的情况，在家装之后请木工做书柜也是一种理想的途径。在设计书柜时，可按照摆放后与天花板距离 5—8

---

① "大历末，禅师玄览住荆州陟屺寺，道高有风韵，人不可得而亲。张璪尝画。譬松于斋壁，符载赞之，卫象诗之，亦一时三绝。览悉加垩焉。人问其故，曰：'无事疥吾壁也。'"[(唐) 段成式：《酉阳杂俎》，浙江古籍出版社 1987 年版，第 37 页。]

厘米的尺寸确定书柜的高度，这样既能充分利用空间又能方便搬动。书柜可分上下两部分，上下以黄金分割的比例设计，上半部分做成镂花的玻璃门扇，下半部分做成可封闭的镂花木门，使用深棕色来油漆，产生视觉上的和谐、稳重效果，读书人处于室中，会有馨雅之感。

3. 联匾：取异标新，书卷精神

在中国古建筑的楼、台、亭、阁、轩、榭、堂、馆中，都会有对联匾额。对联匾额在古建筑的物质形式上增加了文化意义，提示和升华了建筑整体的精神内涵。门联位于大门两侧；楹联悬挂在楹柱之上，款式主要是长条形，字往往是名家书写，镌刻也多由名刻手操刀，材质或木或石，经岁月流逝而不可磨灭；匾专门悬挂于厅堂和楼阁上面；额镶嵌于家宅门额之上。在民居中，匾额往往是堂号，表示姓氏、发扬祖风、传承家统，如"忠厚传家"、"慎思堂"等，有时它也是功名和荣誉的载体，表明主人的社会名望或志趣风骨。

李渔认为，联匾起源于向人赠言，之后是"一人为之，千人万人效之，自昔徂今，莫知稍变"①。因而有了对联、匾额。李渔的观点未见文献资料依据，可能有猜测的成分。匾，古时也作扁，许慎在《说文解字》中说："扁，署也，从户、册。户册者，署门户之文也。"②户册是指题署在门户上的文字。汉代已经有了匾额，清代训诂学家段玉裁的《说文解字注》记载："署书，汉高六年萧何所定，以题苍龙、白虎二阙。"③匾额首先是嘉奖的工具，负载着教化的功能。《后汉书·百官志》："凡有孝子顺孙，贞女义妇，让财救患，及学士为民法式者，皆扁表其门，以兴善行。"④唐

---

① 《李渔全集》第三卷，浙江古籍出版社1991年版，第188页。
② （汉）许慎撰，（宋）徐铉校，王宏源新勘：《说文解字》（现代版），社会科学文献出版社2005年版，第842页。
③ （汉）许慎撰，（宋）徐铉校，王宏源新勘：《说文解字》（现代版），社会科学文献出版社2005年版，第842页。
④ （南朝）范晔著，李贤等编：《后汉书》（下册），中华书局2005年版，第2474页。

代书法艺术发展至顶峰，文人的书写和工匠的制作相结合，使联匾提升了艺术内涵，并扩展至寺庙、楼阁，在社会上被广泛使用。宋代的书法艺术大盛，同时商业极为发达，匾额又广泛应用于商铺，成为商号的标志，具备广告功用。明清时期匾额形制更加多样，内容更加丰富，广泛应用于民宅、商号，并成为一种礼俗："匾额作为一种上级对下级的表彰形式，渐渐成为一种礼俗，拥有礼仪规范的功能。民间赠匾也十分风行，尤以祝寿匾额为多。"① 官方的伦理教化和社会的商业需求推动了联匾的发展，书法艺术又促进了联匾艺术的多样化。

在古制中，联匾于形式上呈现为对称庄严，于内容上侧重伦理表述或商业诉求，而且形式缺少变化、内容千篇一律。单纯从生活审美来说，名家的书写、精致的做工、吉祥或表达志趣的内容，都是重要的美学元素。但李渔毕竟是个文人，他要把文人的雅趣带到生活之中，因此，他别出心裁，创造了新的联匾款式。

李渔在联匾设计上的创新，依据的不是齐全的《宣和博古图》②，而是文人书写的载体。他说："古人种蕉代纸，刻竹留题，册上挥毫，卷头染翰，剪桐作诏，选石题诗，是之数者，皆书家固有之物。"③ 他是在古人的基础上进行了形式上的创新。

（1）蕉叶联

芭蕉是中国诗画中的审美道具。雨打芭蕉、流光飞逝、春风愁怀、梦魂乡国，是诗歌描绘的意境；以文会友、长夏消暑、高士隐居、松窗读书，芭蕉又是绘画中的意象，它表达了闲逸散淡的场景和心境。李渔说，在蕉叶上题诗，已经很风雅；模仿蕉叶的形状制作联匾，就更风雅了。蕉叶形式的联匾，大约可以涵摄古诗的情思和绘画的散淡，具有了更大的包容性。

---

① 张光奇编著：《匾额楹联》汉英对照，黄山书社 2013 年版，第 15 页。
② 《宣和博古图》，宋代金石学者著作，宋徽宗敕撰，王黼编纂，三十卷。参见王巍总主编：《中国考古学大辞典》，上海辞书出版社 2014 年版，第 102 页。
③ 《李渔全集》第三卷，浙江古籍出版社 1991 年版，第 188—189 页。

李渔提出了蕉叶联的制作方法：

◎先在纸上画一张蕉叶，请木匠依照蕉叶的形状制作一块板，一式两扇，一正一反。

◎把它交给漆匠，让漆匠在上面抹灰，防止木板碎裂。

◎漆完后写上联句，并且画上叶脉。

蕉叶联只适合悬挂在平坦的地方，例如墙壁中央、门的上方都可以。如果挂在柱子上就不合适了，因为蕉叶联很宽大，就会把柱子遮住，柱子上没有空地衬托此联，就不好看了。

李渔认为，蕉叶的颜色以绿色为宜，叶脉以黑色为好；蕉叶联上的字应该是石黄色的，这样颜色对比鲜明，才使人觉得可爱。此匾悬挂在白色墙壁上，以白色衬底色彩会更加显著，有"雪里芭蕉"的意味。

（2）此君联

此君即竹子的雅称。它来源于《晋书》卷八十《王羲之列传·王徽之》："尝寄居空宅中，便令种竹。或问其故，徽之但啸咏，指竹曰：'何可一日无此君邪！'"[1] 竹子亭亭玉立、婆娑雅致，有君子之风。古代无数文人墨客留下了大量的咏竹诗和以竹为题材的绘画作品，表现竹的无限生机、浓淡相宜以及它的君子之风。李渔基于中国传统对竹子的审美提出了制作"此君联"。他说，宁可食无肉，不可居无竹，人在日常生活中每时每刻都离不开竹子，用竹子做的器具大到楼阁、桌椅、床铺，小到箱篓、筷子，没有一样用不到，唯独在制作联匾这些风雅的事情上，人们却把它抛在了一边，那就让我先用起来吧，他提出了此君联的制作方式。

◎做法：其一，截取一段竹筒，剖成两半，去掉外面的青皮，去掉里面的竹节，把它磨得像镜子一样光亮；其二，写上联句，请高手镌刻，在字迹处填入石膏或者石绿，或者什么也不填，光是黑色的字。

◎审美效果：其一，它是雅致的，具备君子的品格和风貌。其二，它是简朴的，竹子到处都是，做联匾几乎没有花费。其三，它是合宜的，这

---

① （唐）房玄龄等撰：《晋书》卷三七—八四，中华书局 2000 年版，第 1400 页。

可在对比中呈现："从来柱上加联，非板不可，柱圆板方，柱窄板阔，彼此抵牾，势难贴服，何如以圆合圆，纤毫不谬，有天机凑泊之妙乎?"[①] 其四，它和柱子浑然一体：在悬挂时不可使用铜钩，上下只用二枚铜钉，在竹联上穿眼，穿眼的地方选在字的上方，之后把它钉在柱子上，不要让它移动，钉好之后用填字的颜料补在钉子上，钉子和字浑然一色，看不出钉过钉子更好。

（3）碑文额

碑文额即碑文式样的匾，三个字的牌匾，主要以平排书写。它的形式像石刻，但不能用石刻，因为第一，石头花费多，第二，颜色不显现。因此，它的材质应该是木头。在木头上，质地用黑漆，字上填白粉，这样花费不多，而且吸引人的目光。它适合挂在墙上开门的地方，不能被风吹雨打。它的效果是，来访的客人还没有开启双扉，先站在漆书壁经之下，就已经知道它是文人的房室了。

（4）手卷额

把书画装裱成卷子，可横幅于案头展阅与临摹。这也是中国古代图书的形制，如竹简、木简等。手卷牌匾洋溢着书画的文气，李渔发明的手卷额是这样设计的：

第一，材质为木板，用白粉做底色，字用石青石绿，或者用炭灰代替墨汁；第二，在匾额的式样上增加两条圆木缀在两旁，像轴心那样；第三，左边画锦纹，像是装潢的颜色；第四，右边不宜太考究，只要像托画的底色就行了。它的效果是创造了天然图卷，没有穿凿的痕迹，形成了一幅美景。

（5）册页匾

册页是中国古代书籍装帧和书画作品的装裱形式，它起源于唐代，为了解决长卷不宜翻看的困扰而产生，做法是把横卷款式的书籍折叠成折扇一样，多出现在经书中，称"经折式"。李渔把这种形制引入匾额，它

---

① 《李渔全集》第三卷，浙江古籍出版社1991年版，第191页。

的做法是：

第一，用尺寸相同的四块方板，后面用木条连接；第二，四块方板要有曲折之势，但是又不能太曲；第三，木板边上画锦纹，也像是装潢，画出来的花纹可深可浅，精巧有致；第四，字必须用刀刻出。

（6）虚白匾

《庄子·人间世》中说："瞻彼阕者，虚室生白，吉祥止止。"[①] 唐成玄英疏云："观察万有，悉皆空寂，故能虚其心室，乃照真源，而智惠明白，随用而生。白，道也。"[②] 庄子本意是说，不惹尘滓的心境能够生出光明、接近道。李渔引证庄子的"虚室生白"，使虚白匾以道家哲学的基本理论为依据，同时使之产生"有无"之间的审美意趣。李渔认为虚白匾的做法是：

第一，选一块坚硬的木板，把字贴上去；第二，镂空，做到两面相通、清楚透亮，像做糖食果馅用的木模；第三，没有字的地方抹上灰使它坚固，涂上黑漆使它褪去光泽；第四，在字的背面贴一层洁白的绵纸。

它的审美效果是：木板黑而无泽，文字白而有光，既清晰玲珑，又像是墨刻，有匾之名而无其迹。虚白匾应当挂在室内光线幽暗一些、室外光线明亮一些的房子里。如果屋后有光，就先凿通墙壁，让匾正面朝外；否则就放在进门的地方，让匾的正面朝里。历来房子高大门却比较低矮，总要在门上增加一块横板，用匾来取代这块横板，有着绝佳的审美效果。

（7）石光匾

石光匾是虚白匾的一种形式，它悬挂在假山的豁口处用来补缺。它的做法是：第一，在一块薄板上刻好字以后，用漆把它涂成山石的颜色，不要有丝毫的不同；第二，字的旁边如果有空地儿就用小石头补上，用生漆粘好，不要让板露出来；第三，板的四周也用石头补上，使匾跟山石浑成一体，看不出丝毫修修补补的痕迹，让人看了还以为有人在石头上题

---

① 陈鼓应注译：《庄子今注今译》（最新修订版），商务印书馆2007年版，第139页。
② 刘文典撰：《庄子补正》，安徽大学出版社1999年版，第118—119页。

字；第四，字的后面如果没有什么东西遮挡，就让它空着以透天光，也可以贴上绵纸，使字迹显得明亮。

（8）秋叶匾

李渔说："御沟题红，千古佳事；取以制匾，亦觉有情。"[①]唐代宫女红叶题诗从流经宫苑的河道流出，成就了一段男女奇缘的佳话。因为这个传奇故事，使得红叶成为"心灵化"的情感表达对象，红叶匾也因此包含了情意。李渔认为，红叶匾和蕉叶联的制作不同：蕉叶联可以做得大一些，红叶匾应当做得小一些；红叶匾是横式的，蕉叶联则以直为妙。

我们知道，在戏剧中李渔强调舞台表演，他力倡通俗化，显示了艺术向生活的趋归。在以上八种联匾设计中，李渔却把浓浓的书卷气息带到设计中，让世俗生活尽可能有一些"雅趣"，从而丰富生活的审美品味。李渔在这里展示的还是一种文人趣味，为此，即使有的设计如册页匾的可行性存疑，宁可用志趣的表达牺牲技术因素和实用的成分。在联匾设计中，李渔对文人趣味做了充分展示，他从传统诗画艺术中"取象"，把它用于联匾的形式设计。虽然李渔没有说明这些联匾形式的内容适应性，但从他展露出的形式趣味来看，联匾的内容不应该是道德教化和经济之志，也不应该是常规祝福和商业诉求，而是应该表达文人的雅趣、书卷气。联匾的书写，也不应该端庄雄伟、气势开张，而应该不拘章法、纵任奔逸，展示文人的自由精神。

四、一山一石，位置得宜

家居环境中不可或缺的是园林。李渔亲自设计园林，在园林美学方面卓有建树。但李渔的园林美学，不是着眼于皇家园林的雄阔气势，也不是着眼于文人园林的清高风雅，而是以日常生活为中心，以适中相宜为原则，融入"行乐"主题进行设计。在《闲情偶寄》中李渔把园林内容放在

---

① 《李渔全集》第三卷，浙江古籍出版社1991年版，第195页。

《居室部》《种植部》中，使园林发挥美化日常生活、为生活增添品味的作用，从而把它变成家居环境的重要组成部分。李渔讲到假山的设计，是就百姓生活审美而言的，它不同于皇家园林的功能。

我们知道，在清代，在皇家园林圆明园中设置蓬莱景区，表明皇帝拥有天下的象征意义。颐和园、圆明园除享乐意义外，还象征着皇帝对天下的拥有。和皇家园林不同，包括士人在内的民间人士垒假山，更多的是审美方面的山水之思。李渔说，垒假山是把山岩搬到家中来和大自然相处，用人工制造的一点风景取代自然山水，满足对山水的渴望，这是有道理的。

李渔承认园林设计中艺术家才能技巧的价值。他说，把城市变为山林、把飞来峰搬到平地上，自然是神仙妙术，借人手来显示奇异，不能把它看作是雕虫小技。在垒石成山里面蕴藏着学问和智慧：砌假山的名手随意拿起一块石头颠倒放下，都无不堆放得古古苍苍、迂回入画，这正是造物主通过艺术家的巧手显示自己的神奇。

明代计成在《园冶》中讲到园林制作的谚语"三分匠，七分主人"。匠是指园林的施工者；主人是指园林设计者。好的园林一定是设计者和施工者通力合作的结果，但起主要作用的是设计者，而非施工者。李渔强调了设计者的重要作用，他提出园林兴造的工拙雅俗与"主人"即设计师的嗜好有关：如果设计师很风雅很讲求精致，工匠造出米的园林就风雅精致；如果设计师很俗气，工匠造出来的东西也就很俗气、很拙劣。他说，有的人花费成千上万的金钱，却弄得山不像山、石不像石的，这实质上就是给主人写生画像，展示了主人的文化品位。因为，主人的神情已经通过这一花一石的放置表现出来了。

1. 假山的气势和精神

《三辅黄图》载，梁孝王筑兔园，"园中有百灵山，有肤寸石、落猿岩、栖龙岫……"[①] 这是假山的源起。既然假山制造来源于城市中体验山

---

① 陈直校证：《三辅黄图校证》，陕西人民出版社 1980 年版，第 81 页。

林的需求，那么假山制造就要以自然和真实为原则。自然是真实的前提条件，它是对自然山石的艺术摹写，凝聚着造园家艺术创造的智慧。李渔说："予遨游一生，遍览名园，从未见有盈亩累丈之山，能无补缀穿凿之痕，遥望与真山无异者。"① 这从一个方面反映了创造大的假山的难度。客观地看，李渔所谓的"与真山无异"，显然不是另造出一座真山，而是"似真"，和真山既形似又神似。从格式塔美学来看，假山应当是真山的一种"变调"：把真山的尺寸、光影关系按照比例缩小，假山各组成部分之间的配比关系，和观赏者对真山的感受相同，在假山中感受到和真山相同的情调与韵致，这就是假山带给人的"真实"之感。后魏时期杨衒之在《洛阳伽蓝记》卷二，记述了司农张伦的豪侈状况，他说："园林山池之美，诸王莫及。伦造景阳山，有若自然。其中重岩复岭，嵚崟相属；深溪洞壑，逦迤连接。高林巨树，足使日月蔽亏；悬葛垂萝，能令风烟出入。崎岖石路，似壅而通；峥嵘涧道，盘纡复直。是以山情野兴之士，游以忘归。"② 这大约就是李渔赞同的假山的气势和精神。李渔还提出了创造假山的方法和原则。

第一，假山创造要注重整体性，整体的章法气势在先，细节在后。李渔认为，在造山时整体性大于局部性，像文章一样，要有整体的章法和气势，然后才是细节。唐宋八大家的散文，全靠气魄取胜，用不着一字一句地审察掂量，一看就知道是名作。因为它先有成局，而后修饰词藻，所以无论是粗看细看都是一样的。李渔说，如果文章的整个结构布局还没有确立就由着性子写来，从开头写到中间，从中间写到结尾，这叫作以文作文，也算达到了水到渠成的境界。不过这样的文章只可近看，不耐远观，在远观时它的拼凑痕迹就暴露出来了。书画的道理也是一样，名人字画挂在中堂，隔着几丈远的距离观看，不知道哪里是山，哪里是水，哪里是亭台树木，就连字的笔画也分辨不出来。但是只要通览全局，就足以令人赞

---

① 《李渔全集》第三卷，浙江古籍出版社 1991 年版，第 196 页。
② （魏）杨衒之撰：《洛阳伽蓝记校释》，中华书局 1963 年版，第 90 页。

许。这是为什么呢？因为它以气魄取胜，整体章法不错。李渔所讲，符合格式塔心理学中知觉动作完整性的原则。格式塔心理学主张心理现象最基本的特征是在意识经验中显示的结构性、整体性，就假山创造来说，一是假山的各构成要素之间要形成一个整体，二是欣赏者要从整体的角度来知觉它，这就强调了布局章法的重要性。

第二，设计中使用石土相间之法，使假山有了生命和精神。假山设计的本质，是通过设计师来创造审美意象。康德认为，意象是"想象力重新建造出来的感性形象"①。假山要具备相应的物质形式，才能作为"刺激物"有利于想象力的建造。为此，李渔提出"以土代石"的方法。这一方法首先能够减少人工、节省物力，符合李渔生活审美的经济原则；同时，它能赋予假山以精神，使之具有天然起伏的美妙。李渔说，要想把假山造得混同于真山，叫人分辨不出真假，没有比这个方法更妙的了：垒造高大的假山，如果全用碎石，就像老和尚的百衲衣，拼拼凑凑，到处都是裂缝，所以很不耐看。用土相间，就可以把山造得浑然一体，看不出拼凑的痕迹。用土相间还有利于种树，树木盘根错节，树木和石头都能牢固，而且树大叶茂、浑然一色，叫人分辨不出哪里是土、哪里是石头。清代学者刘熙载在《艺概》中说："山之精神写不出，以烟霞写之；春之精神写不出，以草木写之。故诗无气象，则精神亦无所寓矣。"② 有了草木，也就有了山的精神和生命，这都是土石相间带来的效果。计成在《园冶》一书中也写到土的作用："多方景胜，咫尺山林，妙在得乎一人，雅从兼于半土。"③ 就是说，有了土就能生长出花草树木，使假山更贴近大自然的景观。李渔认为，采用土石相间的方法比较灵活，石土的配比可多可少，也不一定非得土石各半，土多就是土山带石，石多就是石山带土。土、石本来就不可分割，石山离开土就长不出草木，这就变成古人所说的"童山"

---

① 转引自蒋孔阳：《德国古典美学》，人民文学出版社 1980 年版，第 115 页。
② 刘熙载：《艺概》，上海古籍出版社 1978 年版，第 82 页。
③ （明）计成原著，陈植注释：《园冶注释》，中国建筑工业出版社 1981 年版，第 197 页。

（秃山）了，土山没有石也不成其为山。

第三，山石之美，在于"透、漏、瘦"。北宋画家米芾爱石，石之嵌空玲珑、质地清润、叠嶂层峦、精巧奇美，都包含了丰富的审美意蕴。"元章相石法有四语焉：曰秀、曰瘦、曰雅、曰透，四者虽不能尽石之美，亦庶云。"① 米芾总结出"瘦、透、漏、皱"的赏石标准，在中国赏石文化中产生了深远的影响。

李渔在山石审美方面，使用了"透、漏、瘦"三个标准，下面是在赏石方面米芾的本意和李渔的解释的对比（表5），从中可以看出李渔给予的新解释。

表5　米芾的本意和李渔的解释

赏石标准	米芾的本意②	李渔的解释
透	千孔百洞，一孔见而多孔现，洞洞相通、穴穴相连，一孔点火，多孔生烟	山石彼此相通，似乎有路可走
漏	石体玲珑，上下通漏，着香如"七窍生烟"，罩雾似云霞攀缠，舒卷有致，精气神虚，如镂似镂，巧夺天工	石上有孔，四面玲珑
瘦	体态窈窕，如柳字、似铁画，刚劲有力，傲然骨气	迎空直立，独立无依
皱	表面层叠交错，像海浪层层，春风吹碧水，微波涟涟。石若披麻、大雪叠叠，皮色苍劲，历尽千秋	—

李渔认为，"透"、"瘦"二字处处都应如此，"漏"却不能太过分，石上的"空"不可太多，否则就违背了石的基本性质。

中国赏石文化中，是把石作为独立的审美对象进行观照，更注重石本身的观赏价值；李渔则是在假山设计中来观照石，重视作为假山组成部

---

① （宋）渔阳公：《渔阳公石谱》，见贾祥云主编：《中国赏石文化发展史》上，上海科学技术出版社2010年版，第143页。

② 参见宋建文、沈泓、谢宇主编：《古玩收藏鉴赏全集·奇石》，湖南美术出版社2014年版，第94页。

分的石的关联和整体效果。因此，李渔对石在假山设计中的透、瘦有了新的解释。作为画家，米芾赏石的标准有一个绘画的维度，用书法来比喻石的瘦，用层峦叠嶂等审美意象来说明石的"皱"。李渔要在造物中创造意象，他强调自然法则，所以，李渔没有讲石的"皱"，而是讲到石的形状和纹理的处理：石头上的孔洞不要太圆，即使天生就是圆形的，也要在旁边黏上些碎石，使它有棱有角，以避免过于圆滑；石头的纹理和颜色要选相同的，以保证它的统一性。例如，粗纹和粗纹并在一起，细纹和细纹放在一处，紫碧青红，各以类聚，但是如果区分得太严格了，到了不同颜色相接的地方，反倒使人觉得颜色过渡得太生硬、差别太明显。这就不如任意排列、顺其自然更好。石性就是石头上斜正纵横的纹理，在设计假山时要顺从它，顺从了它不仅耐看，而且能够持久。

庭院之中假山的观赏，不同于自然之中对真山的观赏。在庭院中把崇高变成了优美，把大尺度的真山带来的敬仰之情变成了对小尺度假山的赏玩，这种"以大观小"使赏玩成为可能，并且把真山在草木生长、鸟兽繁衍方面的实用价值挤压到想象的空间中，这是把"山"搬到庭院的审美意义。当把"山"搬到室内、放在书桌上变成盆景时，它的审美又发生了变化：假山需要人移动身体来赏玩、亲近进而生发想象，盆景则把身体的移动完全变成了目光的游移，在这种游移中生发山林之想象——随着山的尺寸的缩小，对山（水）以及景物"静观"的成分在不断增加，这是山石的审美变迁。

2. 石壁的设计和情趣

假山之外，还有石壁、石洞和零星小石，它们在审美意境的创造方面具有独特作用，在这里，李渔展示的还是文人雅趣。

第一，石壁设计的和谐原则和审美上的无限性。李渔说，人们喜好假山，但不知道造峭壁。和造假山相比，造峭壁有两大好处：一是它占地少。垒造假山，总要占用土地，没有宽敞的地面是不行的。但是峭壁却挺然直上，有如劲竹孤桐，只要房前有一点点空地，就可以造峭壁。二是假山形状曲折，不容易造得美观，造得稍稍平庸一些，就会让内行人笑话；峭壁却没有别的奇巧，就像垒墙一样，只要造得稍有迂回出入，就能体态嶙峋，仰面看去，如同刀劈斧削一般，跟高崖险壑没什么两样。

李渔提出了石壁的造法。他认为，垒石的人家在房前造假山，在房后都可以造峭壁。山的本性也是如此，前面蜿蜒曲折，后面总是耸然挺立，因此峭壁是不可缺少的。峭壁的后面不能再有平原，否则就会使人一览无余。还必须用一样东西来遮蔽，使客人仰面望去看不到顶部，这样才具有万丈悬崖的气势，所谓绝壁也就不是徒有虚名了。遮蔽的东西或是用亭或是用屋，在人面壁而坐或者背墙而立时，让视线跟房檐齐平、看不见峭壁的顶端，这样就尽善尽美了。

就是说，在人的视线和峭壁之间，要有房舍或亭子遮挡一下，使人不能对峭壁一览无余，才会有意境、才能生出无限之感。在古代山水画中，结庐于山野之中的隐士在庐舍中向外观看，画面之外的读者观赏画中的庐、峭壁和画中人的"观看"，是一种无我状态的静观，能够生成天地宇宙的无限之感；在园林比如颐和园的长廊中观看万寿山、昆明湖，不仅为观看加了一个画框，而且房舍的有限性和山水的无限性之间的比例关系，正是审美生成的契机。因此，李渔的"遮挡"策略指向了审美无限性的生成。

李渔认为，石壁在家居环境中的位置，不一定必在山后。它在山的左边或者右边也是可以的，前提条件是它要和地形地势相协调。把它建在平地上的亭子和房屋之前，用它来代替影壁也很方便，这也是因地制宜策略的体现。

第二，石洞创造深山幽谷之感。西湖著名的私家园林汪庄，原系安徽茶商汪自新的私宅庭院。园内"亭阁楼榭、假山石洞的设计独具匠心。石洞中石笋林立，庄内布置雅洁"①。这是私家园林中的石洞，没有相应的经济能力是无法实现的。李渔从经济的角度设计假山的石洞，他认为，假

---

① 陈从周主编：《中国园林鉴赏辞典》，华东师范大学出版社 2001 年版，第 135 页。

山不论大小，里面都可以做洞。洞也不必追求宽敞，如果洞里宽敞，可以坐人；如果里面很窄、转不开身，就把它和房屋连通，屋子里也放置一些小块儿的石头，和山洞若断若连，使得房屋和山洞浑然一体。这样，人虽然身在屋中，也跟坐在山洞里没什么两样，能够体会山林之趣。山洞的上方最好空出一块地方、贮存一些水，故意弄出裂缝，使里面的水滴漏，使得涓涓的滴水之声自上而下，终日不绝。即使在盛夏时节，置身于山洞之中，也是凉意袭人，有如置身于幽深的山谷。

第三，零星小石医治俗气之病。在品赏山水之美时，要有一个自然澄静的心胸怀抱，这就是北宋画家郭熙提倡的"林泉之心"。有了林泉之心，山水就有了美，人生也就有了情味和境界，就能够免除俗气之病。王子猷劝人种竹，李渔则劝人立石，竹和石是性质相同的媒介物，它能够让生活免俗。因此，李渔认为，清贫的人家，有好石之心而无力置办的，也不一定非得造假山。拳头那么大的小块石头，只要安置得富有情趣，时时在它旁边坐卧，也能够满足主人对山水泉石的嗜好。

买石头要花钱，李渔认为石头有多方面的实用价值，买石头的钱值得花。他给出了购买石头的理由：把石平放，上面可以坐人，跟椅榻的作用相同；把石倾斜放置，上面可以倚靠，跟栏杆的作用相同；如果石面比较平整，上面还能放置香炉茶具，这就可以代替桌案。它经久耐用，实际上也属于一件家具，花前月下有这东西供人使用，又不必担心风吹日晒雨淋，省得把家具搬来搬去。它还可以用作捶打衣物的砧，等等。因为生活中需要石头，花费再多也要购买。如果是贫寒人家，即使花钱买一小块石头也是值得的。

第五章　日常生活的审美设计

　　李渔关于日常生活审美设计的思想，包括家居环境和家居生活两个部分。家居环境包括室内的日用器皿、室外的花草树木等"物质性"的环境；家居生活包括饮馔蔬食、养生之法等"活动性"的内容。李渔坚持设计的适宜原则，以行乐为目的，使家居环境有了审美价值，也使得家居生活充满了美的情趣。

一、日用器皿：实用中的审美

　　人不论贵贱，家无论贫富，都需要使用饮食器皿和家常器具。无论是富贵人家的珍玩之物，还是贫寒人家的粗用之物，都遵循同样的制作原理。李渔认为，富贵人家珍奇玩物高低错落、琳琅满目，常常材料很好但制作不精；贫寒人家用木柴做门、拿坛子做窗，大有上古风范，这是懂得使用自然的东西，但不懂得加以修饰。

　　从设计的角度说，瓮可以做窗户，做法是把碎裂的瓮片接起来，让它们大小错落，就会有哥窑烧制出来的冰裂纹路；木柴做门，可以选择造型美观的木柴，使它疏密间杂，造出的就不再是农夫的门，而是儒士的门。李渔说："垒雪成狮，伐竹为马，三尺童子皆优为之。"[1] 人都有耳目聪明，只要用心做事，就能够用设计感提升生活的品位。

---

[1] 《李渔全集》第三卷，浙江古籍出版社 1991 年版，第 202 页。

1. 家具：益智之乐与生活想象

在生活中家具具备实用功能，李渔讨论的是供百姓而不是供帝王和达官使用的家具，这决定了家具审美的通俗性质。李渔说，宋代黄伯思所绘《燕几图》①中，桌面变化多端，可以根据"宾朋多寡、杯盘丰约"组合变化。李渔非常佩服作者的聪明和智慧，但在生活中他始终没有找到这种桌面。原因是它太烦琐，需要非常大的房子才能放进去，不适合百姓家用。李渔再次强调家具于百姓日用的通俗价值，他说："凡人制物，务使人人可备，家家可用，始为布帛菽粟之才，否则售冕旒而沽玉食，难乎其为购者矣。"②就是说，他讨论的是百姓日用的家具，而不是帝王使用的家具，要舍弃帝王的高远而追求百姓的通俗，这是他为家具设计提出的原则。从这个原则出发，李渔提出了几案、暖椅、床帐等的审美设计方法。

第一，几案设计时的抽屉、隔板和桌撒。李渔认为，几案一定要有这三样东西，它们的实用功能是其审美价值的基础。

抽屉能给人带来方便：文人所需要的东西如信笺、剪刀、锥子、笔墨、糨糊之类，都可以放在几案的抽屉里面，使用时随手拿来；文人写作的废纸和残稿随时都会产生，在书房里面很碍眼，可以暂时收在抽屉里面，这是抽屉的"偷懒藏拙"功能。从这个角度说，不仅书桌应该这样，就是弹琴赏画、烧香供佛像的桌子或是给客人用的座位，都应该有抽屉。

隔板是李渔的发明，人们冬天围着火炉、火气上升，会把几案的桌面烤得碎裂，所以，李渔在桌面之下做一块能装能拆的活动板子，在它受热变焦之后另外再换一块，这样可以避免损坏桌子。

几案和地面总是不能两平，需要找一件东西来做垫脚。寻找砖头瓦块费时费力，找来后也很难合适，这就需要使用桌撒：在制作家具时竹片木屑到处都是，拣那些长不过寸、宽不过一个指头，一头薄一头厚的保存

---

① 《燕几图》为宋代黄伯思于绍熙甲寅（1194）撰写的组合桌图录，是中国最早的家具专著，一卷。清人修《四库全书》时疑为伪书。

② 《李渔全集》第三卷，浙江古籍出版社 1991 年版，第 202 页。

起来，多多益善，以备挪桌子时垫脚用。一定要把桌撤刷上和几案相同颜色的油漆，不露出竹片木屑的本来面目，放在那里就像没有一样，也可避免童子扫地的时候忘记了，仍然把它当作竹头木屑而扫掉。

第二，暖椅的设计。李渔根据自己作为一个文人的需要，设计了暖椅和凉凳，在其中体现了他的用心和智慧。文人冬天写书身体怕冷、砚池怕冻。多烧几盆炭使满屋子都暖和起来，费用太高，桌上又容易沾灰。如果只用大小两个炉子温暖手足，又亏待了身体，所以要设计暖椅。另外，暖椅的价值不仅仅是御寒，它还有其他功用，是个多功能椅。

暖椅设计的方法：

◎大小和样式：像太师椅而稍微宽一些，太师椅只能容纳臀部，而暖椅能够容纳全身；像睡翁椅又比它稍微直一些，睡翁椅只方便睡觉，而暖椅坐卧都方便，坐得多睡得少。

◎形制：前后都装上门，两旁镶上实板，臀下和脚下都用栅栏。栅栏可以让火气透上来，实板可保证暖气不泄漏。前后装上门，前面进人，后面进火。脚下的栅栏下面安放抽屉。抽屉用板来做，底部嵌薄砖，四围镶铜。在里面放上炭，上面盖上非常细的灰，那么火气不会太冲，整个椅子里都很温暖。一天只要用四块小炭，早上两块、下午两块，花费很低。

暖椅具备以下几方面的功用：

◎在暖椅里面设置一个扶手匣，尺寸比轿子里用的大一倍，它可以代替书桌，放笔砚和书本。

◎扶手用板做好，镂掉巴掌大的一块，补上很薄的端砚，用生漆胶住，火气上来时，砚台可以一直保暖。

◎在炭上加灰、在灰上放香，坐在这种椅子里整天都觉得芳香扑鼻；暖椅可代替炉子，用炉子点香，香气会散发掉，用暖椅点香，香气则会集中。

◎暖椅可代替熏笼，点香的时候香气从下面上升，能熏遍全身。熏笼一次只能熏几件衣服，而暖椅可以熏全身的衣服。

◎暖椅是一个有座位的床，困了想睡觉的时候，靠着枕头就可以休息一会儿；暖椅还是一个没有腿的桌子，饿了想吃饭时，靠着书桌就可以用饭。

◎暖椅还可以当轿子用，只需要在上面加上杠子、盖上布篷，那么顶着寒风冒着小雪，身上都还是温暖的。

◎暖椅是一个"暖炉"。快到晚上的时候，把枕头褥子放进去，不一会儿被窝就热了。白天要起床时，把衣服和鞋子放进去，一转眼衣服和鞋子就都暖了。

图25　暖椅①

暖椅设计出来，李渔非常得意，他说，和我的暖椅相比，魏晋时期王子猷雪夜坐的那艘船可以当柴烧掉②，孟浩然那匹踏雪寻诗的毛驴也可以卖掉了③。王子猷之船、孟浩然之驴，是他们创造的审美意象中不可或

---

① 《李渔全集》第三卷，浙江古籍出版社1991年版，第206页。

② 刘义庆在《世说新语·任诞》中载："王子猷居山阴，夜大雪，眠觉，开室，命酌酒。四望皎然，因起彷徨，咏左思《招隐诗》，忽忆戴安道。时戴在剡，即便夜乘小船就之。经宿方至，造门不前而返。人问其故，王曰：'吾本乘兴而行，兴尽而返，何必见戴?'"[(南朝)刘义庆撰，刘孝标注，朱碧莲详解：《世说新语详解》下，上海古籍出版社2013年版，第500页。]

③ 唐代昭宗时期宰相郑綮有诗名，曰："诗思在灞桥风雪中驴背上。"（孙光宪撰：《北梦琐言》，上海古籍出版社2012年版，第51页。）王维画有《孟浩然灞桥风雪骑驴图》，宋元以来，诗人对此话题乐此不疲，大多离不开"灞桥"、"风雪"、"骑驴"等意象。

缺的器具，这些器具指称了他们的艺术化生存，也在文学史上留下了稳定的、有生命力的图像。李渔以自己的暖椅与之相比附，表明李渔对这一设计的满意程度，以及它在创造审美生活中的价值和作用：船和驴以其单一的乘驾功能创造了风雪中的诗情画意，暖椅则以其暖体、熏香、休息等多种功能创造了生活中的舒适和美的享受。

第三，床帐的审美设计。人生百年，白天和夜晚各占一半。白天活动，晚上待的地方就只有床，从这个角度说，床是跟随人半生、和人最亲厚的物品。李渔认为，当时世人在寻觅田地和房子时往往拼上性命，但对床却非常随便。究其原因，是认为只有自己能够看到床，别人看不到，所以就不那么用心了。李渔说，家中的妻妾丫鬟也不是给别人看的，难道就听凭她们像无盐嫫母一样的丑女，蓬头垢面也不管吗？因此，李渔把床看成生活中的亲密伙伴，要让床发挥审美作用，就像贫寒人家娶了妻子，虽然没有国色之容貌，但可以让她勤于梳洗、多上脂粉，从而美化生活。为此，李渔提出了"床令生花"、"帐使有骨"、"帐宜加锁"、"床要着裙"四种方法，其中"床令生花"集中体现了床帐的审美设计。

文人案头经常摆放花瓶、花盆，文人白天可以亲近里面的花，晚上睡觉时就无法亲近它。实际上，白天感受花香的效果不如晚上，白天花香的气味在口鼻，晚上花香却能进入梦魂之中。为此，李渔通过"床令生花"的设计来实现晚上欣赏花香的目的。"床令生花"的具体做法是：

◎在床帐内设一块托板来放花。先做两根小柱，钉在床后隐蔽的地方，帐子悬在外面。托板长一尺，宽数寸。下面用数段小木做成三角架子，用极细的钉子隔着帐子钉在柱子上，把板架上去。

◎架好托板后用彩色的纱罗做成一块怪石，或做成数朵彩云，把它围在板外面，来掩盖板位形状。中间高出数寸，三面跟帐子相平，用线缝上去，就像帐子上绣出来的东西一样。

也可以在整个帐子弄上梅花图案，把托板做成虬曲的树枝或老树干，或做成悬崖上突出的石头。

◎在托板上摆设得到的名花异草，晚上就可与它共寝。即使没有花卉，也可以把香炉中的香料或盘子里的佛手、木瓜、香楠等作为替补。

这样做的审美效果是，在睡觉时"身非身也，蝶也，飞眠宿食尽在花间；人非人也，仙也，行起坐卧无非乐境。予尝于梦酣睡足，将觉未觉之时，忽嗅腊梅之香，咽喉齿颊尽带幽芬，似从脏腑中出，不觉身轻欲举，谓此身必不复在人间世矣"①。这就使得花香入梦，从而实现了庄子梦中"我"和"蝴蝶"的相互转换，把睡觉变成了审美享受。

第四，橱柜箱笼，自然实用。制作橱柜的要求是多放东西，如果橱柜一层只能当一层用，就会比较死板，不能满足"多容善纳"的要求。为此，李渔提出，橱柜应该设置隔板。它的具体做法是：在每层的两旁，钉上两根细木，以备架板之用。板不要太宽，或是柜子深度的三分之一，或是二分之一。用的时候架上去，不用的时候撤下来。如果这层放的东西比较低小，上半截空，就把板架上去，一层变成两层；如果要存放的东西很大，就把板抽掉存放，这样就能够灵活地增加使用空间。橱柜还要设置抽屉，抽屉多多益善，以便分门别类地存放东西，方便存放和寻找。

李渔认为，箱笼篋笥上面的锁太庸俗呆板。其一，他在广东看到市场上的箱笼多是花梨、紫檀木材质，它们制作精巧、镶铜裹锡，在设锁的地方都会弄个铜枢，看起来就像有渣滓的镜子、有瑕疵的玉石一样。李渔竭力对它进行改变：在一只插盖的"七星箱"上加暗栓、在箱子的后面加锁，保证箱子的整体光滑，避免了铜锁的庸俗呆板。其二，在福州发现漆雕做工精巧、颜色陆离可爱，但设锁的地方很累赘，李渔把暖椅制作匣子上抽屉的方法"移植"过去，让铜匠比照前面的三足鼎和炉瓶的样子打造出来钉上，在鼎的中心装一个小孔，在旁边装两个小钮，抽屉关紧的时候铜闩从里面伸出来跟钮相平，可以加小锁，看起来就像鼎上原有的东西；匣子背面雕兰竹菊石等图案，菊花处在中间，菊花的颜色大多是黄色的，和铜的颜色相似，用铜皮剪成一朵千层菊，当暗闩透出时穿到菊花里面。这是用天然方法完成漆雕的锁具设计，不留下人工雕琢的痕迹。

---

① 《李渔全集》第三卷，浙江古籍出版社1991年版，第209页。

在当今的社会生活中，冰箱冷藏室都会设置隔板，方便冰箱的收纳存储；板式家具方便搬运和安装，也多有设置隔板的情况。回看李渔，他为橱柜设置隔板的设想是难能可贵的。李渔从中药的抽屉得到启发，提出橱柜多设抽屉的设想也是很有意义的。在今天的家居生活中，无论是厨房还是卧室，需要存放的物品都比较多，要使物品有秩序、不紊乱，应该把它归类存放，既方便查找又利于清洁。如果在厨房里有些物料使用透明器皿分类存放，还方便适时把握它的用量，便于及时补充。环境的秩序化，是生活审美的必要条件。

今天，随着科技文明的发展和建筑材料的改进，家具已发生了重大变化。李渔时代的"桌撒"已成历史陈迹，抽屉和箱笼加锁也不再常见。但李渔提出的自然实用的家具设计理念还多有可取之处；李渔在此基础上把图案、花香、舒适等感官审美元素整合到暖椅、床帐的设计之中，使审美和功能达成和谐统一，对今天的生活审美不无启迪价值。这是就设计本身而言它存在的价值。另外，李渔的生活审美设计所指向的是充满文人情趣的生活，从社会学意义上有其不可忽视的局限性。因为在文化或审美消费中，不同的文化品位和生活趣味，反映了不同阶级或阶层的区分与差异。同时，文化审美消费又再生产了这种区分与差异。在讨论不同阶层的审美配置时，法国思想家皮埃尔·布尔迪厄说："一切合法的作品事实上都倾向于推行自身的认识规则而且暗中将使用某种配置和某种能力的认识方式当成唯一合法的。……与艺术作品或更普遍地与艰深文化作品神奇般相遇的能力在各个阶级之间的分配是不平等的。"[1] 这种审美的不平等，来源于经济和社会地位的不平等。李渔的设计也包含了他的认识法则，在设计中他极力推广文人对世界的认识和感知法则。虽然李渔的立意不是为皇家设计家具，而是强调它的通俗化，但这种通俗化也仅限定在官绅或文人阶层，还没有"通俗"至平民百姓。因为"暖椅"作为轿子，毕竟需要

---

[1]　[法] 皮埃尔·布尔迪厄：《区分：判断力的社会批判》上册，刘晖译，商务印书馆2015年版，第42页。

有人来抬；姬妾作为富人家的"花草"，也是从穷人家买来的。那些轿夫、卖出女儿的家庭，既没有经济能力来购买李渔所提到的广东家具、福建漆器，家中也不可能有书斋花瓶，或通过床帐设计来体会"庄周梦蝶"的意境。所以，包括前述李渔讲到的"茅茨土阶"的审美，它仅仅存在于李渔所生活的社会阶层中，更多地是这一阶层的文化幻想和认识法则，而不是底层百姓的生存现实。

2. 用品：简而生情，俭而有味

李渔反对"崇尚古器"的风气，主张简朴。他认为，人们喜欢古董，是因为它是古人用过的东西，面对古董能够获得像对着古人一样的快乐。实际上，最古老的东西是书，书体现了古人的心思面貌，读古人的书，就等于和古人交流，这比崇尚古董合理。因此，崇尚古器不如去读古人之书。

古器适合富贵人家，不适合贫贱人家。但贫贱人家仿效富贵人家，见富贵人家喜欢古董而贬低当代器具，贫贱人家也关心起古董；见富贵人家崇尚绫罗绸缎，贫贱人家也觉得布面衣服低贱。李渔认为，这是人心的变态和世道的危机。在《闲情偶寄》中，李渔不为侈靡之风推波助澜，凡事他都主张简朴，在简朴中寻找趣味，这成为其生活美学的重要特色。

第一，家居用品，首重实用。生活用品制造出来首先是供使用的，而不是欣赏的，实用是生活用品的第一功能，也是它的必要条件。李渔从实用的角度对许多生活用品提出了自己的意见。

比如香炉的盖子。李渔发现，香炉盖子的功用是盖住灰，防止有风的时候灰飞扬起来。但香炉放在屋里，屋里没有风，盖子便没有用。如果香炉拿到外面，外面有风时不盖盖子就会有灰飞扬，盖上盖子里面的火又会灭掉，这表明香炉盖子的设计是不完善的。李渔说："予尝于花晨月夕及暑夜纳凉，或登最高之台，或居极敞之地，往往携炉自随，风起灰飏，御之无策，始觉前人呆笨，制物而不善区画之，遂使贻患及今也。"[①] 为了

---

① 《李渔全集》第三卷，浙江古籍出版社1991年版，第218页。

解决这个问题，李渔建议在香炉盖子的顶上留一大孔，有风的时候盖上，风吹不进去，灰也扬不起来，香气还能从下面升上来。这是香炉应该改善的地方。

又如茶壶，它的实用性离不开两点。其一，阳羡[①] 生产的紫砂壶很精致、有艺术品位，这样人们就会非常珍视它，但太过珍视、变得跟金银一样贵重，在实用方面大打折扣，这就违反了圣人的教训。李渔不赞同阳羡的紫砂壶制作，认为它弄得太玄妙、违背了实用原则。其二，茶壶的壶嘴要直不能弯曲，稍微有点儿弯曲也不好，如果弯曲度太大就成废物了。因为装茶和装酒不同，酒没有渣滓，壶嘴是弯是直没有关系；茶壶里面要装茶叶，小小一片茶叶入水后就变成很大一片，倒茶的时候堵一点儿在壶嘴，茶水就不能倒出来，就会影响喝茶的心情、让人烦闷。如果壶嘴是直的，就不会出现堵塞的问题。

再如酒具，中国盛唐时期的金银酒具，图案花纹情趣盎然，人物故事生动形象，其豪华和典雅尽显祥和、强盛和富足之气。李渔认为，使用金银制作酒具，就像用珠翠制作梳妆盒一样，是不得已而为之，在宴会时不是非要使用金银酒具。在酒具方面，富贵人家可用犀角，它属珍宝但外形朴素，美酒倒在犀角杯子里，别有一种香气。象牙酒杯也属珍贵，但它太过耀眼。玉器能增加酒的美观，犀角能增进香气，它们都增加了生活情趣。但是，从朴素典雅的角度，酒具应该使用陶瓷杯子。不应该使用从古代流传下来作为古董的瓷杯，应该使用当代生产的，它们体式精细、价格低廉、方便实用。

第二，巧妙构思，增加情趣。家居用品在实用功能之外，还应该体现设计者的智慧，从而给设计者和使用者带来乐趣。设计者的智慧体现在设计品的功能方面，也为生活增加了情趣。

---

① 今江苏无锡的宜兴市，中国著名的陶都，紫砂、青瓷、均陶、精陶、彩陶品类繁多、姿态各异。清代紫砂器有壶、杯、瓶、鼎、花盆及各种陈设品。其铭刻和款署集诗文、绘画和篆刻于一体，做工精良。

比如，李渔发现，宴会上的灯烛往往不够亮。不够亮的原因，不是主人吝啬灯油、不肯多设灯烛，而是剪得不够好、管理人员未能尽心尽力。不剪灯芯的原因，或是仆人和主人忙于看戏，忽略了这个问题；或是仆人奔走来去太辛苦，以至于顾此失彼。为解决这个问题，李渔想了两套方案。

第一套方案是实验过、可以实行的。做法是用铁制作三四尺长，很细、很轻的烛剪，有了它就不必由仆人爬高或把灯拿低剪，只需要举手剪烛就可以了。李渔认为，要根据房子的高低来确定烛剪的长短，短的三尺、长的四五尺。长剪的形式应该是"直其身而曲其上，如鸟喙然，总以细巧坚劲为主"。[①] 最好用坚硬的木头做剪身，在接近灯的地方使用铁，这样烛剪才可以轻些。长剪在没有罩的灯烛上使用，在使用烛剪时，应该用右手持长剪、左手托着它，所托的地方比右手高一尺左右，这样使用起来就比较稳重、准确。

第二套方案没有做过实验，但李渔提出了自己的奇思妙想。具体做法是：

◎在房屋的梁上刻一条长长的暗缝，直通到房子后面。

◎把挂灯的绳索勒在暗缝里面，用小小的轮盘在下面接着，然后把灯挂上去。灯的内柱和外幕分成两个部分，外幕在梁上系紧、不要它活动，内柱的绳子上面挂轮盘。

◎每一盏灯和一条绳索相连，把绳索用蜡磨光，梁间的缝里能容下多条绳索，每条绳索都编着号和灯相对应。

◎想要剪某一号的灯芯时，就把这一号内柱的绳子放下来，低到人够得到的地方，剪完再拉上去，合到外幕里面。这样外幕高悬不动，以静待动。

这种设计既方便又有情趣，它省去了外幕和内柱一起放下的碍手碍脚，是方便之处；用暗线勒在梁上的缝隙里，让拉绳子的人藏在房子后

---

① 《李渔全集》第三卷，浙江古籍出版社1991年版，第227页。

面，只见轮盘一转，灯就自动降下，剪完又自动升上去，没有拉拽痕迹，好似神助，产生了舞台上表演傀儡戏一样的效果，这是它的情趣。这种设计还能保证宴会的观看效果：在辉煌的灯光烛影中，宾客品尝着山珍海味、美酒佳酿，欣赏着吹拉弹唱，欣赏着歌台上的表演，本身就是一种完美的乐事。

又如，李渔还为香炉设计了木印来印灰。香炉会配备筷子和铲子，用筷子夹炭、用铲子拨灰。铲子拨灰，总不能压得齐平。李渔发明的木印，一个木印能够替代几十把铲子，省力而美观。具体做法是：根据炉子的大小做一个圆印，在上面装一个用来手持的柄，圆印的中心高而四面低，加了炭之后先用筷子把灰抹平，然后用木印一压，炭灰的中间和四面都很平坦、光滑。在这个基础上，李渔让木匠在印到灰上的那一面镂刻上几枝老梅、一朵菊花、一首五言绝句、八卦的全体等等，只要举手一按，就能够显示许多奇特的图案，它能够增加风雅，李渔得意地叫它"笠翁香印"，使之为生活带来很多情趣。

第三，从技术上做出艺术性。在家居生活中，围屏和书画卷轴比日常用品更接近艺术，应该对它做精心的设计。李渔生活的时代，屏轴先有中条、斗方和横批，后来变成合锦，使得大小长短和零星的小幅都可以配合使用，也可以说善于变化了。但用得多了就觉得陈腐、不再新鲜。所以，李渔要对合锦的式样进行改变，以期体现艺术品貌。他把冰裂碎纹当作最美妙的形式，因此提出了制作方法。

◎书写或画画之前，在全幅纸上画上冰裂碎纹。在纸的背面做上记号，知道哪一块是第一块，哪一块是第二块，哪一块横着排，哪一块竖着排，哪个角跟哪个角相连。

◎照着纹路裁剪开，各自成为一幅。

◎完成书法和绘画作品之后，按照号码黏合在一起。

◎中间的一些零星小块必不可少，如果因它们细碎而不写（画），那么最后整幅就会有宽的没有窄的，而不像一幅冰裂纹了。

◎最小的那些碎片，不用写字作画，只用白纸间隔。否则就会纹理不清，破坏整体效果。

将来装裱做得很熟时，随便找现成的字画，都可以把它裁成冰裂纹，同裱合锦的方法一样，把四四方方的角变成曲直纵横的角即可。

在围屏和书画卷轴制作中，李渔还提出了实现"诗画合一"的方法，试图从技术上解决"诗中有画，画中有诗"①的问题。他认为，作画的人以诗意命题，写诗的人以画境作诗，终究诗归诗、画归画，没有能够浑然一体。为此，他提出了诗画合一的方法：在画大幅山水的时候，每到笔墨可以做停留的地方，就留下空白以供题诗。这些地方包括悬崖峭壁下面、高大的松树和古木旁边、亭子和阁楼中间、墙垣的缝隙之中等，它们都是可以题诗的地方；每当遇见名人时，就可请他题写新的诗句，根据空白的大小来决定字的篇幅，写上行书或是小楷。用诗来装饰画，就实现了诗和画的合一。

诗是时间的艺术、画是空间的艺术。"诗中有画，画中有诗"是在欣赏者的体验中实现时间艺术和空间艺术的交融，诗有画意而意境悠远，画有诗情而丰富生动。我们认为，李渔从技术上来解决这个问题，基于对诗画外在形式上的联结，而不是内在精神上的统一。李渔说，诗画合一的事"昔作虚文，今成实事"②，实际上，尽管他的方法不无可取之处，但他对诗画合一的理解还是存在着一定的偏差。

第四，笺简设计，生活为本。笺简，意指书信，包括书信的形式以及书写书信的纸张。它的设计感，使得书信不仅是传递信息的工具，而且还是传情达意、引发想象的媒介，从而包含了丰富的文化意涵。在笺简设计方面，李渔强调它不能够脱离生活，同时他发挥自己的聪明才智，实现笺简设计形式的创新并在市场上出售，牟取利益。

---

① 此话来自苏轼。苏轼在《书摩诘蓝田烟雨图》中说："味摩诘之诗，诗中有画。观摩诘之画，画中有诗。诗曰：'蓝溪白石出，玉川红叶稀。山路元无雨，空翠湿人衣。'此摩诘之诗，或曰非也，好事者以补摩诘之遗。"（《苏轼文集》全六册，中华书局 1986 年版，第 2209 页。）

② 《李渔全集》第三卷，浙江古籍出版社 1991 年版，第 220 页。

李渔看到，笺简形式是多种多样、变化多端的，不管是人物器具还是花鸟昆虫它都模仿，没有一天不在变换花样，这体现了人心的巧妙、技艺的精细。李渔认为，虽然当下的笺简设计极巧极工，但在构思方面不免好高骛远、把想象发挥到天地四周，使得这些光怪陆离的漂亮信笺远远脱离了书写的基本目的。因此，笺简的构思，应该以最近处的东西为范本或参照系。最近处的东西，是在传统的鱼信雁书① 之外，让笺简使用竹刺的式样，模仿书本的形状，这是它的形式；从笺简上的题写来说，可以有卷册扇面、锦绣屏风和卷轴之上的挥毫泼墨、题字的石壁、蕉叶等等，这就使得笺简的设计能够"近取诸物"，不脱离日常生活。

李渔自己设计了八种韵事笺、十种织锦笺，由木匠刻好，在书坊里售卖。韵事笺包括题石、题轴、扇面、书卷、剖竹、雪蕉、卷子、册子等；十种锦纹模仿了回文织锦，整幅都是锦帛，留縠纹上的空白写字，写好后就有回文锦的效果。李渔说，《闲情偶寄》里的种种新设计，都可以凭人模仿，但笺的设计不允许翻制。因为书被翻印、权利被侵犯，李渔还曾打过维权的官司。

在社会上，经济能力和社会地位把人群做了高低等级的区分。处于较低等级的人群，常会把较高等级人群的消费行为作为自己追求的目标，这体现了向较高等级人群流动的意向。在李渔时代，普通人家也学着富贵人家关心古董、以高档面料的衣服为贵重，就是这种意向的反映，它和今天社会上对奢侈品追求的风气遵循着共同的原理。对奢侈品的过度追求，反映了社会的浮华之风，这正是李渔所忧虑的世道人心的变化。它把奢侈浮华当作生活审美的重要内容，这就使得体现为金钱形式的个人（家族）经济条件成了生活审美的直接生产者；反过来，这种生活审美形式又再生产出金钱和个人（家族）的魅力。这就把经济状况变成了生活审美的基本

---

① "鱼信"来自《乐府诗集·相和歌辞十三·饮马长城窟行之一》："客从远方来，遗我双鲤鱼。呼儿烹鲤鱼，中有尺素书。""雁书"来自《汉书·苏武传》："言天子射上林中，得雁，足有系帛书，言武等在荒泽中。"

条件，用金钱的魅力绑架了生活的情趣和审美，置换了自由愉快的生活美的创造，从而销蚀了人对生活的自信，妨碍了人的自由。

从生活审美的角度，李渔把家居用品的简朴和实用放在首位，把它作为审美设计的基础也有启示意义。自古以来，喝茶就是日常生活不可或缺的内容，宋代吴自牧在《梦粱录》卷十六《茶肆》中，描述了宋代汴梁的饮茶风俗："巷陌街坊，自有提茶瓶沿门点茶，或朔望日，如遇吉凶二事，点送邻里茶水，倩其往来传语。"① 这是京城百姓的生活内容，它和社会交往融合在一起，它一定是简朴的、实用的。宋代盛茶的用具叫汤瓶，就是茶壶，既可煮水也可点茶，蔡襄《茶录》云："瓶要小者易候汤，又点茶注汤有准，黄金为上。人间以银、铁或瓷石为之。"② 汤瓶体积小、容易控制量，它有嘴有柄，使用方便，和大众的社会生活相匹配。今天，作为艺术形式的茶道可以不被理解为大众生活的内容。在生活中，传统的工夫茶形式正逐渐蔓延开来、为更多的人所使用。传统的工夫茶具包括茶壶、茶杯、茶洗、茶盘、茶垫、水瓶与水钵、龙缸、红泥小火炉、砂铫、羽扇与钢筷等十多种用具，今天可不使用火炉以及与之配套的羽扇等，代之以方便快捷的电水壶。然而，在工夫茶的品赏过程中，不断的洗茶、洗杯要浪费很多水，尽管喝茶常常是聚谈的副产品，但也要花费很多时间，当为李渔所不赞同。

今天，李渔匠心设计的剪烛方式以及它所带来的审美效果，早已被电气时代漂亮设计的灯具所代替；文人使用香炉的情况已不多见，"笠翁香印"也成历史陈迹。但是，在传统生活背景下李渔对生活用品的匠心构思，在围屏和书画卷轴设计中对诗画结合的追求，以及其笺简的设计形式都包含了浓郁的文化气息，穿过历史的帷幕，这种文化气息仍然能给今天的生活带来亲和之感，因为，通过自我动手创造生活的情趣，是不同时

---

① （宋）吴自牧：《梦粱录》，浙江人民出版社 1980 年版，第 140—141 页。
② （宋）蔡襄等著，唐晓云整理校点：《茶录　外十种》，上海书店出版社 2015 年版，第 15 页。

代、不同阶层的人士都需要的。

3. 陈列：忌排偶而贵活变

生活的趣味，在于它不断变幻出新的面貌。人的感官和神经系统不断接受相同的刺激，就会作出相同的反应，时间久了就会倦怠。形式的出新，能够不断刺激人的感官和神经系统，给人带来新的感受，这是审美活动的生物学价值：刺激生命机体，使之保持活力并不断丰富和充实。

房舍是静止的，不可移动，但家中的陈设却是活的，可以经常变化。李渔说："幽斋陈设，妙在日异月新……居家所需之物，惟房舍不可动移，此外皆当活变。何也？眼界关乎心境，人欲活泼其心，先宜活泼其眼。"①房舍是"静"的，陈设却是"动"的，陈设的活变通过视觉的变化带来心灵的愉悦。为此，李渔从形式的角度探讨了家居物品的陈列原则。

第一，家居器玩的安放，位置应该得当。器玩买到之后，要讲究摆放的位置。安放器玩和安排人才是同样的道理，设置官职、授予职位，是期望人和位置相宜；安放器物，重要的也是位置得当。假如把随时需要用的东西放在高高的阁楼里，把需要防止损坏的东西随便放在桌面上，就像把具有雄才大略的人才放在闲散无事的位置，将能够辅佐天子的大臣派去做传令官一样，都是不恰当的安置。器玩摆放的方圆曲直、整齐或者参差，都要根据情况进行设计，让每个进来参观的人，看见每一件东西都不是随便摆放，都是处处精心设计的。李渔说，这种精心设计不仅表现在家中物品的安排方面，而且在园林布置、治理国家等各个方面，它们遵循着相同的道理。

第二，差异和多样。古玩陈列不能有意识地按照排偶的方法安排，就像写文章不能排比对偶一样。它的道理在于，排偶之法强调统一性而忽略了差异性和多样性。单纯强调统一性，就会使古玩的陈列变得单调无趣。

---

① 《李渔全集》第三卷，浙江古籍出版社 1991 年版，第 232 页。

李渔认为，排偶有不同的情况，"有似排非排，非偶是偶；又有排偶其名，而不排偶其实者"①。应该对不同的排偶情况给予辨析。比如天上的日月似乎相同，但同中有差异，不应该看作是排偶：日月不同时出现，而且有着明暗的差别，这是它们的同中之异。如果天生一对、地造一双，像雌雄两剑、鸳鸯两剑，一定要把它们分开以避免排偶的痕迹，也大无必要。否则就太造作、违背事物本来的道理了。

为了保持多样的统一，李渔列出了在摆放时的"忌"和"宜"，如表6所示。

表6　器玩摆放时的"忌"和"宜"

忌	八字形，两件东西并列，不分先后	四方形，每个角放一件东西，像小菜碟一样	梅花体，中间放一件大的东西，周围放小物件
宜	三样东西做品字形摆放，或一前二后，或一后二前，或左一右二，或右一左二	四件东西，适宜用心字形、火字形	选一个高的或长的为主，其他放在前后左右，疏密参差

李渔从多样统一的角度考虑摆放，在"宜"的部分，三样东西不能并排摆放，要考虑统一中的差异，这是错综的方法。四件东西不能放成一列，要追求疏密参差，以保证统一中的多样性。美国现代美学家乔治·桑塔耶那在论述星空的效果时说，星空的美来自两个方面：首先，绵延的空间被破碎成为繁星点点，极度繁多同时个性鲜明；其次，黑暗的背景和闪亮的星光形成动人的对照。"你试设想一幅天体图，每一颗星都标志在上面……虽然这个对象确实像真实一样富有科学的启发，但是为什么它却留给我们比较冷淡的印象呢？"②他强调在多样之中星空的丰富性。在这里，李渔从形式上说明摆放的原则，未能把它和器玩的具体生命情态结合起来，这是不到位的地方，但分辨"排偶"的不同形式，并按照多样统一的

① 《李渔全集》第三卷，浙江古籍出版社1991年版，第231页。

② ［美］乔治·桑塔耶那：《美感》，缪灵珠译，中国社会科学出版社1982年版，第70页。

原则来设计，是值得肯定的。

第三，带着欣赏的心来安置。幽静的书房，它的审美价值在于不断呈现出新的面貌。书房里的器玩不可落地生根、永远不动，家中的其他物品也是一样，只要有所变化，就能"活泼其眼"进而"活泼其心"。

李渔说，即使房子不能移动，也有办法体现变化：造几间房子，把窗棂门扇的宽窄、大小尺寸制作得都相同，但它的式样不同，就能够体现变化。在这种情况下，定时更换窗棂门扇，同样一座房子，就会常常令人耳目一新，像搬了新家一样。

器物的变化比房子方便许多：把低的放到高处、把远的放到近处、两件东西原本不在一起突然放在一起、几件东西原来放在一起现在突然分开……这都让无情的东西有了情致，有了悲欢离合。当然，这些安置不是胡乱摆放，而是要"合宜"，就像是造化在控制之中，达到自如的境界。李渔说，古物可亲，"乐此者不觉其疲"①，只要带着欣赏之心去安排，就能让家中呈现出新的面貌。

李渔喜爱香炉，他说："古玩中香炉一物，其体极静，其用又妙在极动。"② 他用风帆作比喻说，行船所挂的帆要根据风向来调整，放香炉的方法也要根据风向来改变，一间房子里有南北两个窗子，风从南面吹来，香炉适宜放置在正南；风从北面吹进来，则适宜放置在正北。如果风从东南或从西北进来，则又应该位置稍偏，总以顺着风向为好。这样的话，风就能够把香气吹到房间之内。同时，应该开启风进来的路径而闭住流出的路径，在房间内保持香气。李渔认为，在器玩之中样样都可以使它静，只有香炉不能。他爱香炉，就能够时时用心，适应风向作出改变，使书房不断出新，成为审美体验的场所。

李渔强调家居器玩要根据功用来考虑摆放，使它位置得当，是有实践意义的，功用作为审美的基础，既表现在器玩本身，又表现在器玩的摆

---

① 《李渔全集》第三卷，浙江古籍出版社 1991 年版，第 233 页。

② 《李渔全集》第三卷，浙江古籍出版社 1991 年版，第 233 页。

放。在当今的家庭生活中，李渔的原则仍然有效，只是经过工业文明的洗礼，家居用品的摆放要求有了更加详尽、具体的内容。比如，在现代企业管理中用于生产现场各生产要素的"5S"活动（整理、整顿、清洁、清扫和提高素养），强调对有用和无用的人、事、物进行分类、处理，把需要的人、事、物进行定量，能够在最快速之下取得所要之物，应用到家居整理中就是行之有效的。又如，日本人近藤麻理惠著有《怦然心动的人生整理魔法》①一书，详细讨论了把物品按照类别来整理和收纳，打造心动之家的方法，这都是在当今时代生活审美的创造，它和李渔的思想有着内在的一致性，可以看作是李渔提出的原则的细化。

在家居器玩摆放的形式方面，李渔反对像文学中的排偶一样，他以变化作为原则也是可取的。文学中的排偶，是西汉末叶的一种骈偶文风，使用均齐的句调来铺排。如西汉时期王褒《圣主得贤臣颂》中有"荷旃被毳者，难以道纯绵之丽密；羹藜含糗者，不足与论太牢之滋味"②。东汉张衡的《归田赋》，以及蔡邕的《郭有道碑》，已成骈俪之文体。作为一种文体，无论是说理还是抒情，都可以体现出整齐、有力、朗朗上口之美，它是文学魅力的表现形式。但如果把排偶原则运用在家居器玩摆放中就显得死板，会使生活了无生趣。在形式美的法则中，单纯整齐是纯净的美、对称体现庄严，但它们的共同特点是缺少变化，即使复杂的形式美法则，如多样统一，在生活中的运用也要不断变化。为此，带有欣赏和惊奇的心情去摆列，体现活变的原则，既是李渔所提倡的，也是今天生活中所应当采纳的。

---

① 参见［日］近藤麻理惠：《怦然心动的人生整理魔法》，颜尚吟译，译林出版社 2014 年版。

② （汉）班固撰：《汉书》（下册），岳麓书社 2008 年版，第 1056 页。

二、饮馔疏食：心嗜之而口甘之

李渔认为，人的辛苦和忧患都是来自于口腹的欲望。口腹是欲望的器官，人的欲望是无限的，在不断满足欲望的过程中，就会给人生带来各种不幸：为生计操劳的辛苦、奸险欺诈虚伪的事情出现、各种刑罚的设置等等。之所以国家的君王不能实施仁爱、父母亲人不能很好地恩宠家人，都是因为表现为口腹形式的欲望在作祟。因此，口腹之欲是人生不幸的根源。李渔说，草木没有口腹，照样正常生长；鱼虾饮水、夏蝉吸露都轻松自在，能够滋生气力跳跃鸣叫。人有了口腹，要用一生的光景、竭尽全力去供给它还嫌不够。因此，李渔在《闲情偶寄》一书中讨论吃的问题，其立意是崇尚节俭、反对奢靡，为百姓消除忧患，而不是为了表现个人的聪明、引起千万人的饮食嗜欲。"声音之道，丝不如竹，竹不如肉，为其渐近自然。吾谓饮食之道，脍不如肉，肉不如蔬，亦以其渐近自然也。"[1] 蔬食比肉类贴近自然，它是李渔所崇尚的。蔬食的美在于养生，它还是上古时代穿草衣吃素食的民风的体现。在饮食方面，李渔以节俭、渐近自然为基础，要使得吃饭超越单纯的物欲诱惑，成为富有生活情趣的审美享受。

1. 果蔬：清新、自然、纯鲜

果蔬之美在于渐近自然，它表现为清新、自然和纯鲜。不同的果蔬有不同的功用和特点。

第一，吃菜要鲜。蔬菜的美味能够在肉食之上，是因为它的鲜。李渔说："论蔬食之美者，曰清，曰洁，曰芳馥，曰松脆而已矣。不知其至美所在，能居肉食之上者，只在一字之鲜。"[2] 鲜是甘美的来源，也是吃菜

---

[1] 《李渔全集》第三卷，浙江古籍出版社 1991 年版，第 235 页。

[2] 《李渔全集》第三卷，浙江古籍出版社 1991 年版，第 235—236 页。

作为审美享受的条件。在蔬菜中味道最好的就是笋，肥羊乳猪都不能与笋相比。李渔说，笋的鲜味，只有山里的和尚、野外的人家和那些亲自种植的人才能够享受到它。城市里出产的笋再怎么芬芳鲜美，都是次品。可以从一个现象证明笋的鲜：只要笋和肉在同一个锅里煮、合盛在一个盆里，人们往往把笋吃掉而留下肉，由此可知，笋比肉更受欢迎。

吃笋的方法有很多种，关键之点在于两句话："素宜白水，荤用肥猪。"①

◎素宜白水。这是烧制素笋的方法。用白水煮熟，稍微加点儿酱油。如果在煮笋时拌上别的东西，再调上香油，那些东西会把笋的鲜味夺走，笋的真正美味就丧失了。笋属于美好的东西，适宜用白水单独做。

◎荤用肥猪。这是烧制荤笋的方法。和肉食一起煮时，唯独猪肉合适，还特别适宜肥肉。肥肉有甘味，甘味被笋吸入，在吃的时候就会觉得笋鲜到了极点。做法是：在快煮熟的时候把肥肉完全去掉，汤只留一半，再加上清汤。调味的作料使用醋和酒，不使用其他作料。

食物中含有笋就会很鲜，笋的鲜不在于它的渣滓，而在于它的汁液。会做菜的厨师，只要有煮笋的汤，就会留下来，在每做一个菜的时候都拿它来调和。吃的人只是觉得很鲜，而不知道原因在于笋的汁液。在食物中对人有益的不一定可口，可口的不一定对人有益，只有笋可以做到两全其美。

除了笋之外，味鲜至美的就数菇类了。菇类无根无蒂，聚集了山川草木之气，吃菇类就像吸食山川草木之气，对身体是有益的。当然，在吃菇时一定要辨析清楚，避免吃有毒的蘑菇。菇类素吃很好，拌上少许荤食更好，这是因为菇类的清香有限，而汤汁的鲜味无穷。

第二，把菜洗净，保证饮食品质。笋、蘑菇、豆芽是蔬菜中最干净的，它们贴近自然。最脏的莫过于自家种的菜。因为施肥时连根带叶地浇，随浇随摘、随摘随吃，菜里面就会不干净。为了保证饮食的品质，必

---

① 《李渔全集》第三卷，浙江古籍出版社 1991 年版，第 236 页。

须把菜洗干净。具体做法是：

◎把脏的菜浸泡时间长一些，这样附在菜上面已经干了的脏东西被水浸透，就容易洗去。

◎洗菜叶时用刷子刷，叶子上高低曲折的地方都能洗到，洗得里外彻底干净。

如果把菜浸在水里涮几下就完事，就不能去除脏的东西。懒人和性急的人洗菜，往往和没洗一样。里外干净以后才可以加佐料施展烹饪技艺，否则，调味品的香气敌不过里面掺杂的臭气。

第三，能够做主食的菜。在蔬菜中，瓜、茄、瓠、芋、山药都是结果实的，果实能够做菜，还可以当作主食。穷人家买这些菜就像买粮食一样，是很实用的。在吃的时候各有其法：煮冬瓜和丝瓜的时候不能太生；煮黄瓜和甜瓜的时候不能太熟；煮茄子和瓠子的时候适合用酱、醋而不应该用盐；芋头不能单独煮，因为芋头本身没有味道，要借其他东西来产生味道；山药单吃或是与其他东西合煮都可以，即便没有油盐酱醋，本身味道也很美，它是蔬菜里的全才。

第四，其他菜类，各有特点。李渔从鲜美的角度对不同类型的蔬菜做了点评，他说，京城的黄芽（大白菜）是最上等的菜，品尝它能让你把肉味都忘掉；南京的水芹品尝之后，它的美味令人终生难忘；陕西西边的头发菜① 过热水后拌上姜和醋，比藕丝、鹿角还要可口几倍；葱、蒜、韭菜能使人唇齿和肠胃都带着难闻的气味，但人们喜爱吃。蒜可永远不吃，葱允许用来做调料，韭菜不吃老的可吃嫩的，因为鲜嫩的韭菜不仅不臭而且还有清香。香椿芽虽然能使人们唇齿芳香，但因为它的味道淡，常被人忽视。把生萝卜切丝做小菜，拌上醋和其他调料，喝粥时吃最合适。但吃萝卜后会打嗝、有臭气，把它煮熟吃就不会臭。用来做辣汁的芥子老的最

---

① 即发菜，也称头发藻、线菜、地毛、毛毛菜，是一种野生的念珠藻类植物，产于甘肃、宁夏等地，有"戈壁佳珍"或"五宝魁首"之称。（参见中一贝、刘慧懿主编：《食物营养与健康·山珍篇》，中国物资出版社2001年版，第235—236页。）

好，因为越老越辣。用它来调拌食物，没有不好吃的。还可以用辣芥来比人之德，即吃起来就像遇到正直的君子，听见正直的言论，"困者为之起倦，闷者以之豁襟，食中之爽味也"①。李渔自言，他每次吃饭都会准备芥辣汁，还暗自把它比作孔子每餐离不开的姜。

在理性主义的背景下，和功利密切相关的物欲不受鼓励，非物欲的美感才能彰显人性的光辉。因此，康德强调审美愉快的非功利性。在当代美学原理中，对审美感受和生理感受进行了严格的学术区分。非功利的美感为人性和文明的生成提供了契机，是传统美学大厦的基石，其价值应当得到肯定。同时，在传统美学的基础上，美学研究也在做进一步的拓展，有些话题的研究能够带来新的启示。比如，审美愉快和生理愉快的关联，以及它们之间的共同点；又如，和生理愉快密切相关的味觉、嗅觉、触觉在审美活动中的价值等。

注重审美中的嗅觉和味觉，在中国古代诗词中有大量例证。在嗅觉方面，南唐李煜在《玉楼春》中有"临风谁更飘香屑，醉拍阑干情味切"之句，表达的是嗅觉之美。这里香飘扑鼻，欲问飘香者为谁，醉拍栏杆觉得情味深切。在宋代的诗词中多有表现，如王炎在《书舍遣兴二首其一》中有"凭栏幽鸟语，步屧草花香"、欧阳修在《蝶恋花·帘幕东风寒料峭》中有"雪里香梅，先报春来早"，陆游的《卜算子·咏梅》中有"零落成泥碾作尘，只有香如故"，李清照在《武陵春·春晚》中有"风住尘香花已尽，日晚倦梳头"，辛弃疾在《青玉案·元夕》中有"宝马雕车香满路"，等等。在味觉方面，有直接咏味的，如唐代诗人杜甫在《羌村三首》中有"莫辞酒味薄，黍地无人耕"之句。更多见的是以"味"喻人生的感受，李白《江上望皖公山》中有"独游沧江上，终日淡无味"，宋代柳永在《忆帝京·薄衾小枕凉天气》中有"薄衾小枕凉天气，乍觉别离滋味"，辛弃疾在《鹧鸪天·博山寺作》中有"味无味处求吾乐，材不材间过此生"，等等。嗅觉和味觉在诗词中的表达，毕竟不同于直接的嗅觉和

① 《李渔全集》第三卷，浙江古籍出版社1991年版，第241页。

味觉的感受。换句话说，它不是存在于当下的感知中，而是存在于审美想象当中，成为作为主要审美形式的视、听觉感受的补充或烘托，这就决定了它虽然具备审美价值，但仍然属于高雅艺术的范畴。只有具备独立或主要的存在价值时，和生理感受密切相关的嗅觉和味觉才回归至生活美学的领域。

在生活美学领域，日本人注重食物的口味，还注重餐具的设计，这是把味觉和视觉相结合；当代商业活动中，在商品的功能价值之外，试图通过全维的感官体验（商品本身、消费环境等）打动顾客，都是强调"非审美感官"的直接价值。古代中国人饮茶强调生理感官的体验，并在此基础上赋予它哲理的意蕴，比如，明代的张源在《茶录》中说："茶自有真香，有真色，有真味。一经点染，便失其真，如水中着盐，茶中着料，碗中着果，皆失其真也。"[①] 明清之际的陈贞慧在《秋园杂佩·庙后茶》中说："色香味三淡，初得口，泊如耳。有间，甘入喉。有间，静入心脾。有间，清入骨。嗟乎！淡者，道也。"[②] 茶有香、有味，它的香味以淡为上，这是茶的冲淡、无味之美，它接近道家的"道"，这是它的哲学意蕴，体现了文人的品位和情趣。

作为一个文人，李渔有着文人的趣味，他把品赏的对象变成生活中的果蔬，就使得他比注重茶趣的文人更接近世俗生活。李渔对笋、菇类以及其他果蔬的评价，依据"鲜"的标准，在其中贯穿了味觉和嗅觉的体验，他通过制作方法把这种体验变成一种过程，从而使果蔬的品赏变成生活审美的形式——这既不同于文学中的味觉和嗅觉，也不同于文人品茶的味觉和嗅觉，而成为口腹所关涉的、通过味觉产生的果蔬的审美。因为李渔设定了节俭、自然的原则，就使得果蔬的品赏不至于超越理性的边界，而成为真正的生活美学内容。

和视听感官相连的是美的艺术，和嗅味感官相连的是美的生活。美

---

① 陈文化主编：《中国茶文化典籍选读》，江西教育出版社 2008 年版，第 145 页。
② 陈贞慧：《秋园杂佩》，中华书局 1985 年版，第 1 页。

的艺术对生活发生作用，往往以味觉和嗅觉为喻；要达到对美的艺术的妙赏，也常常有味觉和嗅觉的参与。在美学学统中区分了审美感受和生理感受，在生活美学中，则实践了生理感受和审美感受的统一性。在这种统一之中，李渔强调果蔬的"鲜"，是它的生理感受，他又指出，和人工种植的果蔬相比，天然的果蔬有一种神奇的魅力，因为山野的风情趣味在其中，这是它的审美感受。李渔认为菇类的鲜，在于它聚集了山川草木之气，人食用菇类就等于吸食山川草木之气。虽然李渔对菇类的解释未必符合科学的道理，但作为食用菌的菇类食品，它的生长、鲜味，还是让人想起庄子对"神人"的著名描述："藐姑射之山，有神人居焉，肌肤若冰雪，绰约若处子；不食五谷，吸风饮露；乘云气，御飞龙，而游乎四海之外。"[1] 食用菇类的文化联想，也使得它的鲜味和基于大宇宙观的精神自由结合在一起，表达了生理感受和审美感受的统一性。

2. 饭粥：食之养人，全在五谷

李渔认为，在生活中，人们吃得越单纯越好，如果大自然只生长五谷而不出产别的东西，那么人类一定会比现在更健康长寿，保证没有疾病的煎熬和夭折的忧患。他以鸟类和鱼类为喻说："试观鸟之啄粟，鱼之饮水，皆止靠一物为生，未闻于一物之外，又有为之肴馔酒浆、诸饮杂食者也。"[2] 由此可见，单吃一种食物，是长生的方法。

要想健康长寿，吃饭时应该做减法。在生活中，很多人不幸被佳肴所害，多吃一种食物，就会多受一种损害，少得到一刻的安静和淡泊。为了满足口腹之欲，人们饮食繁杂、嗜欲过度，就会疾病缠身。所以，为了爱惜生命，应该尽量吃单纯的东西。

第一，粥饭之美，从合适到美味。粥和饭是家庭平日生活中必需的食物，李渔说，在做饭方面有两句要紧的话，第一句话是："饭之大病，

---

① 陈鼓应注译：《庄子今注今译》，商务印书馆 2007 年版，第 28 页。
② 《李渔全集》第三卷，浙江古籍出版社 1991 年版，第 241 页。

在内生外熟，非烂即焦；粥之大病，在上清下淀，如糊如膏。"① 这是火候不均匀造成的。但也有煮的饭软硬合宜、做的粥干湿适中，看着虽然好看，吃起来却没有味道，这种问题的原因在于没有节制地用水，水的增减不符合规律。

因此，就引出了第二句话："粥水忌增，饭水忌减。"② 在煮粥做饭时，米用多少、水用多少，都有一定的比例标准。就像医生煎药，一盅水还是一盅半、煎到七分还是八分，都有一定的标准。如果照自己的意愿增减，或者药的味道没煎出来，或者煎得太过，就失去药性了。不善于做饭的人，用水没有标准，煮粥担心水太少，煮饭担心水太多，多就舀掉、少就添水。米的精华都在米汤里面，把饭汤沥掉，等于把米的精华也都沥掉了。去掉精华，饭就成了渣滓；把粥煮熟之后，水和米混合得很好，就像米酿成了酒一样，担心太稠又加上一些水，就像在酒里掺水一样。加了水，酒也就成了糟粕，那味道还能喝吗？所以善于做饭的人，加水的时候一定要掌握分寸，做到恰到好处；再加上火候均匀，做出来的粥和饭，即使不求出众也会与众不同。

李渔说，在宴请客人用饭时，要比家常的饭精美，使之有香味，做法如下：

◎预先准备一盏花露，在饭刚熟的时候浇上去。

◎浇过后盖上盖子闷一会儿，拌匀后盛到碗里。

◎不要整锅浇遍，那样很费花露。只用一盏浇一角，足够客人吃就好了。

◎花露以蔷薇、香橼、桂花做得最好，它们的香气和谷物的香气比较接近、难以分辨。不能用玫瑰，玫瑰的香气不是谷物本身所有，容易分辨出来。

第二，汤以养生，要培养正确的饮食习惯。汤的另一个高雅的名称

---

① 《李渔全集》第三卷，浙江古籍出版社 1991 年版，第 242 页。
② 《李渔全集》第三卷，浙江古籍出版社 1991 年版，第 242 页。

是羹，羹是与饭相搭配的，有饭就该有羹，没羹就不能下饭，羹是用来下饭的东西。下饭的东西，一般人以为是指菜肴，李渔却认为，菜肴只能让人把饭剩下，不是用来下饭的：吃饭的人看到眼前美味菜肴，吃得多了就不能再吃下饭了。

汤可以养生。按照养生的道理，食物贵在能消化，饭配上了汤就容易消化。善于养生的人，吃饭不能没有汤；善于持家的人吃饭也不能没有汤；宴请客人想要省菜的话，也不能没有汤；宴请客人时希望客人吃饱，又不剩下菜，也不能没有汤。因为汤能下饭也能下菜。

汤的价值有两点：一是能够下饭下菜、帮助消化，有养生的功效；二是节省粮食，是勤俭持家的应有之义。李渔说，江南设宴，每顿饭都有汤，就是得到了这个方法的精髓。李渔自家生活并不富裕，要养活全家五十多口人，有时经济上紧张却不至于全天挨饿，也是遵循这个方法。

在今天物质财富相对丰富的情况下，李渔对汤的价值的论述，仍然有着启发意义。当今许多城市家庭，在做饭时注重桌面上的丰盛，只吃菜和饭、没有汤，一不小心会吃多导致胃不舒服。在华北农村的许多家庭，老一辈的人用"饭"这个名词来指代"粥"、"汤"，在他们看来，如果不做粥或汤，就等于没有"饭"。这实在是一种好的饮食习惯。即使城里富裕的人家，从养生和健康的角度考虑，在饭前先吃水果、喝汤，之后再酌量吃菜和饭，也是一种正确、合理的饮食方式，它能够避免暴饮暴食，从而远离许多疾病。

第三，用正确的方法吃面。南方人吃米饭，北方人吃面食。一日三餐如果是介于南北之间的饮食，比如两顿米饭一顿面，就是合理的吃饭方法。李渔认为，南方人吃切面时，把油盐酱醋等作料都下在面汤里，汤有味而面无味，只看重汤而不看重面，是不合理的。

李渔看重吃面而不是吃汤，他做面时把各种调味品都拌放在面里，这样面的味道很丰富汤却很清，这才是"吃面"而不是"喝汤"。循着这一理念，李渔制作了"五香面"和"八珍面"。五香面自己吃，八珍面用来待客。五香面的做法是：先把花椒末和芝麻屑拌到面里面，再把酱、醋和鲜汁调和在一起用来和面。面要和得很匀，擀要擀得很薄，切要切得很细，然后用滚水下面，精华就都在面里，值得咀嚼品味。

八珍是鸡、鱼、虾三种肉，鲜笋、香菇、芝麻、花椒四种辅料，再加上鲜汁，共是八种东西。把前七种研成粉末搅拌匀称，之后用鲜汁和面。注意事项是，鸡和鱼的肉要选得很精，稍带肥腻的都不用，因为面的特点是见油就散，散了就擀不成片，也切不成丝。鲜汁不用煮肉的汤，而用笋、蘑菇或是虾的汤。三种肉里，虾肉最方便，很容易擀成粉末，应该多准备一些虾粉。拌面的汁里，加一两盏鸡蛋清更好。

李渔对单一食物的钟情自有其合理之处，但他以鸟类和鱼类食物为证据来论证人类食物单一性的价值，在逻辑上是有瑕疵的。其瑕疵在于：第一，李渔未能给出鸟和鱼类食物单一与否和它们生存持续时间的关联的证据；第二，即使有了证据表明鸟类和鱼类因吃单一的食物长寿，也不能因此证明人类吃单一食物也会长寿。这种以优雅的比喻来代替严谨的证据的论证方式，在古代书籍中很常见，在当代人的语言方式中也不少见。人类长寿的秘密在于平衡的饮食结构、健康的生活方式、恰当的体育锻炼以及乐观的人生态度，它不是由李渔说的单一的饮食方式来决定的。

李渔讲的做饭、做粥的水量配比，尽管只是一种定性化的设想，但他提供了很有价值的思路。生活品质是生活审美的基础，是生活品质的构成要素，除了经济条件、闲暇时间的安排、生理需求和精神需求的合理满足等指标外，标准化、精细化是不可或缺的。没有标准就没有质量——不仅体现在商品生产上，也体现在日常生活中。日本是当代世界著名的长寿之国，日本人的食物有保鲜期、保质期，每餐的食量配比使得其热量足够消耗，饮后无饱胀或饥饿之感，就是精细化的表现，可以给我们带来启发。

李渔的吃面吃汤之论，以及他对当时江南做面食的批评，所依据的不是"食求求饱"的标准，而是"食必求美"的标准。今天即使北方人做面，也很少在面上下功夫，而是在调味料上做文章，它的内在理路是用汤的美味来遮盖面的无味，做到"汤求美味，面可吃饱"，而不是李渔追求的面的美味。

3. 肉食：多食不如少食

李渔把《左传》中说的"肉食者鄙"，解释成对吃肉的人来说，肥腻的肉汁凝结为脂肪，遮住了胸臆，就像堵塞了心智一样，使他的灵性无法通透，所以未能远谋。这种解释不符合《左传》的原意。① 在这种解释的基础上，李渔举例说，食草的野兽，都狡黠而聪明。在食肉的动物中，老虎只是吃肉，它是野兽中最蠢的，原因也是肉的脂肪油腻填塞而不能产生智慧。从这个前提出发，李渔希望天下人少吃肉，避免像老虎一样虽有威猛却加重了愚昧、让智慧昏沉。当然，李渔在这里还是以比喻代证据进行论述，其论证是缺乏科学性和说服力的。但他对吃肉的原则、如何使肉食鲜美的讨论，还是有启发的。

第一，在吃肉时，要考虑动物对人的价值。李渔认为，在动物中，牛和狗对人类来说是有功之臣，不应该宰杀它们。鸡也是对人类有功劳的动物，鸡的功劳比牛和狗来得要小一些，鸡报晓天会亮，不报晓天也会亮，不像耕田和防贼，没有牛不能耕田，没有狗就无法察觉盗贼。所以，鸡是可以宰杀的。但是，处在产卵期的鸡、重量不到一斤的鸡都不要宰杀，不应该让它们过早地夭折。

鱼也是性命，但鱼被人宰杀，比其他动物容易接受一些。鱼是水中的生物，容易繁殖、不易灭绝。鱼一次产的卵就像几仓小米一样难以计数，如果不去捕捞，它将无穷尽地繁衍，像恒河沙数一样。结果会充塞江河，往来的船只就不安全。所以从自然的平衡上讲，渔民捕鱼虾，就像樵夫砍伐草木，都是取应该取的、伐不得不伐的。因此，吃鱼虾的罪过，比吃其他的东西要稍微轻一点。

第二，在宰杀时不能增加动物的痛苦。鹅的肉既肥又甘美，这是它的优点。李渔说，有人介绍一种吃鹅的方法，每次把鹅养到将要宰杀的时候，先烧一锅油，把鹅的脚放进去，鹅痛得要死就跳进水塘里；然后再捉

---

① "肉食者"应该指代权贵阶层，"肉食者鄙"的含义，似应为"肉食者"在考虑问题时往往会从自身的利益出发，限定了他的眼光和见识，因此未能有远大的谋略。

再放，如此几番之后，鹅掌就丰美甘甜，厚达一寸，成为食物里面的异品。李渔说，这种吃法太悲惨了！动物不幸被人畜养，吃人喂的食物、为人的需要而死来偿还也就足够了。两块鹅掌虽然味美，入口就没了，而鹅当时要遭受比这强烈百倍的痛苦。以活物多时的痛苦，换人类片刻的甘甜，残忍的人都不愿意去做，何况稍微有些善心的人。地狱正是为这种人准备的，他死后受炮烙的酷刑，一定会比这个更残酷！

第三，要保护野生动物，不宜提倡捕杀野兽。李渔认为，野味不如家养动物之处，在于肉不够肥；野味比家养动物好的地方，在于它味道香。野味动物肉香的原因，在于它以草木为家、行动自由，生长于高山流水、奇花异木之间。就野味来说，野禽当中的野鸡、大雁、斑鸠、鸽子、黄雀、鹌鹑等，虽然生在野外，但却像养在家里一样，很容易捕捉得到；野兽当中的兔、獐、鹿、熊、虎等，一年也猎不到几只。野禽为了觅食会投到人们布置的罗网，它们得到食物的同时，也会遭遇灾祸；野兽常年出没在深山，很少到人住的地方，有时掉到人设置的陷阱中，这是人主动去接近野兽的结果，不是野兽自己送上门来。由此看来，野兽之死是因为人，野禽之死却是因为它们自己。吃野味的人应该常常这样想，就该更加珍惜野兽。

第四，水产品的鲜美。李渔讲到的水产品，包括鱼、虾、蟹三类。

首先说鱼。吃鱼最重要的是新鲜，然后是肥，又肥又鲜，吃鱼的优点就全了。不同的鱼有不同的特点：鲟鱼、鲦鱼、鲫鱼、鲤鱼突出在鲜，适合清煮做汤；鳊鱼、白鱼、鲥鱼、鲢鱼等突出在肥，适宜炖着吃。烹煮时要火候合适，火候不到，鱼的肉吃起来是生的，不好嚼；火候太过再吃，肉就会太老，没有味道。李渔提出了鱼保鲜的做法：

◎请客时鱼必须是活的，等客人来了再做。鱼的美味在于鲜，而鲜又在于刚刚煮熟离锅的那一刻，要是先煮好了等着用，鱼的美味就会发散掉了。

◎煮鱼的水不要太多，与鱼齐平就可以了。水多了，鱼的味道就会淡一些。

◎蒸鱼时把鱼放在盘子里，放几小杯陈酒和酱油，上面盖上瓜片、姜片、蘑菇、笋等鲜味的食物，猛火蒸到熟透。它使鱼又鲜又肥，保持天然的味道，而且鲜味保留在鱼里面，别的味道进不去，鱼的味道也不会流失。

其次说虾。李渔说，蔬菜里必须有笋，荤菜里面必须有虾。在做荤菜时，把煮虾的汤掺进各种食物里，所有的菜都很鲜。笋可以单独做，也可以混合着用；虾却不能单独做，一定要给其他食物作陪衬。高级宴会不会把虾单独做一个菜，否则吃的人会觉得没有味道。只有醉虾或者糟虾才可以单独吃。所以，虾要靠别的东西才能做成菜，又是其他菜里必不可少的东西。

最后说蟹。李渔爱蟹，嗜蟹如命。他说，自己对于饮食的美味，每种都能描述，都能穷尽想象、淋漓尽致。只有对于蟹，"心能嗜之，口能甘之，无论终身一日皆不能忘之"[1]。但对它好吃和不能忘却的原因，一点也形容不出来。李渔一生都喜欢吃蟹，每年螃蟹还没上市时就把钱准备好了，是拿螃蟹当命，把买螃蟹的钱叫作"买命钱"，在螃蟹上市期间每天都吃。李渔把九月、十月称为"蟹秋"，让家人洗了坛子腌制螃蟹，所用的糟叫作蟹糟，酒叫作蟹酒，坛子叫作蟹瓮。有个丫鬟勤于做螃蟹，李渔称之为蟹奴。李渔描述了多种不正确的做螃蟹方法，比如用螃蟹做汤，鲜是很鲜，但螃蟹的外形、口感无法体现；拿螃蟹来炖，肥是很肥，蟹的真正味道却没有了；把蟹剁成两块，加上油、盐、豆粉来煎，就会使蟹的颜色、香味和味道都失去。

螃蟹又鲜又肥，又香又腻，蟹肉像玉、蟹黄像金，已经是色香味都达到顶点了，和别的东西掺在一起给螃蟹增加味道，就像用篝火来为阳光增色、捧一掬水想让河流上涨一样愚蠢。李渔提出了正确吃螃蟹的方法：

吃螃蟹，要保持它的完整性，蒸熟以后放在白色盘子里，摆在桌上，让客人自己取自己吃，剖一只吃一只，掰一条腿吃一条腿，气味才不会泄漏掉。做其他的事情都可以由他人代劳，只有吃螃蟹、嗑瓜子、吃菱角这

---

[1] 《李渔全集》第三卷，浙江古籍出版社1991年版，第255页。

三种东西必须自己动手，即剥即吃才有味道。这和好香必须自己点、好茶
必须自己斟是同样的道理。

第五，其他的肉类和水产品。李渔讲到多种肉类和水产品，说明了
它们的功效和味道。

◎羊。人参和黄芪能补气，羊肉能补体。生羊肉容易折耗，熟羊
肉容易膨胀，凡是走远路或出门办事，仓促间不能正常吃饭的，吃羊肉
最好。

◎鸭。禽类里善于养生的是雄鸭。雄鸭能越长越肥，皮肉到老不变，
而且吃起来能跟人参和黄芪的功效媲美。

◎斑子鱼。产于苏州、镇江一带，像鱼又不是鱼，样子像河豚却又
很小，味道甘美，柔滑无骨，是食物中的极品，《本草》《食物志》都没有
记载。

◎西施舌。海味中味道最美，不容易吃到，产于福建。它的形状与
舌相似，洁白光滑，入口品味，就像美女的舌头一样，只是少了红唇皓齿
牵住根部，使它不能留在嘴里，一下子就咽下去了。

◎鲜鳜。不很出名但味道特殊，味道比得上鲥鱼，甘美绝伦。

◎鲦鱼。产于江南，是春天时令菜中的好东西。吃鲥鱼、鲟鱼和鳇
鱼会吃厌，鲦鱼却越吃越甘美，直到吃饱还舍不得放手。

◎河豚。江南人喜欢吃，烹饪所需佐料十几种，而且又一样也不能
缺，它是依靠很多好的佐料才变得奇特的。但它有毒，会死人。

前文已述，李渔关于肉食堵塞心智的说法，缺乏可靠的科学依据和
严密的逻辑论证。在动物智力发达水平划分的序列上，不存在与之对应的
肉食情形的序列。撇开李渔的逻辑，单说李渔肯定素食的价值，是有可取
之处的。在当代社会生活中，人们的温饱已基本解决，为饮食讲究品质提
供了物质基础，在此情况下，控制自己的食欲，不要过多地摄入肉食，注
意荤素的合理搭配，是一种科学、健康的饮食原则。

同样地，虽然李渔的论证方式不够科学严谨，但他提出，以功用为
原则来判断家禽家畜类动物是否可被人食用，在宰杀动物时要有恻隐之

心，要注意保护野生动物，不可为了自己的贪欲滥捕滥杀，都是有价值的论点。李渔注重肉类的营养价值、注重水产品的"鲜"，仔细讨论鱼、蟹的做法，把"鲜"作为烹饪它们的首要原则，其中贯穿的仍然是味觉的体验，这是在生活实用性基础上对美味的追求和体验，和其生活美学的逻辑是一致的。

三、花草树木：知人性而识鸟音

花草树木是生活环境的重要组成部分，它既有实用价值又有审美价值，可以为日常生活增添情趣和意义。因此，在《闲情偶寄》中，李渔拿出大量篇幅讲述花草树木的审美意义。花草树木属于《闲情偶寄》的"种植部"，内容包括木本中的牡丹、梅、桃、李等 24 款，藤本中的蔷薇、木香、玫瑰等 9 款，草本中的芍药、兰等 18 款，众卉中的芭蕉、翠云等 9 款，竹木中的竹、松柏等 11 款。

李渔认为，木本植物的根扎得很深，它的寿命比较长，坚实而且很难枯萎；藤本植物很瘦弱、需要扶持，寿命有一年左右，因为它的根稍微浅一些；草本植物大多寿命不到一年，一经霜打就死了，它的根扎得更浅。这是李渔对花草的分类原则。关于花草树木，李渔既谈到了它们的自然属性，也谈到了它们的文化和审美属性，他谈论更多的是后者。

1. 花草树木，比人之德

以自然事物比附人的品貌德性的现象由来已久。《诗经》中的比兴，屈原《楚辞》中的"香草美人"，都是以物比人的"德"。《管子·小问》中，桓公和隰朋、管仲的对话，谈到"何物可以比于君子之德乎"[1] 的思想，孔子在《论语》中有"智者乐水，仁者乐山"[2]、"岁寒，然后知松柏

---

① 孙波注释：《华夏文库 管子：注释本》，华夏出版社 2000 年版，第 291 页。

② 杨伯峻：《论语译注》，中华书局 1980 年版，第 62 页。

之后凋也"① 的言说，都是"比德"思想的体现。李渔的讨论也是在这一语境当中进行的，他关于比德的论述，除继承传统的观念外，还有所创新和发展。

第一，以花草树木之根，比人德性之根。南宋理学家朱熹在《小学题辞》中说："惟圣斯恻，建学立师，以培其根，以达其支。"② 这是说德性是人的根本，其他方面都是枝节，通过学习可以培育德性之根。

李渔说，根是决定万物寿命长短的因素，如果想收获更多，就要先稳固它的根。在养生和处世方面也是这样：首先，在处世时所有的事情都要从长计议、考虑得比较周全，这就像木本植物一样，不会因为看见雨露而欣喜，因为看见霜雪而惊恐；其次，人应该努力培养自己的崇高品德，避免苟且行事，也要像木本植物一样有着牢靠的基础。藤本植物的根比较弱，如果人不培养自己的品德，只能依靠别人来做事，别人事成自己也成，别人倒了自己也倒，如同藤本植物，这便是基础不牢。李渔认为，还有一种人，像木槿一样生存，从来不考虑明天，甚至不知道根为何物，不去考虑根入土的深浅、埋藏的厚薄，这种人就像次等的草木。李渔认为，这些植物的表现和人的道德有类似之处，种植它们可以对人的道德产生启示、发生影响。

在李渔看来，理想的人生应该以木本植物的根作为标杆，以藤本、草本植物的根和生长情况为鉴。木本植物的根扎得牢靠，就像人有着好的德性修养一样。李渔理解的德性修养，不仅限定于道德人格方面，还包括健全的理性带来的周全的考虑、对未来的谋划、对事情的正确判断。人的品德修养好，在做事时才会有头有尾，才不会过了今天没有明天，才会有独立的人格和意志。在这里，李渔由树木之根而及人的德性之根，对人的德性之根有了新的阐发。

---

① 杨伯峻：《论语译注》，中华书局 1980 年版，第 95 页。
② （宋）朱熹撰，朱杰人、严佐之、刘永翔主编：《朱子全书》第 13 册，上海古籍出版社 2002 年版，第 394 页。

第二，以花卉比人的节操，以道德品性来评价花卉。在中国传统文化中，梅、兰、竹、菊作为"四君子"被欣赏和称赞，也是因为它们自然属性和品德节操的相似性。屈原在《橘颂》一诗中，把橘的自然属性和人的品德节操联系起来，为橘树赋予美好的品德，从而对橘树大加赞颂，就是这种传统的体现。

李渔也是从道德品性来评价花卉的。在传统的文化理念中，牡丹因其花朵硕大、绚丽娇艳，而享有"国色天香"、"花中之王"之美称，被作为富贵吉祥、繁荣兴旺的象征。李渔自述他从甘肃带回十几棵牡丹，朋友用"群芳应怪人情热，千里趋迎富贵花"的诗句来嘲笑他。他说："彼以守拙得贬，予载之归，是趋冷而非趋热也。"① 这是依据历史传说，在寒冬季节其他花卉不敢违抗武则天的指令而开放，但牡丹不趋权贵被武则天贬至洛阳。李渔从这个角度高度评价牡丹。同时，他还从自然属性来评价牡丹。他说，所有的花都有正面、反面、侧面。正面应当向阳，这是种植花卉的共同原理。其他的花还能受点委屈，只有牡丹决不肯通融，让它朝南就会生长，朝着其他的方向就会死，这是牡丹改不了的"臭脾气"，武则天都不能让它屈服，又有谁能使它屈服呢？

李渔高度评价李花。在日常语言中常常"桃李"并称，桃花的颜色可以变化，李花的颜色却不会改变。李渔引述《中庸》第十章的句子"邦有道，不变塞焉，强哉矫！邦无道，至死不变，强哉矫"② 来说明这个道理。他说，自从有了李花以来，它的颜色就没有一点儿改变，始终如一，严守节操，受到污染也不会变黑，这是它的花。同时，李树比桃树更能耐久，年过三十才开始变老，即使老得树枝枯萎了，果实仍然很丰满。这是因为它甘于淡泊、没有用姿色取媚于人。仙境中的李树盘根错节，它可以同有灵性的椿树相媲美。李渔本人想继承它的品质却做不到，只有通过写

---

① 《李渔全集》第三卷，浙江古籍出版社 1991 年版，第 260—261 页。
② 《李渔全集》第三卷，浙江古籍出版社 1991 年版，第 264 页。《中庸》说："故君子和而不流，强哉矫！中立而不倚，强哉矫！国有道，不变塞焉，强哉矫！国无道，至死不变，强哉矫！"（见朱熹集注：《四书集注》，岳麓书社 1985 年版，第 36 页。）

文章来使这些品质得以长久流传了。

李渔对冬青之德也大加赞赏，认为冬青有松柏的特性却不冒充松柏的名号；有梅和竹的风骨却不像它们那么清高；傲霜顶雪却不要求封赏。他所看重的，仍然是冬青在"比德"方面的含义。

第三，花树中的君子和小人。宋代理学家周敦颐的《爱莲说》，确定了莲在传统文化中的"君子"地位，李渔承续这种说法，为"君子"找到了它的对立面"小人"——瑞香花。他说，瑞香花有麝香的气味、会损伤别的花，不够朋友义气，所以是花中的"小人"。

李渔认为，瑞香开花的时间在冬春之交，这时有的花已经凋落，有的还没开放。和瑞香花共存的只有梅花和水仙花，此时这两种花又处在即将凋谢的时候，同瑞香花交锋的时间不会太久，所以遭到的毒害也不深，这正是造物主善于利用小人的地方。瑞香花在唐宋诗人的句子里被赞美①，李渔也不以为然。他认为，是因为诗人们怜花爱花、在早春花很少的时候只看到了瑞香花的美丽，没有看到对其他花的危害。因此，李渔要主持公道和正义，揭示瑞香花的"小人"特点。

李渔对黄杨的品格给予了高度评价。黄杨每年长一寸，一点也不多长，到闰年反而会缩短一寸。这是一种受到天命限制的树，天不让它长高勉强去争也没有用，它把安守困境看作理所当然；受到天命限制能够从中自我保全，这是知命的君子才能做到的事情。闰年多了一个月，别的树都在增长，黄杨不仅不增长而且还要缩短一寸，天地对待黄杨可谓不公。但黄杨并不因此怨恨上天，枝叶比别的树更茂盛，反而像是感激上天一样，这是知命的事物中更知命的表现了。莲是花中的君子，黄杨就是树中的君子。李渔得意地说，莲是花中的君子周敦颐能知道；黄杨是树中的君子，除了稍微能够推敲事物道理的李渔，还有谁能知道呢？

---

① 宋代诗人苏轼在《次韵曹子方龙山真觉院瑞香花》中有"幽香结浅紫，来自孤云岑。骨香不自知，色浅意殊深"之句；[（宋）苏轼著，李之亮笺注：《苏轼文集编年笺注》附录一，巴蜀书社 2011 年版，第 345 页。] 范成大有《瑞香花》一诗云："万粒丛芳破雪残，曲房深院闭春寒。"（《范石湖集》，上海古籍出版社 2006 年版，第 9 页。）

自然事物相生相克、相摩相荡，本属自然、按照自然的法则来运行。但在文化的视域中它就具备了丰富性。自然美具有多样性，李渔从瑞香花危害性的角度赋予它"小人"的品格，也有一定道理。瑞香花的药用价值很高，瑞香花植物的各个部位都可入药，能够活血化瘀、缓解痉挛、祛风除湿，同时，它也有毒性，误食过量甚至会危及生命。李渔仅仅从一个方面把它判定为"小人"，是不是过于简单化呢？就黄杨来说，即使在闰年黄杨也会照样生长，但闰年黄杨缩一寸的说法古已有之，比如苏轼在《监洞霄宫俞康直郎中所居四咏》的《退圃》诗中有："园中草木春无数，只有黄杨厄闰年。"[1] 李渔欣赏的人格是"知命君子"，他把黄杨的文化解释和道德人格相对应，所承续的还是"比德"的理路。

第四，花木的尊卑秩序。中国传统文化有着突出的伦理特征，它也强势地体现在传统的绘画理论中。唐代诗人王维在《山水诀》中说："主峰最宜高耸，客山须是奔趋。"又说："定宾主之朝揖，列群峰之威仪。"[2] 清代画家布颜图在讲绘画布置山川时涉及"主山环抱"，他说："主山即祖山也，要庄重顾盼而有情，群山要恭谨顺承而不背。石笋陂陀如众孙，要欢跃罗列而有致。"[3] 清代画家笪重光在《画筌》中说："众山拱伏，主山始尊；群峰盘互，祖峰乃厚"[4]，等等。李渔延续伦理文化传统，把它运用在花木的谈论之中。

前人称牡丹为"花王"、称芍药为"花相"，这就是一种尊卑秩序。李渔认为这种评价不公正，原因在于芍药的花可以和牡丹相媲美，牡丹在众花中处于至尊地位，芍药虽然难以同它并驾齐驱，但也应当被列在五等诸侯之中，而不仅仅是处于辅佐地位的"花相"。李渔说，他从甘肃巩昌

① （宋）苏轼著，李之亮笺注：《苏轼文集编年笺注　诗词附　十一》，巴蜀书社 2011 年版，第 95 页。
② （唐）王维撰，（清）赵殿成笺注：《王右丞集笺注》，上海古籍出版社 1961 年版，第 489 页。
③ 俞剑华编：《中国古代画论类编》上册，人民美术出版社 2004 年版，第 205 页。
④ 周积寅编著：《中国画论辑要》增订本，江苏美术出版社 2005 年版，第 406 页。

府带回几十棵牡丹和芍药，牡丹活下来的很少，芍药却安然无恙，这里似乎有"人为知己者死，花为知己者生"的意味。李渔发现，芍药不如牡丹的原因不在于花和香气，而在于枝梗。牡丹属木本花卉，花开的时候高高悬在枝梗之上很有气势，能够形成一种威严的仪态，这种仪态让牡丹花尊贵、成为花王；芍药是草本植物，只有叶子而没有枝干，如果没有东西扶持，就只能倒在地上了。

在讲述姊妹花时，李渔也赋予它伦理秩序。他认为，姊妹花是一个好名字：一个花蕾开七瓣的叫"七姊妹"，一个花蕾开十瓣的叫"十姊妹"。从这种花的深浅红白，便能发现它在年长年幼方面的分别。姊妹花蔓延得太厉害，都长到篱笆外面去了，每天进行修剪也不能遏止她们的长势。李渔认为，这是因为她们同心一致，不互相嫉妒，所以能够蓬勃生长。

2. 美不自美，因人而彰

唐代文学家柳宗元在《邕州柳中丞作马退山茅亭记》中说："夫美不自美，因人而彰。兰亭也，不遭右军，则清湍修竹，芜没于空山矣。"[1] 自然之美，凭借人的发现而彰显，它是人类心灵"映射"的结果，兰亭因王羲之的《兰亭集序》而彰显它的美，如果没有王羲之，它只是在空山中自生自灭。李渔沿着这一强调审美主体价值的理路，从多方面讨论了花草树木的美。

第一，花木之美，形式悦人。当代美学家杨恩寰先生在《读康德〈判断力批判〉上卷（宗白华译本）纪要》一文中说："美丽自然的诸魅力常常和美的形式融合在一起而被我们接触到，对它们的感觉不仅会有感性的情感，而且可以对它（感觉）进行反思，使我们发现大自然内好似含有'较高的含义'。"[2] 自然事物美的形式包括色彩、声音等"感觉元素"以及

---

① （唐）柳宗元：《柳宗元集》，中华书局 1979 年版，第 730 页。
② 杨恩寰：《近现代西方美学研究文稿》，辽宁大学出版社 2013 年版，第 58 页。

它们的联想意义。李渔花费笔墨论述梨花之白、山茶之艳、海棠之香、莲荷之娇，发掘了它们形式的美学意义。

李渔说，自己生性喜欢梨花，超过爱吃梨子。梨子的品种不少，好吃的却不多，但是所有品种的梨花都好看。雪花是天上的雪，梨花是人间的雪，雪花缺少香气，梨花却能兼有香味，梨花能够胜过雪花，这是就梨花形式上的白和气味上的香来说的。唐诗中说："梅虽逊雪三分白，雪却输梅一段香。"① 这句诗是说天上的雪同地上的梅相比，一定很难决出输赢，李渔认为，梨花这种人间的雪，就能为天上的雪解围，胜过梅花。

李渔评价了山茶花。山茶花既有松柏的骨气，又有桃花李花的风姿，经过春夏秋冬始终如一，山茶花从浅红到深红，各种红色都有。颜色浅的像脂粉、美人的腮、酒客的脸，颜色深的像朱砂、火焰、鲜血、鹤顶红，真是深浅浓淡各种颜色全都有了，让人没有一丝一毫的遗憾，李渔肯定了山茶花颜色的丰富性。

《春秋》在责备贤人时用了"海棠有色而无香"的话。李渔颇为不平，他辩护说，海棠并不是完全没有香气，它的香气在隐约之间，但不幸的是被它艳丽的颜色掩盖了。就像一个人有两种技艺，一种技艺稍微差一点儿，就会被另一种精湛的技艺遮住。他提出多种证据来说明海棠不是"有色无香"：去闻刚刚开放的海棠花，别有一种清淡的芳香，海棠的香味需要慢慢地闻，不能使劲去闻；郑谷的《咏海棠》诗中说"朝醉暮吟看不足，羡他蝴蝶宿深枝"②，海棠有没有香味，应当用蝴蝶的去留证明，如果海棠完全没有香气，那么蜜蜂和蝴蝶就会过门而不入了；据《花谱》记载，海棠没有香气，害怕臭气，不宜浇粪，香气和臭气是对立的，它怕臭气，一定是有香气。"大音稀声"、"大羹不和"，为什么一定要像兰花、麝

---

① 这两句诗出自宋代诗人卢梅坡《雪梅》二首。见徐仁诚译：《千家诗》，经济日报出版社1996年版，第70页。

② 周振甫主编：《唐诗宋词元曲全集·全唐诗》第13册，黄山书社1999年版，第5005页。

香那样气味扑鼻才说有香气呢？在这里，李渔说明人的发现对海棠的艳丽和香气彰显的意义。

从姿态上，李渔描述了莲荷的美，各种花卉根据时令开放，只在花开的那几天引人注目，但芙蕖（荷花）不是这样，从荷芽出水的那天起，就能点缀绿波；等它的叶子长出来，就会一天比一天大，越来越娇艳，有风就随风摇曳，没有风也袅娜多姿；等到花苞盛开成花，娇姿欲滴；还有之后的花接替先开的花不间断地开，从夏天到秋天，对人来说是美的享受。

第二，花木之美，美人之喻。花木和美人可以互喻，在互喻中使得花木和美人的价值都得到提升。唐代诗人崔护有"人面桃花相映红"之句，同时为人面和桃花提升了颜值。李渔以海棠喻美人：秋海棠比春海棠更加妩媚，春海棠像美人，秋海棠更像美人；春海棠像已经出嫁的美人，秋海棠像还在闺中的美人；春海棠像绰约可爱的美人，秋海棠像纤弱可怜的美人。这是形式上的比喻，在形式背后是联想的故事：李渔说，相传最早时期没有秋海棠这种花，因为女子思念的心上人没有来而涕泪洒地，就生出这种花，名叫"断肠花"。这不仅是人赋予对象情感，而且是人的情感能够生出对象：泪水洒在林中长出斑竹，洒在地上生出海棠！

李渔说，茉莉花是专门用来帮助美人化妆的：晚上开花，避免人们拿来赏玩，只能早上梳妆时使用；花蒂上有孔，簪子能够穿过去，这个孔天生就是帮助簪子立足的。种植其他的花都是为了男子，只有茉莉花是为女子，天底下所有的男子都应该把茉莉当成眷属来看待。除了茉莉花，帮助美人化妆的还有玉簪花，它最便宜却很可贵，将它插进女子发髻中，是真是假几乎分辨不出来，它是闺阁中的必需物品。当然，留着不摘、让它点缀在篱笆中间，也像是美人遗失的发簪，李渔把它称为"江皋玉佩"①。

---

① "江皋玉佩"：江，长江；皋，汉皋山，在今湖北襄阳。相传周朝时郑交甫游汉皋遇到二位仙女，二仙女向他解佩赠珠。

第三，花木之美，禅意体验。禅意生发于人和花木的"相遇"，相遇有偶然性，因而可贵；相遇之境为超功利的因而能够感受生命的精神，体验短暂和永恒。这是自然生命的感受，魏晋人士的"目送归鸿，手挥五弦"、"林无静树，川无停流"，唐代王维《辛夷坞》诗中的"涧户寂无人，纷纷开且落"，都是禅意的体验。李渔在讨论花木之美的过程中，谈到了禅意体验。

玉兰花需要马上欣赏。人世间没有玉树，可以用玉兰花替代，玉兰花有玉树的韵致和想象：在叶子还没长出来的时候就开花了，玉兰花开放是空前的盛事，是生命的极其繁华。但繁华转眼就会零落，只要晚上下了一点儿小雨，满树的好花就会全部变色、破败凋零，比不开花更乏味。别的花从开放到凋谢都有大致固定的花期，该凋谢的凋谢、该开放的开放，玉兰花却一下子全部凋谢了，半片花瓣也不留。玉兰花的主人，常常苦等了一年，期盼的花期却连一天也得不到。所以玉兰花一开就要马上去玩赏，能玩一天是一天，能赏一时是一时。如果刚开放的时候不去玩赏，想等到全都开放再去，全都开放的时候还不去，一定要等到盛开的时候再去，只怕还没有去观花，煞风景的事就来了。

木槿花让人珍惜生命。木槿花早上开晚上落，一生也就结束了。木槿花现身说法是为了警告那些愚蠢蒙昧的人。花开一天，人活百年。花会凋零，人会死亡。没有一天不落的花，也没有百年不死的人，这是人与花一致的地方。花开花落的时间很短，但有一定不变的规律。早上开晚上凋落的花，不可能早上开中午凋落或者中午开晚上凋落。而人的生死，就没有一定不变的规律，这是它们不一样的地方。这样看来，花的凋落是必然的，人的死却是偶然的。人无法做到像木槿花那样直到晚年才死去，这是人不如花的地方。所以木槿这种花应当与萱草一起种，萱草使人忘忧，木槿花使人懂得爱惜生命。

桂花表达盛极必衰。秋天最香的花，莫过于桂花了。桂树是月亮中的树，桂花的香也是天界的香。只是桂花也有缺陷，它满树的花一起开放、不剩一朵。李渔说，自己有一首《惜桂》诗："万斛黄金碾作灰，西风一阵总吹来。早知三日都狼藉，何不留将次第开？"① 盛极必衰，这是盈亏的自然规律，凡是轻而易举就得到了富贵荣华的人，都像玉兰制造的春意、桂花制造的秋色，很快就成了过眼云烟。

蝴蝶花长得非常巧妙。蝴蝶是在花间嬉戏的，造物主就以蝴蝶为原型做成了这种花。是蝴蝶还是花？是庄周在梦中变成了蝴蝶还是蝴蝶在梦中变成了庄周？蝴蝶之花吻合了庄周的梦境，实现了"我"和"物"的相互转换。

第四，花木之美，美在妙赏。美的呈现，源于自然事物和人的精神的"对位"，是心灵映照的结果。梅花在寒冷的冬季开放，需要人的妙赏。唐代诗人孟浩然骑驴踏雪寻梅，有《途中雪诗》和《长安道中雪》等诗；清代画家石涛不仅绘制多幅与梅相关的图画，而且踏雪赏梅，体现了一种高雅的情趣。

李渔对梅不仅是"寻"和"赏"，而且要把梅当成伴侣来相守，是在传统诗人、画家赏梅基础上的推进。李渔讲到观赏梅花的方式方法：去山上赏玩的人，必须带帐篷，将帐篷的三面围起来，前面空着，就像汤网②一样。帐篷中多准备一些炉炭，既可以生火取暖，又可以暖酒；在花园里赏梅的人，准备几扇纸屏风，屏风的上面盖上平顶，四面开窗，可以随时开关，花在哪边就把哪边的窗户撑开。在纸屏风上挂一块小匾，上面写着"就花居"。在花中间竖一杆旗帜，不论是什么花，都用一个总的名字，叫作"缩地花"。"缩地"之意在于化远为近，让花来接近人，供人欣赏，这就把人"就花"和花"就人"统一了起来。

---

① 《李渔全集》第三卷，浙江古籍出版社 1991 年版，第 273 页。

② 实际上，李渔对"汤网"的理解有误。"汤网"是置其一面，李渔说的帐篷是空其一面。《吕氏春秋》卷十在"孟冬季·异用"中记载："汤见祝网者，置四面，其祝曰：'从天坠者，从地出者，从四方来者，皆离吾网。'汤曰：'嘻！尽之矣。非桀其孰为此也？'汤收其三面，置其一面，更教祝曰：'昔蛛蝥作网罟，今之人学纾。欲左者左，欲右者右，欲高者高，欲下者下，吾取其犯命者。'汉南之国闻之曰：'汤之德及禽兽矣。'四十国归之。人置四面，未必得鸟；汤去其三面，置其一面，以网其四十国，非徒网鸟也。"（许维遹撰：《吕氏春秋集释》上册，中华书局 2009 年版。）

从妙赏的角度，李渔饶有趣味地为夹竹桃改了名字。他认为，夹竹桃的花很好，但名字没有取好。竹子是有道德的贤士，桃是艳丽的佳人，把它们放在一起是不和谐的。李渔将它的名字改为"生花竹"，去掉一个"桃"字，就合适了。同时，松、竹、梅被称为"岁寒三友"，松、梅都有花，只有竹平日没有花，是个自然的缺陷。用这种花来弥补竹的缺陷，就像女娲用来补天的五色石一样美好。

李渔爱花如命。他说自己有四条命，它们各自掌管一个季节：春天以水仙、兰花为命，夏天以莲花为命，秋天以秋海棠为命，冬天以蜡梅为命。南京的水仙好，他把家安在南京，是安在水仙之乡。水仙的颜色和香味、茎和叶，都同其他花卉不一样，它淡雅而多姿、不动不摇却能作出妩媚之态，用"水仙"二字来称呼它，真是形象到了极点。而且种植和出售水仙的人，也能行使造物主的职权，想让它早开就早开，命令它晚开就晚开，购买的人希望花在某天开，到那天一定会开，不会早一天或晚一天。等到这些花要谢了，再用迟开的花接续。买花的时候，卖花人会给花盆和石头让人去种，种花时又可以随手布置成图画，这是风雅文人也无法企及的。所以，他在贫困到极点的情况下，仍然把簪子和耳环典当去买水仙花，因为，宁可短一岁的寿命，也不能一年不看水仙花。

李渔对花木的妙赏，显然不适合他的戏剧所面对的广泛大众。大众的审美趣味更加接近世俗生活，李渔的妙赏则带有浓重的文人情结。这是李渔的文人身份，及其生活在文人的历史传统中的必然结果。

3. 审美设计，适宜当先

在花草树木的种养方面，李渔强调依据具体环境和经济状况来进行，同时，他还注重花草树木设计的文人情趣。他在经济状况方面尽可能照顾较为广大的人群，以文人情趣来提升花草树木对生活审美的价值。

第一，家居生活中的花木种养。即使经济状况不佳，也可以种养花木。李渔说，春海棠颜色很美，有园亭的人家不能不种。对贫穷人家来说，可以用秋海棠来弥补，秋海棠对于贫穷人家有两种便利的地方：一是把根移栽过来就可以了，不需要用钱买；二是占地不多，墙头屋角都可以种。因为秋海棠喜欢阴凉的地方，它占用的地方都是其他的花不能用的地。

花有不同的特征，可以在不同的时间和地点种植。比如，莲花只能生长在池沼中，一般人家不具备这样的条件，可望而不可即，即使有周敦颐这样的爱莲雅好也无能为力；木芙蓉则不同，它可以种在屋前院后的池畔水滨凌霜绽放，形成"木芙蓉照水"的景观。李渔说，凡是有篱笆院落的人家，一定要种植木芙蓉。又如，合欢花对人的性情有益，种在哪里都可以。人们说"萱草忘忧"只是一个说法，未见萱草真正的忘忧功效，但"合欢蠲忿"却是真的，"凡见此花者，无不解愠成欢，破涕为笑"①。它能解除生活中的忧愁，所以，合欢花是必须栽种的，它的栽种地点应该在深闺曲房，因为这种花是早晨开放晚上闭合，闺房是合欢之地，适宜种植合欢花。合欢花种在闺房，它的功效是："人开而树亦开，树合而人亦合。人既为之增愉，树亦因而加茂，所谓人地相宜者也。"② 这是从品性行为上的相似性、合欢花的象征意义来确定它的种植地点。

李渔移家金陵后，在周处台（又称孝侯台，晋代周处读书处）畔营建芥子园别业，在《闲情偶寄》中，他讲到芥子园设计中石榴树的处理。芥子园不到三亩，房屋占了一部分、假山占了一部分，还有四五棵大石榴树。大石榴树点缀其中使得宅院不会落寞，同时它盘踞在宅院里，让李渔也不能尽情栽种其他花卉。李渔对石榴树做了审美设计，没有让它成为累赘：石榴喜欢受重压，在靠近树根适合放石头的地方顺势造座假山，这样，石榴树的根就成了山脚；石榴喜欢太阳，在它的树荫下盖房子，石榴树荫就成为了房屋的天；石榴树长得又高又直，它的树枝树干可以当栏杆，借助它可以当上"天际真人"；在石榴树旁盖上楼阁，石榴花成了李

---

① 《李渔全集》第三卷，浙江古籍出版社 1991 年版，第 273 页。

② 《李渔全集》第三卷，浙江古籍出版社 1991 年版，第 274 页。

渔的靠着栏杆的"守门人"。

李渔还讲到其他花卉的功效和栽种。栀子花像玉兰花，但玉兰花怕雨，栀子花却不怕雨；玉兰花一齐开放和凋谢，栀子花却是相继开放。可惜的是栀子树非常矮小，长不出屋檐，无法充当玉兰花来弥补春天赏花的遗憾。杜鹃和樱桃是两种可有可无的花，看重樱桃是因为它的果实；看重杜鹃因为它是西蜀中的奇异品种。这两种花开的时候会有很多其他的名花让人赏心悦目，就没有时间欣赏这种花了。

李渔依据花木的自然属性和人文属性，从日常居住环境的角度讲花木的审美设计，提出了很有价值的观点，他对芥子园中石榴的设计也很有特色。但是，李渔的论述也有时代的局限性。比如，从前合欢树只有小型的花种，可能适合种在室内，现在已有硕大美丽的品种，可植于庭园水畔或道路两侧，它叶细似羽、绿荫如伞、红花成簇，在风和日丽、翠碧摇曳之时能够欣然晕出绯红一片，这会令人悦目心动、烦怒顿消，已不是李渔论述的、种在室内的样子。

第二，种养花木时竹篱笆的使用。藤本植物的花需要扶植，竹篱笆是最好的扶植工具，竹篱笆或者排成方眼，或者编成斜格，藤本植物会按照草木攀石的样子，把竹篱笆装点成锦绣墙垣，使篱笆墙内外的人，被姹紫嫣红的花和绿色的叶阻隔，可以观赏却不可以亲近。这是用竹篱笆的"隔离"造成心理距离而产生审美情趣。

李渔发现，当时的茶坊酒馆都在用竹篱笆，有花用它来扶植花，没有花也用它来代替墙壁，这种现象从扬州开始，已蔓延至其他地方。当世俗的街市都是这样时，高人韵士的居所就不能再这样了。因为，街市里到处可见的竹篱笆成了市井生活劳碌熙攘、锱铢必较的指代物，看见它们就像身处街市当中。高人韵士在居所常见这些东西就会改变性情，所以应该避免使用它。李渔认为，在街市里到处是竹篱笆时，高人雅士若想继续使用它，就需要把样式做一改变。当然，这种改变可能又为街市所模仿，但它总能保持一定时期的新鲜度。他提出了花篱笆的三种样式，列在《藤本》的后面。

用来结篱笆的花首推蔷薇。蔷薇的品种极多，颜色有赤色、红色、黄色、紫色，甚至还有黑色。即使是红这一种颜色，也可分成好几等，有大红、深红、浅红、肉红、粉红的差别。总的来说，装点篱笆的花，贵在五彩缤纷。要避免上下左右都是一种颜色的情形，否则就会成为连平庸的画匠都不愿描绘的图案，没有情趣韵致。蔷薇之外，还可用木香、酴醾、月月红等装点篱笆，让各种颜色相互间杂。

在装点竹篱笆的花中，木香花开得稠密，香味浓郁，这是木香花比蔷薇花稍胜一筹的地方。但是仅仅靠木香装点篱笆，未免显得冷落，所以一定要与蔷薇一起。蔷薇适合架植，木香适合在棚顶种，原因是蔷薇的枝条枝干没有木香那么长。木香作屋，蔷薇作墙，两种植物都发挥自己的优势。四季能红的是月月红，点缀篱笆的花，它应列为首选。遗憾的是它长不高，这种花有红、白和淡红三种，建篱笆时必须一同种植。它的名字有"长春、斗雪、胜春、月季"等，它的花开得并不繁盛，留有余地，开到断了还能续，能够断续开放，李渔给它起了个名字，叫"断续花"。篱笆较宽的，可以把所有的品种都种上，使枝条蔓延相错，花开的时候争奇斗艳。总的来说，蔷薇能把篱笆装点得富丽多彩，其他花的颜色虽然美丽，但由于缺少变化装点起来难免捉襟见肘。

在这里，李渔强调竹篱笆审美的独特性，以区别于街市的形式。同时，他以花的颜色的丰富性来界定竹篱笆的美，也有一定的局限性：万紫千红当然能够带来丰富活泼的审美体验，但单一品种、单纯颜色的花，也是美的一种形式。

第三，花木种养中的情趣。花木种养的目的是满足生活的审美情趣，正确的方法是产生审美情趣的条件。不同的花木有不同的情趣，比如，芭蕉和竹子的功效一样，能够让人有情趣而不落俗套，它比竹子更容易成活，一两个月就可以长出绿荫。坐在芭蕉树下的人，男女都可以入画，而且芭蕉树能使亭台楼阁都染上绿色。竹子上可以刻诗，芭蕉叶上可以写字，都是文人随身的纸张。竹子上只能刻一次字，芭蕉叶上却可以随写随换，一天反复写几种题目。李渔写诗赞芭蕉云："万花题遍示无私，费尽春来笔墨资。独喜芭蕉容我俭，自舒晴叶待题诗。"① 因此，房子周围只要有些空地，就应该种芭蕉。

花的名称方面，很多是"象形"来命名的，比如绣球、玉簪、金钱、蝴蝶等都酷似物形，但是，它们所"象"的"形"都是尘世中的东西，便难免尘世的烟火。李渔发现，形状像天上东西的只有鸡冠花，它有氤氲的气象、浓云一样的花纹，走近去看就像是一朵祥云。鸡冠虽然和此花很像，但命名为"鸡冠花"却轻看了它美妙的姿态。因此，李渔想给它换一个名字，叫"一朵云"。这种花有红、紫、黄、白四种颜色，红的叫"红云"，紫的叫"紫云"，黄的叫"黄云"，白的叫"白云"。还有一种五色的，叫作"五色云"。这是通过命名彰显花的美妙。为此，李渔写了《收鸡冠花子》的绝句："指甲搔花碎紫雯，虽非异卉也芳芬。时防撒却还珍惜，一粒明年一朵云。"②

菜是低贱的东西，菜花也微不足道，但是把最低贱卑微的东西积聚到成千上万，卑贱的东西也会变成尊贵的了。园圃中种植的花有几朵、几十朵的，最多能有上百朵，但遍布田野、让人一望无际的就是菜花。春天刚到、万花齐放，田野一片金黄，这时呼朋唤友，散步在弥漫着芳香的田埂上，有一种"香风导酒客，寻帘锦蝶与游人争路"③ 的情趣，这种郊野游玩的乐趣胜过在园亭游玩十倍百倍，它们都是菜花带来的。

人与兰花相处贵在有情趣，有情趣还要有方法。兰花刚刚长出蓓蕾时，就要改变它的位置：放在室外的搬到室内，放在远处的搬到近处，放在低处的搬到高处。这是因为人们看重兰，是看重它的花。兰花摆放的地方一旦定下来，就应当美化它周围的摆设，把书画、香炉、瓶子等器物有序地摆放在旁边。这时不要烧香，兰花的性情就像神仙，怕接近烟火、忌讳火。人们说入芝兰之室，久而不闻其香，原因在于人们只知道进、不知

---

① 《李渔全集》第三卷，浙江古籍出版社 1991 年版，第 296 页。
② 《李渔全集》第三卷，浙江古籍出版社 1991 年版，第 289 页。
③ 《李渔全集》第三卷，浙江古籍出版社 1991 年版，第 294—295 页。

道出，出来再进去之后闻到的香气，要比先前闻到的倍加浓郁。所以，要另外准备一间没有兰花的房子作为退避的地方。一会儿出来一会儿进去，进有兰花的房间的时间长，退出来的时间短，就能够时时刻刻闻到香味。即使坐在没有兰花的房间里，香味也会像情女的游魂一直跟在身边。这是一种欣赏兰花的方法，而情趣也在方法之中了。如果只有摆放兰花的房子，就应当把门外当作退避的地方，可以走开去办别的事情，事情做完再进来，这样无意之中闻到的香味会更浓。这种方法不仅可以用来享受兰花，凡是有花的房子，都应该这样做。

4.天设地造，自然之美

花木体现的自然之美是造物主妙手所造，它可以启示人生、扮美生活、引动情感，给人带来丰富的审美体验，它是生活环境不可或缺的组成部分。

第一，天工之巧，诈施人为。在日常语言中，常常以"天工"作为褒词来赞美"人为"的美巧，在《闲情偶寄》中，李渔却以"人为"作为标准来看待和评点"天工"，得出了有趣的结论。他把一年中开的花加起来，看作是造物主的一部完整的书稿。造物主从试笔文字，到文思泉涌，再到出神入化，到最后技穷才竭，体现在四季的花上面。如表7所示：

表 7　李渔以"人为"为标准评点"天工"

季节	花	文思	气势	花的特征
春季	梅花、水仙	试笔文字	气势雄浑、技巧生涩	花不大、颜色不浓
	桃、李、海棠、杏	文思奔放	兴致淋漓、不可遏止	花不大、颜色不很浓
	牡丹、芍药	文心笔致，出神入化	纵横恣肆，技巧纯熟，才气用尽	花大、颜色浓
夏季	荷花	才气用尽	试试技艺	芳香美丽
秋季	菊花	才气用尽	试试技艺	芳香美丽

季节	花	文思	气势	花的特征
冬季	蜡梅	才气用尽	技穷才竭	芳香美丽
	金钱、金盏、剪春罗、剪秋罗、滴滴金、石竹	零星杂著，充塞纸尾	诗文枯竭，小巧文章，轻描淡写	

李渔认为，在春末夏初开到绚烂的牡丹、芍药已到极致，不可能再有一种"无限性"的花木——世界上不可能有花开到树不能栽、叶不能盖，也不可能有一种花色彩齐全、一色不漏。这个时候，应该收敛起来了，但造物主还要继续试技艺，在夏、秋、冬分别造出荷花、菊花、蜡梅来应付，它们已是强弩之末。至于金钱、金盏等花，表明造物主精力不济，文章篇幅所剩不多，是用来充塞纸尾的零星杂著。李渔说，有才华的人写书，不应该仿效造物主，应当把秋冬两季当作开始，把春夏两季作为终结，就能渐入佳境，避免江郎才尽。

以造化为师，是中国艺术的基本理念，在绣球等花上面，李渔发现了造化"诈施人为"的情形。绣球、剪春罗、剪秋罗等花实际上是自然天成，但看起来似乎是造物主模仿人工做出来的。"天工于此，似非无意，盖曰：'汝所能者，我亦能之；我所能者，汝实不能为也。'"① 李渔说，如果是这样的话，造物主就应该再造出一两个踢球的人站在绣球树上，那么上天要比试的技巧就算完全了。

第二，自然规律，值得敬畏。植物的生长有一定的时令季节，如果违反季节，就算有十个像尧那样的圣贤，冬天也长不出一根麦穗。在群花之中，牡丹被称花王。李渔从《事物纪原》一书中看到，传说武则天冬天游后花园，所有的花都竞相开放，只有牡丹花迟迟未开，于是将牡丹贬到洛阳。牡丹因为遵循自然规律被贬，表达了武则天的"逆天"行为。如果她有一定的见识，就应当把所有的花卉全部贬到别的地方，只推崇牡丹。牡丹"花王"的称号，是对牡丹花不从权贵、遵循自然规律的褒奖。李渔

---

① 《李渔全集》第三卷，浙江古籍出版社1991年版，第270页。

说，牡丹的可敬，还在于它的花朝向南方开，即使是帝王之尊，也必须尊重它的习性。他举李白的诗句做例证："名花倾国两相欢，常得君王带笑看。解释春风无限恨，沉香亭北倚栏杆。"① 倚栏杆的人朝向北，那么花就是朝南向，这是牡丹花不可移易的习性。

草本的花经霜打就会枯萎，春天到了又重新开花，这是因为它的根还活着。有人为了让花在花期前开放，就用开水浇它的根，或者用硫黄代替土栽花。这样花是开了，但花败落后树也就死了，因为它的根死了。李渔对这种损害花根的做法表示反对。他说，从这个角度看，人的荣枯显晦、成败利钝都是表象，他的根基是否安然无恙才是最重要的。根基还在，虽处厄运当中，也像经历霜打之后的花，可以期待重新开花的日子；如果根基不存，即使处于荣盛显赫的境地，也会转瞬枯萎。

李渔认为，为了符合人的审美标准，可以对花进行修饰。比如善于种植蕙的人，为了保留花，会忍痛剪除稍微细长的小叶子，十片只留两三片，把它们裁得很短，剪掉两个角让它变得尖尖的、和兰的叶子相似，这就把蕙变成了兰，与"强干弱枝"的审美标准相吻合了，李渔这里强调了人工修饰的"度"。清代文学家龚自珍有《病梅馆记》，批评人工修饰过度、损害梅的自然形态的审美观，标举梅花审美的自然法则，对病态的社会提出了严正的抗议，龚自珍的观念也当为李渔所赞同。

第三，在自然赏玩中体验生活之美。李渔说，人们注重桃子的口味、看重它是否好吃，忽略了它的观赏价值。古代的桃不好吃，现在想要桃子好吃，就把它嫁接到别的树上，但这牺牲了桃的观赏性——嫁接后桃花变坏了。没有嫁接过的桃花颜色非常娇艳，就像美人的脸。所谓的"桃腮"、"桃靥"都是指天然没有嫁接过的桃花；现在所说的碧桃、绛桃、金桃、银桃过去都没有。诗人所吟、画家所绘的都是那些天然的桃花。天然的桃树在名园里看不到、在游览胜地见不着，只是在乡村农舍、牧童樵夫住的

---

① 《李渔全集》第三卷，浙江古籍出版社 1991 年版，第 261 页。原诗见郁贤皓选注：《李白选集》，上海古籍出版社 2013 年版，第 174 页。

地方才有。想看桃花的人，一定要骑着驴到郊外去，任凭毛驴信步漫游，就像武陵人偶然进入桃花源那样，才能得到那种乐趣。如果备了酒食、携带美人来到园庭院落当春行乐，观赏其他的花卉还行，想要观赏桃花而且得到其中真趣，就做不到了。

在这里，李渔强调桃花之美和天然桃树的关联，是对自然法则的尊重。骑驴、郊外、漫游，包含了浓郁的文人雅趣，它创造的文人生活情境和陶渊明的"榆柳荫后檐，桃李罗堂前"相比，后者更加接近世俗生活。同时，李渔忽略了在文化传统中桃花的反思价值，这种价值在唐伯虎的《桃花诗》中、在《红楼梦》林黛玉的葬花词中等其他涉及桃花的古诗中得到了较为充分的体现。还有，在现代科技文化语境中，经过科学管理的桃树，不仅桃子甜润可口，而且在早春时节山野里连片桃林中，深红浅红的桃花竞相开放，可赏玩、可反思，这也是李渔所未能预料到的。

柳树之美，首先在于它能够垂，长长的柳条垂下而有袅娜之姿；其次是吸引蝉和鸟，在长长的夏天里，能时时听到这些鸟叫虫鸣，生活才不会寂寞。李渔说，种树不只是用来愉悦眼睛的，也是为了愉悦耳朵。眼睛在上床睡觉时要闭上，耳朵却能每时每刻都得到愉悦，耳朵的愉悦来自可爱的鸟鸣声。鸟的鸣叫适宜在清晨听，原因是鸟随时都要防备有人用弹弓打它，早晨在人起床后鸟就不安了。鸟在担心害怕的情况下想叫也叫不出来，即使叫起来也不好听。清晨的时候人还没起床，或者起床的人很少，鸟没有防备之心，自然能拿出全副本领，而且憋了一夜，心中技痒难挠，到这时候都想卖弄展示一番，这是适合清晨听的原因。

苍松古柏等体现一种苍老之美。松、柏和梅以老为贵、以幼为劣。想要享受这三种老树带来的好处，一定要买旧房子来住；如果自己动手栽种它，为子孙打算是可以的，但自己不能亲眼看见它长到苍老。苍松古柏的美，李渔提出两条证据：一是山水画中的人物，或者挂着拐杖，或者坐着看山水，都是老年人的样子。少年在其中或者捧书拿琴，或者端盒持酒杯，都是画里的奴仆。二是园林中需要几十株老成的树木在里面做领袖，加上柔弱的刚种下的花草，才有园林的意趣。如果没有老成的树木，就不成其为园林。李渔说，到今天自己的年纪都可以入画了，还整天坐在后辈小儿中间，这样用花木比喻，自己就要变成松柏了。

第四，花木之情、爱、惜、怜。花木遵循自然规律，不等于它和人无关。花木能够进入到李渔的"法眼"，在于它被寄托了丰富的感情。这些情感来源于人自身，是人把自身的情感"对象化"至花木，把"自然的"花木变成了"文化的"花木，这也是李渔重视花木价值的原因所在。在《闲情偶寄》中，李渔大量讲到了花木所寄托的人类情感。

草木之知。草木的知不是人的情感的外化，而是它本身的客观情况。李渔举紫薇树怕痒的例子进行了说明。他的逻辑关系是：知道痒就知道痛，知道痛痒，就知道荣辱利害。草木是同性的，紫薇树是这样，其他的树也会是这样。因此，草木被锄除时会像禽兽被宰杀一样有痛苦，只是草木的痛苦不能说出。以对待紫薇的态度对待所有草木，用对待所有草木的态度对待禽兽和人，就会"感同身受"，避免乱杀乱砍，创造和谐的生活环境。

花草之舞。灵活善舞的是虞美人，它的花和叶都很柔嫩，又叫"舞草"。《花谱》上说："人或抵掌歌《虞美人》曲，即叶动如舞。"[1] 李渔不同意把人之歌和花之舞做必然的逻辑关联，但虞美人的花瓣质薄如绫、光洁似绸，花冠轻盈似红云片片，无风时看似自摇，有风时飘然欲飞。该花花期较长，一株上花蕾很多，此谢彼开，景色宜人。

自然之妙。古人认为杨花落入水中变成浮萍，如杜甫在《丽人行》中有"杨花雪落覆白萍"[2] 的句子，李渔也认为杨花落水化为浮萍为花中的一大怪事。花凋谢后脱离树干，生命已经结束，却成为另一种东西，生命重新开始。人们用杨花比喻命薄的人，感叹人生飘零、漂泊不定。李渔

---

① 《李渔全集》第三卷，浙江古籍出版社1991年版，第297页。

② 萧涤非选注，萧光乾、萧海川辑补：《杜甫诗选注》增补本，人民文学出版社2017年版，第30页。

认为，杨花比天下万物都命厚，在陆地和水中都占尽了风光。① 在各类草中，颜色最浓的是翠云，世间所有苍翠颜色的事物，没有能够比得过它的。李渔说，只有天上的彩云，偶尔会幻化出这种颜色。自然之妙，还妙在善于着色，翠云之色和倾国倾城的美人眉毛上的黛色相比，会觉得美人的眉毛只是画工的手艺，而不是自然的创造。

可怜可敬。素馨是花中最弱的，它的每一枝一茎都需要扶植，李渔把它称为"可怜花"。凌霄是最可敬的藤本花，它像天上的仙人，想得到这种花，一定要先准备好奇石古木，使之可依附生长。

竹木免俗。竹子移栽到院子里，很快就长成高大的树，能让俗人的家园转眼间变成高贵人的宅院，这是它的神奇之处。

杏子风流。李渔继承传统文化中对杏的理解，认为杏树是"性喜淫者"，把它称为"风流树"，他以民俗作为例证："种杏不实者，以处子常系之裙系树上，便结子累累。"② 认为这是人和杏树的情感沟通。李渔认为杏树"慕女色而爱处子，可以情感而使之动"，属于想象的成分，但在文化中把杏树和情爱联系起来，却有事实。宋代词人晏几道在《鹧鸪天·斗鸭池南夜不归》中有"云随碧玉歌声转，雪绕红琼舞袖回"③ 之句，"红琼"就是杏花，用"雪绕红琼"来比喻美女的肌肤。之后，从杏花含苞的蕾红、初放时的淡粉，到南宋诗人陈与义在《怀天经智老因访之》中"杏花消息雨声中"④，以及《红楼梦》第五十八回"杏子阴假凤泣虚凰，茜纱窗真情揆痴理"中对苏轼的"花褪残红青杏小"和杜牧的"绿叶成阴子满枝"的整合，都赋予杏花暗香浮动、花色烂漫之风流品性，这就确定了它在文化中的地位。

---

① 中国古人和李渔在这里对杨花都是一种误解。杨花为白毛杨的种子，在暮春时节到处飞舞，不是身世的飘零，而是在播撒生命的种子。可以说，飘零意味着新生。杨花落入水中在水面浮动，看起来像浮萍，实际上它不是浮萍。

② 《李渔全集》第三卷，浙江古籍出版社 1991 年版，第 264 页。

③ 夏承焘等：《宋词鉴赏辞典》上，上海辞典书出版社 2013 年版，第 271 页。

④ 夏于全主编：《中国历代诗歌经典 唐诗·宋词·元曲 元曲卷》下卷，绣像版，内蒙古人民出版社 2002 年版，第 412 页。

四、养生之法：即时即景就事行乐

在《闲情偶寄》的最后一章《颐养部》中，李渔全方位地论证了富贵、贫贱、家庭、道途，以及春夏秋冬的行乐之法，提出即事即景就事行乐的主张，这是正向全面阐释了"行乐"的无条件性，是"为学日益"。同时，他提出止忧、节欲、却病疗病等，这是从负面方向减少"行乐"的障碍和羁绊，是"为道日损"。在这里，李渔把感官之乐和精神之乐、行乐和养生结合在一起，实现了生活美学的目的指向——行乐。

1. 日对此景，不敢不乐

东汉末年的《古诗十九首》反复吟咏了生命短促、人生无常，比如"生年不满百，长怀千岁忧"、"出郭门直视，但见丘与坟"①、"人生忽如寄，寿无金石固"②、"人生寄一世，奄忽若飘尘"③等等，人生短暂，忧患多多。中国传统文化注重今生而不注重前生和来世，以今生观之，作为客观现象的"死亡"是一个永远无法回避的话题。命运是人生当中无法把握的力量，它裹挟着复仇女神的预言，在理性的人生中构成了令人忧伤的痛苦、灾难，以至于最高理性从来不敢放松警惕，时刻准备应对人生的灾难和死亡。李渔也是从这个角度感慨人生的，他说："造物生人一场，为时不满百岁……况此百年以内，有无数忧愁困苦、疾病颠连、名缰利锁、惊风骇浪阻人燕游，使徒有百岁之虚名，并无一岁二岁享生人应有之福之实际乎？又况此百年以内，日日死亡相告，谓先我而生者死矣，后我而生者亦死矣，与我同庚比算、互称弟兄者又死矣。"④死亡不可回避，常有悲伤的消息传来。从这个事情来看，造物主有着仁慈和不仁的两面：造物主要人

---

① 余冠英选注：《汉魏六朝诗选》，人民文学出版社 1958 年版，第 68 页。
② 余冠英选注：《汉魏六朝诗选》，人民文学出版社 1958 年版，第 67 页。
③ 余冠英选注：《汉魏六朝诗选》，人民文学出版社 1958 年版，第 57 页。
④ 《李渔全集》第三卷，浙江古籍出版社 1991 年版，第 308 页。

死去，是"不仁"；造物主不断地以死亡提醒、警告、恐吓我，是想让我能够及时行乐。

李渔说，康对山① 构建了一个园亭，在北邙山麓，这里有多个王侯公卿的墓地。客人问他："每天对着这样的风景，让人拿什么取乐呢？"康说："每天对着这样的风景，让人不敢不快乐。"面对死亡这一灰色结局，李渔得出的逻辑结论是及时行乐，他把行乐当作养生的手段。

第一，心以为乐，则是境皆乐。减损欲望、为乐由己，是教人心态平和的基本道理。李渔强调主观的作用，他说："心以为乐，则是境皆乐，心以为苦，则无境不苦。"② 官员们作为"贵人"，应以快乐之心对待自己的工作和世界：帝王可以把帝王的职位作为快乐的环境，公卿可以把公卿的身份作为快乐的环境。在其位谋其政，凡是分内应当之事不推诿，把它作为乐趣，把无关的事情当行苦事，完全摒弃掉。帝王公卿每天百务缠身，不可能在这些百务之外另找时间"行乐"，就要把每天的工作作为乐趣。李渔认为，官员的乐趣在于，手中的笔一举起来就能使天下得到太平，一开口发誓就能使天下众生都实现心愿，把天下众生的快乐作为自己的快乐，还有什么样的快乐可以赶上这个呢？如果在这之外还能有一些闲暇时间，再来享受一切应该享受到的福气，人间的皇帝就可以和天上的玉皇大帝相比，俗世的官吏也就成了天上的仙官，难道还会羡慕蓬莱三岛的神仙吗？

对达官贵人来说，已不存在个人和家人的温饱问题，不必像普通百姓一样为日常的衣食住行操心，他们承担着更大的责任，这些责任占据着他们的时间、花费了他们的精力，他们把责任履行好，能给更多的人带来方便、幸福和欢喜。因此，他们只要专心履行自己的职责，就能够在其中享受乐趣了。李渔举出正反两方面的例子来说明这一点，如表 8 所示。

---

① 康对山：康海（1475—1540），字德涵，号对山。明代文学家，曾任翰林院修撰，有诗文集《对山集》、杂剧《中山狼》等。武宗时宦官刘瑾败，因名列瑾党而免官。从此放形物外，寄情山水，广蓄优伶，为秦腔艺术的发展，建立了不朽的功勋。

② 《李渔全集》第三卷，浙江古籍出版社 1991 年版，第 310 页。

表 8　李渔评帝王、人臣之行乐状况

行乐情况	善于行乐	不善于行乐
帝王	汉文帝、汉景帝：无为而治、履行职责	汉武帝：好大喜功，鄙薄帝王身份而羡慕神仙
人臣	汉代郭子仪：作为汾阳王而知足	唐代李广：攀比求封侯而身亡

李渔以认真履行职责、减损欲望、知足知止来界定官员的"乐"。在历史和现实中，怀不足之心、贪鄙之志，不务本分、蝇营狗苟而无止境的官员总是存在，《红楼梦》"好了歌"所唱"因嫌纱帽小，致使枷锁扛"，[①]以及《西游记》中"骑着驴骡思骏马，官居宰相望王侯"[②]的诗句，成为这类官员的写照。普通百姓会有贪念，为了满足生存需要、生活得好一些，多付一些辛苦、多挣一些奖金的现象很多，百姓是个人辛苦，不至于损害别人和社会。但官员之贪，可利用权力搜刮民脂民膏、为害国家和苍生，给更多人带来灾难。所以，李渔一方面强调官员履职，另一方面强调他们要减损欲望，把这两者结合起来，官员才有乐境。

第二，富人散财，施与之乐。在历史和现实的语境中，"发财"是一种良好的愿望，它表达了汉民族对财富的重视。在历史上，有华封人祝帝尧"富寿多男"的传说；在现实中，"发财"作为逢年过节的吉祥语，浓郁地体现在我们的文化中。尧说"富则多事"，表明即使对尧这样的圣君，财富也不能免于多事之累，何况我们普通人呢？

李渔说，劝富人散财是一件很难的事，就好像拔起山带着它过海一样：有了财富就想运营它们，使之带来更多的财富。而运营财富是一件非常辛苦的事情："经营惨淡，坐起不宁，其累有不可胜言者。"[③]钱财多了必会日日防着盗贼，它让人惊魂四绕、风鹤皆兵，甚至会把性命搭进去，

---

① （清）曹雪芹、高鹗：《红楼梦》，人民文学出版社 1982 年版，第 18 页。

② （明）吴承恩：《西游记》，人民文学出版社 1955 年版，第 8 页。

③ 《李渔全集》第三卷，浙江古籍出版社 1991 年版，第 311 页。

其状况惨不忍睹。同时，财多招忌，自己会成为众矢之的，日日忧伤虑死，哪里还有闲暇行乐啊！

在这种情况下，富人也有希望去行乐：把钱财分给别人不容易做到，少聚敛钱财相对容易实现，少征收一些利息，穷困的人民就会颂扬你；减少一些租金，贫穷的佃户就会高兴得载歌载舞。对于那些偿还了本金却没有还上利息的人，如果你因为看到那些人很贫穷而把契约烧掉，就会像冯谖①一样赢得美名了；自己的收入充足，在国家财力匮乏的时候进行捐助，就可以获得美名。这样的话，觊觎富人钱财的人没有了，怨恨富人的人变少了，富人就可以谈到行乐了。这样的善事，本身就是行乐，在放宽租金、减少利息、仗义奉公的时候，听听贫困的人们对自己的称颂，就当是乐班奏乐的声音；受到政府的奖励赞扬，也就像得到了华丽的衣裳。再大的荣耀、再大的快乐也不过如此了。在历史上，尧帝、陶朱公都是大丈夫，现在，行乐的富人也是大丈夫，达到了和他们相同的境界。

在李渔看来，富人的行乐不在聚敛财富、不在悦色悦声，而在于行善的过程中，这真是把握了富人行乐的本质。李渔所讲的散财和仗义，属于传统的慈善形式，现代慈善使富人的"散财"变得更加规范，但本质上是一样的。比如，美国洛克菲勒财团在发展过程中，其财富像滚雪球一样迅速增加，企业领导人认识到，如果不把财富像滚雪球一样散出去就会发生"雪崩"，对企业和个人而言将是灭顶之灾。于是，洛克菲勒基金会成立了，它在全球范围内支持慈善事业，把自己纳入为人类的幸福作贡献的价值链中，从而实现了企业的长治久安。对企业领导人来说，能够让利于民、创造员工的幸福生活，都应该是自己的行乐之道。

富人具备散财的经济能力，为了避免钱财带来烦恼、招来灾祸，需要把它散掉。一来可以免灾避祸；二来可以获得施与的乐趣。但是，李渔没有提出，在散财的同时需要富人具备一颗施与的心。这颗心包括两面：

---

① 冯谖，战国时期齐国人，孟尝君门客，替孟尝君去其封地薛收债，把穷人的债券当众烧掉，百姓感其恩德。

一面是施与，一面是感恩。就施与说，它的范围远远大于散财，包括人的所有善行：在行为上助人、在言语上给人带来温暖、在面容（微笑、眼神）上给人鼓励和支持，这是佛家讲的布施的范畴。从这个意义上说，施与之乐不是富人的专属，应该是所有人行乐的方式。就感恩来说，正是由于受助人有需求，才使捐助人有了施与的机会，因此，捐助人和受助人之间不是高低尊卑的关系，而是平等共存的关系。施予者在从事善行时应该怀有更多的感恩之心，而不是追求自己在经济、名声或"福报"等方面的收获——施与是无条件的、服从于绝对的道德律令——这样才可以使自己有更大的精神上的收获。美国成人教育家戴尔·卡耐基说："要追求真正的快乐，就必须抛弃别人会不会感恩的念头，只享受施与的快乐。"① 在生活中，每个人都应该把施与的精神作为自己为人处世的准则，它是生活审美的最高境界，也是最佳的"养心"形式。这种仁慈、善良、分享与互助之心，能够让世界更加温馨。

第三，贫贱之乐，退一步法。从数量上说，富贵之人是少数，贫寒人家是多数，因此，贫寒困苦是多数人的人生常态。处在此等境遇之中，李渔开出"退一步法"的药方，他说："我以为贫，更有贫于我者；我以为贱，更有贱于我者；我以妻子为累，尚有鳏寡孤独之民，求为妻子之累而不能者；我以胼胝为劳，尚有身系狱廷，荒芜田地，求安耕凿之生而不可得者。"② 如果能够这样"观世界"，苦海都是乐地。否则，老是向上攀比，就会片刻难安，使自己束缚在忧患的心境之中，这是通过和别人的"向下"比较来安慰自己的"退一步法"。

除了和别人"向下"比较外，李渔认为，还能以自己作为"退步"来寻找乐趣。我们都经历过逆境，或者遇到过灾祸凶患、疾病忧伤，把它拿来比较更有切肤之感。这样做的好处是，如果罪孽是自己造成的，可以知错痛改，看作前车之鉴；若是祸从天降，不必怨恨也不用忧愁，要时时

---

① 张艳玲主编：《卡耐基突破人性的弱点全集》，京华出版社 2011 年版，第 176 页。
② 《李渔全集》第三卷，浙江古籍出版社 1991 年版，第 312 页。

警醒，以求消除后患。这是通过追忆过去的困苦烦恼引出无穷的快乐。如果反省自身、归罪自身的隐情不想让别人看到，可以只写遭遇灾祸的时间不提具体事件，或是另外写几条隐语、不写出详细情况，或写一副对联或一首诗，将其悬挂在起居常见的地方，暗中寄寓自己的心意，也是"淑慎其身"的好方法。

在生活中，人人、时时、处处都能通过"退步"得到快乐。李渔设想，如果房子狭小、夏天闷热，可在骄阳下走上几步再回到屋里，会觉得暑气渐渐消散；冬天寒冷，明知是因为墙壁单薄，特意跑到风雪中走一趟再回房子里，就会觉得寒气顿减。反之，如果畏惧房子狭小，跑到宽敞的地方纳凉，回来以后炎热的感觉就会加重十倍；想避开原来房子的寒冷，就去深宅大院里取暖，回来以后不知道要战栗成什么样子。凡事退一步想，快乐的心情就会产生。李渔说，自己受过很多苦，经历过很多困顿流离，没有死于忧愁、没有变得憔悴，使用的就是"退一步法"。

在名利追求方面，"退一步法"不惟适合贫贱之人，而是适合所有的人，它能够让人产生"知足"之乐，从而保持一种积极的心态，不被名利所牵绊、打败、打垮，这是它的积极意义。但李渔的观点也有两点可商榷之处。其一，把此法用在冷热的生理感受方面，恐怕不能完全符合实际。夏天在室内已是酷热，很难通过室外更加酷热的比较来消散暑气；冬天已处严寒，也很难通过室内外的比较来消减严寒。其二，在面对个人无法改变的恶劣环境时，同样可以使用"退一步法"来改变我们自己、改变我们看待世界的角度，从而和现实媾和。虽然它有利于生物学意义上个体的保存，但它也会变成"阿Q精神"、变成恶劣的环境和现实的姑息养奸者，它不仅不能带来真正的快乐，反而会带来普遍性的悲剧命运。李渔没有指出，我们还应该有一种"进一步法"，积极进入世界、努力改善处境，在困难和贫贱之中不断谋求改变，看到自己努力的结果、享受努力的成就，这能给人生带来更大的乐趣。

第四，在家在途，多有乐地。中国的伦理文化，基于宗族血亲基础上的人伦、家庭而建构，在现代政治秩序建立之前，家庭、宗族是社会生活的主要形式，追求居家之乐，是生活审美的内容。李渔首先强调了家庭行乐的重要性，他说："世间第一乐地，无过家庭。'父母俱存，兄弟无故，一乐也。'是圣贤行乐之方，不过如此。"① 但是，人们喜新厌旧、厌俗求异，往往忽略家庭的乐趣，常有疏远父母、撇开兄弟、嫌弃妻子的现象。这就损伤了伦理，也放弃了亲人相处之乐，是很遗憾的事情。父慈子孝、兄友弟恭、夫唱妇随当然是家庭生活审美的伦理基础，李渔在《闲情偶寄》中从审美的角度，说明了在家行乐的方式：身体的自然样貌不能改变和更新，改变更新的办法是经常更换衣服、变换家居环境的布置，通过改换模样来获得生活的新鲜之感。可以用这个方法对待父母兄弟、骨肉妻妾，把结交朋友胡乱花掉的钱财，用来给亲人们买新衣服和漂亮的首饰，一年变换多次形体，实现了在家之乐。

家人之间处理不好实际的利益关系会造成疏远，日常生活的琐碎事情也会埋没家人之间的新奇之感，在伦理和谐的基础上使家庭环境常有新奇之感、通过衣服和化妆在给自己一个好心情的同时也给家人带来生命的朝气，是李渔开出的家居审美药方的内容，它可以带来家居之乐，同时也会带来伦理上的收获。

在传统观念中，出门旅行是一件辛苦的事，因此，人们把旅行叫作"逆旅"。李渔认为，不受行路之苦，就不知道居家之乐，所以，人应该去感受一下行路的辛苦，这是旅行的第一种意义。通过旅行了解风土人情和名胜古迹、获得知识经验，同时，还可以吃到没吃过的东西、尝到想品尝的食物，购买外地的食物、用品带给家人，也是人生最快乐的事，这是旅行的第二种意义。李渔以汉代的向平②、

① 《李渔全集》第三卷，浙江古籍出版社 1991 年版，第 314 页。
② 《后汉书卷八十三·逸民列传第七十三》载："向长字子平，河内朝歌人也。隐居不仕，性尚中和，好通《老》、《易》……读《易》至《损》、《益》卦，喟然叹曰：'与已知富不如贫，贵不如贱，但未知死何如生耳。'建武中，男女婚嫁既毕，敕断家事勿相关，当如我死也。于是遂肆意，与同好北海禽庆俱游五岳名山，竟不知所终。"（章惠康、易孟醇主编：《后汉书今注今译》中册，岳麓书社 1998 年版，第 2261—2262 页。）

李固①、司马迁为例，说明游历是男子生来便想做的事，不做就会觉得遗憾。有道义的人还希望带上钱财干粮，专心实现这个志向。魏晋时期的名士阮籍"率意独驾，不由路径，车迹所穷，辄恸哭而反"②，是一种不拘礼法的深情表达，李渔并不认同阮籍在道路上痛哭的事情，认为旅行应该行乐，痛哭会被人笑话。李渔对阮籍的评价基于其"行乐"的价值主张，取消了阮籍痛哭事件具备的人生深层的感受和沉思，是李渔思想的局限所在。

第五，春夏秋冬，行乐有方。人有喜怒哀乐，天有春夏秋冬，一年四季都应该行乐，也都可以行乐。

春天里天地交欢、阴阳肆乐，草木萌发、生机盎然。李渔说："人心至此，不求畅而自畅，犹父母相亲相爱，则儿女嬉笑自如，睹满堂之欢欣，即欲向隅而泣，泣不出也。"③春天之乐，在于纵情地赏花听鸟、游历山川。把精力用在欣赏花鸟上面，让身体和心灵得到很好的休息，是春天的行乐之法。

夏天阴阳相争，酷热难耐，往往伤及人身，应该防止生病，休养生息，偷闲行乐。李渔回忆说，在明清易鼎之际的夏天，自己"绝意浮名，不干寸禄，山居避乱，反以无事为荣"。这时没有客人骚扰，暂无妻室之累，不用戴头巾、着衫履，"或偃卧长松之下，猿鹤过而不知。洗砚石于飞泉，试茗奴以积雪；欲食瓜而瓜生户外，思啖果而果落树头。可谓极人世之奇闻，擅有生之至乐者矣"④。这是一种"无事之乐"，和日常生活拉开距离，体验超越的生活状况，它是神仙一样的福分。李渔感慨说，迁回

---

① 《后汉书卷六十三·李杜列传第五十三》载："李固字子坚，汉中南郑人，司徒合之子也。合在《方术传》。固貌状有奇表，鼎角匿犀，足履龟文。少好学，常步行寻师，不远千里。遂究览坟籍，结交英贤。四方有志之士，多慕其风而来学。"（章惠康、易孟醇主编：《后汉书今注今译》中册，岳麓书社1998年版，第1676页。）

② 《晋书》卷四十九《阮籍列传》，见（唐）房玄龄等撰：《晋书》卷三七—卷八一，吉林人民出版社1995年版，第798页。

③ 《李渔全集》第三卷，浙江古籍出版社1991年版，第317页。

④ 《李渔全集》第三卷，浙江古籍出版社1991年版，第319页。

城市之后有许多应酬，为浮名所累，役其形体、劳其精神，那种福分再也难以得到了。

酷夏之后，天气转凉，通身爽利、四体自如，正是行乐的好时候。这个时候，霜雪也就快来了。霜雪一来，花木凋零、万象变形，因此，秋天应该抓紧行乐：可以登山临水，体验山水之胜；可以朝夕会友，联结金石之交。即使姬妾在家，也给人久别乍逢之感——夏天流汗无法盛妆，"十分娇艳，惟四五之仅存；此则全副精神，皆可用于青鬟翠黛之上"①，给人充分的新鲜之感。

冬天行乐，可以用"善讨便宜"之法。冬天严寒，可以设身处地把自己幻化为备受风雪之苦的行路之人，然后回想家中的温暖，可得百倍乐趣。还可以画一幅雪景山水画，在画面上，"人持破伞，或策蹇驴，独行古道之中，经过悬崖之下，石作狰狞之状，人有颠蹶之形者"②。李渔认为，应该在隆冬时节把这样的险画挂在中堂，在风雪之日对着它欣赏，就是"御风障雪之屏，暖胃和衷之药"③，带来极大的精神快乐。这种"善讨便宜"之法的要点是多想"苦境"，通过它来"增乐"，就好像百里路程，已行七八十里，如果对所余路程急切难耐，就会生出种种畏难怨苦的心。如果察看来路，思想七八十里已走过，剩下的路程还算什么，就是为乐之方。

2. 随时即景，就事行乐

李渔认为，行乐是无条件的，在日常生活的任何情况下都可以找到快乐：睡、坐、行、立、饮食、盥栉……即使种种秽亵之事，如果处之得宜也各有其乐。"苟能见景生情，逢场作戏，即可悲可涕之事，亦变欢娱。"④ 但是，如果不懂得取乐的方法、养生无术，即使在歌舞场中也会有

① 《李渔全集》第三卷，浙江古籍出版社1991年版，第320页。
② 《李渔全集》第三卷，浙江古籍出版社1991年版，第320页。
③ 《李渔全集》第三卷，浙江古籍出版社1991年版，第320页。
④ 《李渔全集》第三卷，浙江古籍出版社1991年版，第321页。

悲戚。于是，李渔提出了随时即景、就事行乐的方法。

第一，睡眼睡心，养生之要。《古逸·击壤歌》云："日出而作，日入而息。"① 它表达的是上古之时百姓的生活状况，同时，也说明了人的生活和自然节奏的一致性：天地有白天和夜晚，它规定了人的工作和休息时间，白天劳作、夜晚休息。如果白天劳作、晚上不休息，天天这样折磨人，人就离死不远了。李渔说，养生也要按照这个规律合理分配时间，使纷扰和静养各占一半。纷扰是行立坐卧，静养就是睡眠。这样说来，养生的要诀首先就是睡好。睡觉能恢复精力、蓄养气力、健脾益胃、强筋健骨。如果不信，可把没病的人和有病的人进行对比。人本来没有生病，但是让他在夜里劳累，夜夜不能安心睡觉，眼眶就逐渐陷落，精气也一天天衰落，虽然没有立刻生病，但是病态已经表现出来了。生病的人长时间不睡，病情就会一天天加重，偶尔沉睡一次，醒来以后会有精神旺盛的感觉。这样，睡就不是单纯的睡，它还是治病的药；它不是治单一病症的药，而是治百病、救万民、百试百灵的神药。

睡觉是神药，服药需要根据药方。合理地睡觉就如同按方服药，李渔开出了睡觉的"药方"：首先，睡觉的时间应该从晚七点到早七点，早于晚七点睡觉不好，就好像有病要躺在床上；晚于早七点起床也不好，就像睡觉没有醒来一样。其次，午睡。夏季昼长夜短、晚上休息不够，应该午睡做一补充。同时，暑气太热，热了容易困倦，困倦就应该睡觉，就像饥而得食、渴而得饮一样。再次，应该自然入睡，不要有心去睡，这样即使睡着了也睡不甜。方法是先让自己做事，事情没做完就感到疲倦，自然会被招进梦乡。桃花源和天台山这些美妙的境界都是无意进入②，李渔说，自己喜欢旧诗中"手倦抛书午梦长"之句，拿着书睡着，心思不在睡觉上面；把书抛下就睡着了，心思又不在书上，这就是所谓的不知怎么就达到

---

① （清）沈德潜选，何长文点校：《古诗源》，吉林人民出版社1999年版，第1页。

② 桃花源，当指陶渊明《桃花源记》中的故事；天台山，当指刘阮天台山桃源遇仙的故事，南朝刘宋的刘义庆所著的《幽明录》里有记载。

了，这才是把握了睡觉的真谛。复次，睡觉的地点。好的地点要安静、凉快，安静可以让眼睛和耳朵都休息；凉快能够让精神和身体都休息，达成养生的效果。最后，既要睡眼又要睡心。李渔认为，忙的人不适合睡觉，因为忙的人被琐事羁绊、万念在心，即使睡觉也只能睡眼、不能睡心。闲的人适合睡觉，睡的时候眼睛没闭心已静，醒来时心已活动眼睛还没有睁开。睡着了比没睡时更快乐，醒来后比没醒时更快乐。

第二，坐立行走，洒脱自由。睡觉之外，坐立行走都是日常生活中最常见的活动，在这方面，李渔强调无拘无束、自由自在，同时，要以审美精神来行为和感受，这样才能获取生活中的快乐。

李渔赞赏孔子的"寝不尸，居不容"二语。这两句话出自《论语·乡党》，在旧本中作"居不客"，六朝之后有"居不容"之说。① 现代著名学者杨伯峻在《论语译注》中作"寝不尸，居不客"，把它解释成：睡觉不像死尸一样［直躺着］，平日坐着，也不像接见客人或自己做客人一样［跪着两膝在席上］。② 李渔在《闲情偶寄》中作"居不容"，即"在家坐着的时候不刻意修饰"，他把"容"理解成修饰。无论作何理解，这六个字传达的都是一种不受拘束的放松状态，以避免"时时求肖君子，处处欲为圣人，则其寝也，居也，不求尸而自尸，不求容而自容"③。否则，自己的身体和精神就不会有放松的时刻。我们日常生活中的坐法，应当以孔子为师，不要为了端庄就正襟危坐。李渔认为，抱着膝盖吟诗是一种坐，但不如像簸箕一样叉开腿盘坐，或者手托下巴忘神地坐，它们都是自由的，都是在行乐。从这个角度，李渔不赞赏庄子描述的忘掉物我、是非差别和道德功利而达到与"道"为一的"坐忘"，他说，如果那样的话，面与身齐、久而不动，人可能就要死了。

在站立方面，李渔反对拘束，主张自由和美。他不喜欢笔直的站立，

① 参见程树德撰，程俊英、蒋见元点校：《论语集释》第二册，中华书局1990年版，第723—724页。
② 杨伯峻译注：《论语译注》，中华书局1980年版，第107页。
③ 《李渔全集》第三卷，浙江古籍出版社1991年版，第325页。

认为笔直地站久了就会使筋骨悬立起来、脚跟变硬、血脉凝固。如果久长站立，一定要有所倚靠，"或倚长松，或凭怪石，或靠危栏作轼，或扶瘦竹为筇"①，它的审美效果是既做了上古时代的人，又做了画图中的人物，还有什么比这更快乐的？由此可知，在站立方面，李渔欣赏变化和多样，并把它和上古人物、图画人物相关联，从而获得生活的快乐。

在行的方面可分两种类型：一种是达官贵人出行。达官贵人必乘车马，虽然轻松舒适，但有脚不用就跟没脚一样，反而不如安步当车的人，五官四肢都能起到作用。所以，达官贵人出行的乐趣在于车步互换，这样，"或经山水之胜，或逢花柳之妍，或遇戴笠之贫交，或见负薪之高士，欣然止驭，徒步为欢，有时安车而待步，有时安步以当车"②，这是比穷人高出一筹的地方。另一种是贫士出行。贫士出行的乐趣在于缓急出门都可以应付。事情如果不急，可以漫步当车；如果事情紧急，就可以快跑。有没有仆人都能出行，是否结伴都可以走起，不像富贵的人要借别人的脚赶路，如果仆人没来就不能马上出行，有脚和没有一样，大大违背了造物主创造人类的本意。

和乘车相比，李渔更加看重徒步之乐，注重它的天然性和自由性，以及在徒步过程中对景观和自然的体验。在今天节奏加快的现代性生活中，人们更加注重时间和效率，"慢慢走，欣赏啊"的审美情怀被现代生活所挤占，甚至连体育锻炼的时间也被工作和应酬挤占了。不消说达官贵人，即使是普通大众，也有不低比例的人士拥有了电动自行车、摩托车、私家汽车。因此，徒步的主题在当今社会中不应被削弱，而应被加强，把它变成生活的一部分，在上下班、去应酬等社会活动中多走路、少乘车，既不辜负造物主给人类的双脚，又把锻炼融进了生活。

第三，宴饮谈论，其乐融融。饮酒、会友是生活必不可少的组成部分。李渔首先为饮酒的"可贵"作了界定：酒量不论大小，贵在能喝好；

---

① 《李渔全集》第三卷，浙江古籍出版社1991年版，第326页。

② 《李渔全集》第三卷，浙江古籍出版社1991年版，第325—326页。

一同饮酒的人不论多少，贵在善于交谈；酒菜不在于丰盛与否，贵在能接续不断；酒令不论宽严，贵在可行；喝酒的时间不在长短，贵在能停下来。这些都是快乐饮酒的必要条件，否则，酒和朋友都会伤害身体和心性。

和朋友饮酒的乐趣，在李渔提出的"五好五不好"当中："不好酒而好客；不好食而好谈；不好长夜之欢，而好与明月相随而不忍别；不好为苛刻之令，而好受罚者欲辩无辞；不好使酒骂坐之人，而好其于酒后尽露肝膈。"① 这样，和朋友饮酒就能够进入乐境。如果是家庭小酌或闲居独饮，其快乐都在天机显露和纵情忘形之中：有饮宴的实际，没有应酬的虚假客套，看到儿女们笑和哭，就当作斑斓绚丽的舞蹈；听到妻子的劝诫，就像听到金属乐器和丝竹的音乐。如果能这样看待，就是天天新年、夜夜元宵节，根本不需要客人满座、酒杯不空那样的取乐。

李渔关于饮酒，强调节制和情味。节制是生理或规则的要求，情味是文化和意义的要求。从这个标准来看，竹林七贤中刘伶的饮酒、唐代诗人李白的饮酒，虽然都是豪气冲天，但因没有节制，也当为李渔所不赞同。

饮酒之外，还有畅谈。畅谈的内容和情境，也是生活审美的组成部分。在世俗化的社会中，明代思想家李贽把农夫谈稼事、商贾谈生意当成"有德之言"。李渔虽然立足于社会生活，但一直抱持文人的情怀，把与"高士盘桓，文人讲论"作为乐趣。他认为，这样可以让人避寂寞而享安闲，"与君一夕话，胜读十年书"，既受一夕之乐，又省十年之苦。"因过竹院逢僧话，又得浮生半日闲。"既得半日的清闲，又免去长时间的寂寞，给人带来无限的快乐。同时，应该结交有道德修养的人，和他们接近，通过他们的开示启发自己的聪明才智，在谈论中还会有知识经验和道德修养方面的收获。

---

① 《李渔全集》第三卷，浙江古籍出版社 1991 年版，第 327 页。

3. 休闲生活，山水之乐

在中国文化中，人和山水之间的关系既有哲学层面的意义，也有生活层面的意义。从哲学上说，山水作为天地精神的体现，它让人超越日常功名的羁勒，体会到一种无欲和无限的乐趣，寄情山水是包括仕途失意、仕途得意的文人和政治家在内的所有人士的共同表现；从生活层面说，多数人不可能离开日常生活，拿出大块的时间去流连山水，于是，就要具备"林泉之心"，使自己暂时地忘怀世俗，在日常生活中寻找山水的乐境。李渔提出，利用休闲的心态、休闲的行为来面对日常生活，照样能够获得山水之乐，是生活层面的内容。

第一，听琴观棋，静观之乐。在生活中，通过下棋来消遣的人很多，但下棋不是行乐的方式。弹琴是修心养性的方式，但也不是日常生活中理想的获得欢乐的方式。李渔认为，原因是下棋必有一番厮杀，弹琴也要正襟危坐，这样算计输赢、正襟危坐，就无法完全放松、获得下棋和弹琴的乐趣。所以，"喜弹不若喜听，善弈不如善观"[1]。听琴、观棋把自己置身事外、避免操心劳神。在观棋时，别人赢了我为他高兴，别人输了我也不必为他忧愁；在听琴时，听到缓和的音乐是吉利，别人弹奏肃杀的音乐我也不必认为是凶兆。在看棋听琴之余，也有技痒的时候，技痒后也可以偶尔下两盘、弹两曲，只要不是沉浸其中废寝忘食、流连忘返，就是对待弹琴和下棋的正确做法。

笔者幼时因好奇之心知道了中国象棋的规则、痴迷下棋，和周围的小伙伴下棋赢多输少，体验过争斗的乐趣。但下棋花费心思与人争个输赢，输了自然不喜，赢了也无甚可乐，笔者生性不喜争竞，在成年之后即不再弈棋，即使观棋也颇觉浪费生命，为无聊之事，自此与棋无缘。本人没有学琴的经验，但很喜欢听音乐或歌曲，西洋古典音乐的超越精神、中国传统音乐的生命意识，以及通俗歌曲对情感的歌颂，能够让人流连不已，可以验证李渔讲的听琴之乐。

---

[1] 《李渔全集》第三卷，浙江古籍出版社 1991 年版，第 329 页。

第二，看花听鸟，为美而在。花鸟之惹人喜爱，在于它的样态和声音，李渔认为，花鸟是造物主用来"媚人"的。造物主用娇嫩的花朵代替美人，又嫌它不能说话，就制造了各种各样的鸟来辅助它。造物主的这个心机，和人寻找购买美女、教她们歌舞让她们取媚别人是一样的。但世人不理解造物主的苦心，仅仅把花鸟看作没有意志的"蠢然一物"，因而不能够欣赏。李渔则不然，每到花柳和飞禽争奇斗巧的时候，他就会感谢造物主，将功劳归于造物主，一喝酒就祭奠，还要摆列食物祭祀。晚上，李渔比花睡得还晚，早上比鸟起得还早，就怕遗漏了一种鸟的叫声或一种花的美丽。到了黄莺老去、百花凋谢的时候，就会怅然若失。

李渔作为花鸟的"知音"达到了痴迷的程度，这不是超然物外、静观式的休闲或消遣，而是用心体验花鸟的生命、为花鸟的样貌和声音而"在"的生存方式。在日常生活中，走在路边、园中，为花之色香、鸟之欢鸣而心情大悦的情况常见，这都是花鸟无意"撞入"人的感官带来的愉悦，漫步之人的感官可以向花鸟开放，也可以向花鸟关闭，这是一种散漫的闲情逸致。但像李渔这样一心感念造物主、以虔敬之情去主动接触花鸟并把它们作为自己生命一部分，就达到了生活审美的最高境界。

第三，畜养禽鱼，格物明道。家庭畜养之物，常见有画眉、鹦鹉、鹤等家禽。李渔认为，畜养它们有三个方面的价值。

首先是天籁之音。鹦鹉、画眉靠声音取悦人，人们喜欢鹦鹉，因为它能学人说话。李渔不认同这种现象，因为鸟发出的是天籁之音，人发出的是人的声音。在到处都可以听到人的声音的情况下，为什么要通过鹦鹉来听人的声音呢？况且鹦鹉舌头很僵硬，所学说的只是人们口头的几句话。李渔认为，画眉鸟很灵巧，它用一张嘴可以代替许多种鸟的鸣叫，学得都非常像，又更加婉转，它真是一种聪慧的鸟，能够发出令人惊喜的天籁之音。

其次是仙风道骨。鹤和鹿是值得养的，因为它有仙风道骨。鹤的善鸣善舞和鹿的难扰易驯，都是非常高贵的品性。在中国文化中，鹿被视为神物，认为它能带来吉祥和幸福，它也是艺术中代表美好的符号；鹤性情高雅、形态美丽，是长寿的象征。它们的吉祥、美丽的喻义是文化定式的存在，畜养它们是吉利的事情。但畜养它们花费较多，而且它们居住的地方一定要宽敞，没有这样的财力和物力是不能畜养的。如果要有选择的话，可以舍弃鹿而选择鹤，显贵人家把鹤深藏在园囿中、畜养在官府的住宅里，而且请人为自己描画图像时，也一定要让鹤相随。李渔认为，鹤在文化中的地位如此之高，和北宋御史赵清献有关。①

最后是各司其职。鸡、犬、猫都是常常畜养的，"鸡司晨，犬守夜，猫捕鼠，皆有功于人而自食其力者也"②。这是它们的共性。它们的不同之处在于，猫和人亲近，不用呼唤自己会来，即使叱骂它也不会离去，还有人允许猫睡到自己的床上，人亲近猫就像宠幸奸臣和会谄媚的女子；鸡犬和猫不同，鸡栖息在土墙上，狗睡在屋外，它们一心想着自己的职责，一到打鸣和守夜的时候就各司其职，即使给它们美食和好的棚厩，让它放弃职责来享用，这两种动物是宁死也不会来的。比较鸡犬的司晨和守夜，猫捕鼠的功劳是很大的。鸡司晨、狗守夜，忍受饥寒尽职尽责不是为了自己的利益，完全是大公无私；猫捕老鼠在去除祸害的同时又得到食物，这是公私参半。

李渔感叹说："清勤自处，不屑媚人者，远身之道；假公自为，密迩其君者，固宠之方。"③清廉勤劳、不屑于取媚别人是一种高贵的品格，但也会让人疏远；以"为公"的样态亲近上级，能够得到上级的欣赏并使自己获得利益，这真是至理名言！从价值取向来说，在社会上从事职业之时，仿效鸡犬、以猫的行为为戒，是一种职业的忠诚，以此来保证人格的独立和高贵，这是一个人应有的品性。但生活有它的复杂性，职场上的猫式员工能够混得更加如鱼得水，在官场、商场、学场也都是如此。忠诚于

---

① 赵清献，赵抃（1008—1084），字阅道，北宋大臣。他弹劾不避权势，人称"铁面御史"。为官一清如水，他养了一只鹤，用鹤毛的洁白勉励自己为官清廉，用鹤头上的红色勉励自己赤心为国。

② 《李渔全集》第三卷，浙江古籍出版社1991年版，第331页。

③ 《李渔全集》第三卷，浙江古籍出版社1991年版，第332页。

自己的职业、和上级无直接的利害关系，会使双方都在轻松之中相处，它是审美生存的前提条件。但是，人的价值感存在于"关系"之中，人还有感性的一面，猫式生存让他者感觉到自身的价值、获得"被需要"的乐趣，也是客观的现实存在。

第四，浇灌竹木，颐养性情。李渔住在山里时用诗歌表达了浇灌竹木的乐趣，他写道："筑成小圃近方塘，果易生成菜易长。抱瓮太痴机太巧，从中酌取灌园方。"①浇灌竹木是一种劳动，要让竹木生机勃勃、花繁叶茂，自然要不断地付出辛苦。一般的人浇灌一两次竹木可以兴致勃勃，但之后就不易持续了。李渔认为，只有那些把草木的生死当成自己的生死、身与物化的人，才能获得浇灌的快乐，这是用自己的生命、情感来对待草木，自然能够从草木中获得充分的精神愉快，这是竹木对人精神的滋养，此为其一。"草木欣欣向荣，非止耳目堪娱，亦可为艺草植木之家助祥光，而生瑞气。"②生财的地方万物都显出一片繁荣的景象，而运气衰退的人家各种生物都不健康。气运的旺盛与否，可以从动植物身上得到验证。所以，汲水浇花能够给家庭带来好运气，它和听信风水师的话修理门窗改变方向没有差别，此为其二。李渔说，通过督促率领家人灌溉，自己也付出些劳动，可以调节作息、颐养性情，此为其三。

4. 止忧节欲，快乐之境

李渔花费大量笔墨讲述如何在生活中获得快乐，体现着"行乐"的主旨。但在生活之中，常常是忧患多多、欢乐少有。在古代的诗文中，往往吟咏浩大而沉重的忧患和哀伤。"诗三百篇，绝大部分是悲愤愁怨之作，欢乐的声音是很少的。即使是在欢乐的时分所唱的歌，例如游子归来的时分，或者爱人相见的时分所唱的歌，也都带着一种荒寒凄冷和骚动不安的

① 《李渔全集》第三卷，浙江古籍出版社1991年版，第332页。
② 《李渔全集》第三卷，浙江古籍出版社1991年版，第332页。

调子，使听者感到凉意袭人。"① 这是文学。宋代词人辛弃疾《贺新郎·再赋海棠》词曰："叹人生，不如意事，十常八九。"这说的是生活。忧患消除不掉，人生就没有快乐。所以，除正面获得生活的快乐外，还要学会避免忧患的方法，李渔讲到了止忧的问题。

第一，忧而可止，快乐之基。李渔认为，忧愁是不能忘记的，能够忘记的就不是忧愁。不能忘记的忧愁，都是在日常生活中和人有直接的利益关联，所以不能忘记。李渔举例说，有人为贫穷忧愁，劝他忘记忧愁，他不是不想忘记，但啼饥号寒的孩子在屋里，催税讨债的人在屋外，怎么能忘记忧愁呢？想让穷人忘记忧愁，一定要先让饥饿和寒冷的人忘记哭喊，征税讨债的人忘记索取才行，这又是不可能的。由此来看，如果因空想产生的忧愁，如"杞人忧天"，应该不在李渔所说的忧愁范围之内。来自于情境所迫的忧愁实际上不能忘掉，李渔说，平时人们讲的"忘忧"，实际上是"止忧"。止忧的方法，不是对贫穷的人说将来你一定发大财，这是安慰的空话。应该帮助其解决实际困难："慰人忧贫者，必当授以生财之法；慰人下第者，必先予以必售之方；慰人老而无嗣者，当令蓄姬买妾，止妒息争，以为多男从出之地。"② 这就是"止忧"的方法。忧愁的形式很多，归纳起来包括可以防备和难以防备两种。

不顺心的事，谁都会有，要看它是否容易处理、可以预防。如果容易处理且可以预防，就在它发生之前准备一个对策。对策想好后，就把忧愁的事放在一边，不再思虑。等事情发生时，用先前筹划的对策对付就可以了。

不可预料的忧患，在发生之前一定会有征兆。这种征兆不是占卜发现的，也不是频繁有不好的消息表征的，而是吉祥的事情太多。乐极生悲，不好的事情就蕴藏在幸运当中。命薄的人出现奇福，就会有奇祸；即使德厚有福的人，在极大的吉祥之下也会出现小灾，因为上天不会完全偏爱一个人，也会在他身上出现小小的灾祸来显示公道。睿智的人对这种

---

① 高尔泰：《美是自由的象征》，人民文学出版社 1986 年版，第 293 页。
② 《李渔全集》第三卷，浙江古籍出版社 1991 年版，第 333 页。

事，都会强化忧患意识进行预防。防止忧患的方法有五种：一是虚心检查自己的过失；二是勤奋磨炼自己；三是节俭要有积蓄；四是要宽恕别人防止争斗；五是要宽厚待人消除诽谤。这五种方法不仅在幸运的事情出现时应该使用，即使在平时正常的生活中也应该使用，这样就可以把大的忧患化小，把小的忧患避免。

第二，合理饮食，养生之要。老话说"病从口入"，说明饮食对人的健康很重要。在中国古代，还没有受到化肥和农药污染的食物损害人的健康的问题，因此，它的含义是指不合理的饮食习惯会损害人的健康。李渔认为，合理的饮食习惯主要包括三个要点。

喜爱和主次原则。天生爱吃的东西就可以养身，不必每顿饭都参考着《食物本草》来安排。否则，喜欢的吃不上、不喜欢的偏要吃，才是人生的苦事。如果《食物本草》上说某种东西不应该吃，自己又喜欢吃，还可能会产生思想负担。春秋的时候没有《食物本草》，孔子喜欢吃姜，离不开有姜的食物；孔子还喜欢酱，没有酱不吃饭，都是根据性情的喜好来吃东西。生性喜欢的东西，多吃不会有影响。生性厌恶的东西，一定要少吃、不吃更好。同时，食物之间还有主次关系，"肉与食较，则食为君而肉为臣；姜、酱与肉较，则又肉为君而姜、酱为臣矣"[1]。虽然有喜爱不喜爱的分别，但是主次的位置不能扰乱，其他食物大概也是这样。

中和原则。吃东西"适量"很重要，不可暴饮暴食。李渔认为，不要在太饿时才吃东西，饿到七分的时候就应该吃东西，这是合适的标准；在吃的时候也应该只吃到七分饱，这是平时养生的食量。有时因为工作繁忙，饿过七分还不能吃饭，以至于饿到了九分、十分时，就是饿过头了。这时吃东西，宁可吃少点，也不能吃得太多，"饥饱相交"会使脾胃受伤、发生紊乱。同时，在太饱之后也不要一下子太饿。有时候过分贪吃，将肚子撑得饱饱的，再次吃东西的时候，还可以吃得稍微多一些，不能吃得太少，这样做就是合适的。

---

[1]　《李渔全集》第三卷，浙江古籍出版社1991年版，第336页。

适时消化原则。李渔认为，在喜怒哀乐刚刚发生的时候都不应该进食，尤其是在悲伤和愤怒的时候一定不要进食。发怒时吃的东西虽然能够咽下却很难消化，悲伤时吃的食物，难下咽也难消化。所以，应该等到悲伤或愤怒的情绪稍微平静些再吃东西。饮食不论早晚，总是以肠道消化的时间为尺度。早吃却不消化，不如迟些吃让食物及时消化。疲倦时不要进食，是为了防止瞌睡，睡着了食物就会停在胃里下不去。烦闷时也不要进食，是为了避免恶心，恶心时不但不能咽下而且会呕吐出来。吃一种东西，一定要发挥它的作用，发挥作用人才会受益。

《孟子》说："食、色，性也。"[1] 李渔从食色两个方面讨论节欲之忧的方法。在节色欲方面，他从天地之间阴阳平衡的角度批评了道教的养生之术，提出节快乐过情、忧患伤情、饥饱方殷、劳苦初停、新婚乍御、隆冬盛暑六种情欲的方法，把《老子》中"不见可欲，使民心不乱"[2] 之说，转换成"常见可欲，亦能使心不乱"之说，从而为自己的学说进行了定位。他说："老子之学，避世无为之学也；笠翁之学，家居有事之学也。"[3] 李渔的学说，是现实生活享乐的学说，这也是李渔生活美学的基本定性。

---

① 杨伯峻译注：《孟子译注》，中华书局 1960 年版，第 255 页。
② 陈鼓应：《老子注译及评介》，中华书局 1984 年版，第 71 页。
③ 《李渔全集》第三卷，浙江古籍出版社 1991 年版，第 339 页。

余论 李渔生活美学的理论归属

作为哲学的一个分支学科，美学研究的核心地带是审美经验、美的哲学和艺术美学，这是美学历史发展所呈现出来的样态，也是主流哲学思想演进的结果，核心地带的研究确立了美学学科的基本性质。美学研究的边缘地带包括理论上的丑、生理快感和美的关系等，它为美学研究呈现了丰富的景观。除此之外，还有美学向艺术及其各门类之外广大的生活领域的拓展，这些领域可以包括建筑、装饰、科技、生产、社会生活（文化、组织、习俗、环境）等，这就形成了美学研究的丰富性和多维性。在传统的哲学美学（如理性论美学、经验论美学、实践美学等）之外，和社会生活相关的各种"美学"应运而生。技术美学、生态美学、环境美学、政治美学、商业美学、礼仪美学、生活美学等，它们都以现实的功利为基础，包含了美感体验或意象创造。同时，这种体验或创造又强化和提升了它的现实功利价值。

一、生活美学及其哲学依据

在 20 世纪下半叶的美学语境中，美的存在主要被理解为自然、社会和艺术三大领域，这些领域的划分是对美学研究的限定，同时也为美学研究留下了广阔的空间。延续这种划分的语言逻辑，生活美学属于社会美的范畴，生活包括人本身、与人的衣食住行相关的方方面面。在当代学术语境中，生活美学成为了美学研究中的"显学"，这可能和美学与哲学的相

伴随有关。由德国哲学家胡塞尔提出、由海德格尔以及其他思想家阐发的
"生活世界"被理解成诗意的、充满价值和意义的世界，它是"与我们的
生命活动直接相关的'现实具体的周围世界'"①。这就消解了主体和客体、
此岸和彼岸、人和世界之间的隔阂，实现了人和世界的"共在"。

从这个逻辑基点出发，当代学术界对生活美学的理解，大体包括三
个方面。

其一，生活中审美意象的创造。叶朗先生说，在社会生活中出现了
一些特殊的形态，在这些社会形态中，"人们超越了利害关系的习惯势力
的统治，摆脱了'眩惑'的心态和'审美的冷淡'，在自己创造的意象世
界中回到本原的'生活世界'，获得审美的愉悦"②。这些审美意象存在于
民俗风情、节庆狂欢、休闲文化、旅游文化等社会生活之中。从这个意义
上说，创造生活的审美意象，就成为生活美学的内容。

其二，生活的艺术化，在其中体验生命的过程。强调个人对日常事
物的直接感觉和感受，把衣、食、住、行都融合为丰富博大的审美体验，
使生活真正成为一种隐藏着无限禅机的东西，延长生活过程的体验。滕守
尧先生说，"花"是通向"果"的归宿的短暂过程，它代表着稍纵即逝的
"现在"。"如果我们不把花作为结出果实的手段，以一种非功利的态度仔
细品评和欣赏它，它的美的外观不是会给人带来无穷的乐吗？同样，如果
我们以审美态度对待现在，充分利用现在，发掘现在的各个层面，让'现
在'给我们提供更多更丰富的经验，让'无限性'和多样性就在这瞬间
的'现在'中充分体现出来，那稍纵即逝的现在，不就不知不觉得到扩
大？"③对日常事物的感觉和感受，从审美的角度扩大了嗅、味、触等"非
审美"感官的价值，这是生活美学的又一层含义。

其三，把生活美学理解成生活中的趣味、美学的生活方式，包括对

---

① 叶朗：《美学原理》，北京大学出版社 2009 年版，第 75 页。
② 叶朗：《美学原理》，北京大学出版社 2009 年版，第 204 页。
③ 滕守尧：《艺术社会学描述》，南京出版社 2010 年版，第 159 页。

生活相关的物品的眷恋和赏玩。台湾学者王鸿泰先生讨论了明清时期以生活经营为基础的文人文化，得出结论说："闲雅生活之营造，除各种玩物陈列在生活范围内，还需有人的感官作用其间，以进行物之赏玩。"① 比如，"钱谦益将法书名画钟鼎彝器之鉴赏与文酒、园林、歌伎、花木之好，甚至，居室空间中一几一石之摆置，相提并论。如此，字画、古玩的鉴赏乃与其他的闲赏活动相关联起来，而且成为生活的一部分"② 。这是把文人在生活中的"闲赏"作为生活美学的表现，其对象包括"法书名画（艺术品）——钟鼎彝器（金石）——文酒、园林、歌伎、花木（人文和自然物）——居室摆设（生活物品）"的序列，体现了作为"闲赏"的审美活动从艺术向生活的落实，这是生活美学的第三层含义。

二、李渔生活美学的内涵与特色

李渔的生活美学表现为文人生活趣味的设计，他以文人的趣味为核心，试图把它渗透到更加广泛的大众生活之中，这表现在他以俭朴为生活审美的基础以及不断讨论贫寒之家的生活审美，这就使得他的生活美学在某些方面具备了较为广泛的社会基础。

前面谈到的学者们对生活美学三个方面含义的理解，在李渔的生活美学中都有突出的表现，并且具有自身的特色。

第一，李渔对生活审美意象的创造，以中国传统的书画艺术的审美作为范本，他以生活向艺术趋归，创造了生活中的诗画境界。

在《闲情偶寄》中，李渔描述了各种各样的审美意象。在人物方面，有女性的媚态、发型和头饰、裙子的飘动；在艺术活动方面，有提琴和洞箫合奏创造的审美意象、吹箫品笛的画境、花前月下的夫妻合奏；在家居

---

① 王鸿泰：《闲情雅致：明清间文人的生活经营与品赏文化》，（台湾）《故宫学术季刊》2004 年第 22 卷第 1 期，第 69 页。

② 王鸿泰：《闲情雅致：明清间文人的生活经营与品赏文化》，（台湾）《故宫学术季刊》2004 年第 22 卷第 1 期，第 77 页。

环境设计方面，有房屋设计和天花板的新制、窗栏的新制、乱石之美、泥土墙壁的萧疏雅淡、假山的生命精神、石洞的幽谷之感等。李渔把中国诗画的美落实到生活之中，使这些生活意象因为展示或延续了中国诗画的审美境界而富有魅力。和传统诗画审美相比，李渔创造的生活意象是全维和丰富的，它既表现为审美静观，也表现为生活的审美实践；既满足视觉的审美需求，也包含了听觉的愉悦；既有生活本身的情趣，又有澄静而生的"林泉之心"。

这些生活审美意象超越了生活本身的实体性，也超越了在生活中从事着功利活动和认识活动的自我，实现了审美之人和外在之物的统一，在这个过程中使人获得了完全的自由感、新奇感，在艺术、物品向生活复归的过程中实现了自我和世界的统一。

第二，在衣食住行融合而成的审美体验中，突出视听之外其他感觉的作用，扩大了审美感知的丰富性。

李渔的生活美学中，感官的体验是多方面的。戏曲中以市井生活的人物为主体，通过各种艺术手法让人笑是体验。在家居中，女墙以嵌花露孔实现了内外互看的窥视体验，还有与墙相关的佳人笑语、红杏春色、月影移动，构成了有声有色的画面。在视听感觉之外，暖椅的温暖和香气、床帐内的花香和梦境、梨花胜于雪花的香味、海棠处于隐约之间的香气、饭的香气、面的味道、水产品的鲜美、蒸鱼和吃蟹的鲜味等，都是李渔极为钟情的。

有的学者认为，李渔想象和创造的是一个有生命的物质世界，李渔想象对象的内在生命、设计对象的幻觉效果，提供了丰富的、迷人的视觉经验。[1]

---

[1] 我国台湾学者吕书林说："李渔的园林、戏曲与建筑设计大多具有一种能动性，比如随着滑车的拉抬而飞上剧台的'傀儡等'或自己能发热、烧香的'暖椅'。李渔也透过很幽默的方式来想象物件的内在生命：将床比喻成贤妇、将自己发明的'暖椅'说成驴子，甚至给杏树穿上裙子。关于视觉文化的讨论聚焦的是李渔如何透过观者视角的左右、画作的布置，以及种种产生'幻觉'效果的设计，让观者沉浸在一个千变万化、十分迷人的视觉经验。"（吕书林：《活物：〈闲情偶寄〉的动态美学》，台湾大学中国文学研究所学位论文，2016年。）

实际上，李渔提供的不仅是视觉或听觉的经验，而且还有丰富的嗅觉、味觉和触觉经验，他要将全维的感觉投入生活中去体验生活之美，这就关联到李渔生活美学的"行乐"主题。

过程哲学发掘延长的过程的价值、强调个体对生活过程的体验，是在后现代背景下发生的。李渔对生活过程的体验，显然不是基于现代性的过程哲学，它是基于审美感官范围的扩大。传统美学理解的审美感官包括视觉和听觉，和视听感官相对应的视觉艺术、听觉艺术、视听—想象艺术等都属于艺术的范畴，它们处于美学的核心地带。在生活美学中，李渔突出了嗅觉、味觉和触觉的作用，从而开拓了美学中心地带以外的生活领域，并且为我们提供了一个体验的世界，在全维的感官体验中让"物"向人的审美世界开放。

第三，对生活趣味、美学的生活方式的追求，体现为对生活相关物品的设计，这就确定了"人—物"关系不是单纯的眷恋和赏玩，而是融合了智慧、技巧的创造。

作为生活美学的表现，明清时期的闲趣代表了文人的一种文化身份，书画、古董、焚香、煮茶等"物"的赏玩是超脱世俗的表现。晚明文学家袁宏道说："今之人慕趣之名，求趣之似，于是有辨说书画，涉猎古董以为清；寄意玄虚，脱迹尘纷以为远；又其下则有如苏州之烧香煮茶者。"①清代哲学家黄宗羲说他的好友陆文虎、万履安"焚香扫地，辨识书画古奇器物"②，清初诗人钱谦益描述诗人王惟俭，说他："家无余赀，尽斥以买书画彝鼎，风流儒雅，竟日谭笑，无一俗语，可谓名士矣"③等等，都是这种身份和情趣的表现。

李渔的生活美学不同于时人之处有二。其一，李渔不摒弃世俗生活，他在尽努力把文人的生活和商业环境中的世俗生活融合在一起，这种努力

---

① （明）袁宏道著，刘琦注：《袁中郎随笔》，中华工商联合出版社 2016 年版，第 229 页。

② （清）黄宗羲：《南雷文定　前集后集三集》（1—2 册），中华书局 1985 年版，第 94 页。

③ （清）钱谦益：《牧斋初学集》，上海古籍出版社 1995 年版，第 1768—1769 页。

既表现在他的戏曲活动、生活美学的理论中，又表现在他作为戏剧导演的演艺活动中，以及他作为书商的商业实践中。其二，李渔对器物不是单独地玩赏，而是对器物做审美设计，在审美设计中使用了才能技巧、注入了丰富的情感。李渔的审美设计比比皆是：女性的穿衣和化妆法、衣裙、家具、窗栏、联匾、书房、园林、观戏情境、家居陈设、床帐……在其中表达了李渔对生活方式和生活环境的评价与选择，贯穿着李渔对生活过程的欣赏、对审美的生活方式的追求。在这种审美设计中体现了乐观的生活态度、健康的生活方式，对今天的社会生活仍然有着参考价值。

三、李渔生活美学的理论问题

李渔的生活美学，涉及以下一些美学的理论问题，需要进行辨析。

第一，行乐，是李渔生活美学的最高原则，它以感性愉悦为基础，但不是追求简单的感官快乐，而是融合了理性原则，是感性和理性统一的"乐"。

在生活实践中，李渔文人无行、追求享乐，颇得诟病。袁于令在《娜如山房说尤》中说："李渔性龌龊，善逢迎，游缙绅间，喜作词曲小说，极淫亵。……其行甚秽，真士林所不齿也。"[1] 但是，在生活美学方面李渔主张"适当"，在女性审美中约束衣饰对人体的遮蔽，在房屋建设、家居陈列、山石运用等方面力戒铺陈，都是理性原则的运用。在戏剧中李渔主张要有科诨，但必须"忌俗恶"、"戒淫亵"，在雅和俗之间寻得一个合适的比例，用含蓄的表达方式给想象留下空间，也是在运用理性的原则。理性原则彰显精神的价值。相对于女性审美、家居设计，饮食和睡眠与感官的关联更加直接。李渔主张吃饭要疏食、清淡、品赏美味；饮酒不是贪杯，而是和明月相随；睡觉则是蝶眠花间，或庄周之为蝶或蝶之为庄周……这是生活中的诗情画意，是感性和理性渗透交融

---

① 《李渔全集》第十九卷，浙江古籍出版社 1991 年版，第 310 页。

的结果。

由此来看，李渔的生活美学观念还限定在古典的范围内，在感性享乐中融合了理性的因素，使之没有堕落成道德层面上的低俗淫亵，而是升华为审美层面的高尚和品位。

第二，李渔的生活美学所包含的"日常生活审美呈现"的意义。从历史过程来看，作为当代审美文化的语汇，日常生活的审美呈现包括三层意思：首先是指生活的艺术设计，把艺术设计用于艺术品之外的产品和活动；其次是谋划把生活转化成艺术品；最后是指充斥于生活中的符号和影像，它强调欲望的审美。① 由此看来，当代文化中日常生活的审美呈现至少涉及三个维度：生活的审美设计、生活转化成艺术、符号影像的感性满足（体验）。在生活美学中，李渔全面论述了居室、园林、修容、生活休闲等方面的审美设计，他旨在创造艺术化的生活，把生活环境、经历都看作艺术享受，涉及"日常生活审美呈现"的前两种含义。李渔虽然注重个体的感官体验，但在当时的社会条件下，他不可能主张用影像生产梦幻般的欲望，他的生活美学不舍弃欲望却超越欲望，所以，李渔的生活美学不涉及第三层含义。

就前两层含义来看，李渔的生活美学也和"日常生活的审美呈现"有所区别。李渔不是要把艺术设计全面介入生活，使之对生活产生广泛而深刻的影响；他也不是要把生活中的现成物变成艺术品，从而使生活彻底全面地转化成艺术。李渔更倾向于在设计的基础上用审美的眼光看待生活、体验生活。因此，李渔的生活美学在审美设计等方面和"日常生活的审美呈现"有交集，但有根本的不同。这种根本的不同来源于文化语境的区别：李渔是以个体的灵智和慧心构筑生活的审美意象；现当代大众文化对生活的理解却发生了根本的转向。

第三，从理论身份上说，李渔的生活美学大体可以归入社会美、建筑园林艺术美的范畴。"社会美是社会生活领域的意象世界，它也是在审

---

① 参见杨恩寰：《美学引论》，人民出版社 2005 年版，第 436—437 页。

美活动中生成的。"① 社会美包括人物美、民俗风情的美，还包括以审美的眼光去观照生活所生成的充满情趣的意象世界。从这个角度看，李渔的生活美学中，女性的审美设计、饮食、颐养，都着眼于充满情趣的意象世界的创造，可以划入社会美的范畴；家居环境中的房舍、窗栏、墙壁、联匾、山石等内容可以划入建筑和园林艺术美的范畴。

李渔的生活美学在社会美、建筑园林的艺术美方面又有自身的独特之处。就社会美来说，其是审美主体于静观中的呈现，是社会生活图景以审美意象的形式向人生、向文化开放，它以"我"和对象的分立为前提。李渔的生活美学却是在审美创造中生成审美意象，在现实生活的体验中享受审美乐趣，它在"我"和对象的合一中生成、展现。这种生成和展现不是限定于纯粹的精神层面，而是伴随着生活经历、以生活经历为基础和内容。就建筑和园林美学而言，李渔的某些观点契合美学的基本理论，比如距离产生美、审美态度的重要性、体现审美效应的"乐"等。但它们却服务于生活情趣的创造，导向日常生活中审美意象的营构。因此，它们仍然可归至生活美学的范围之内。

总之，李渔的生活美学思想是晚明以来强调日常生活的人情物理、高扬感性的思潮的美学总结，也是关注世俗生活的新的文艺形式的必然结果。至李渔，晚明以降哲学上的感性追求借新的文艺形式演进到生活之中的全面审美，结出了绚烂的生活美学之花。这朵绚烂之花从生活出发、从人情立论，对鲜活的生活样态进行提炼，让宋代以来的文化转型中的新领域得到了一个体系性的总结。

---

① 叶朗：《美在意象——美学基本原理提要》，《北京大学学报》（哲学社会科学版）2009年第 5 期。

参 考 文 献

一、李渔著作及李渔研究文献

1.（清）李渔：《李渔全集》，浙江古籍出版社 1991 年版。

2.［美］韩南：《创造李渔》，杨光辉译，上海教育出版社 2010 年版。

3. 肖荣：《李渔评传》，浙江古籍出版社 1987 年版。

4. 俞为民：《李渔评传》，南京大学出版社 1998 年版。

5. 杜书瀛：《戏看人间　李渔传》，作家出版社 2014 年版。

6. 杜书瀛：《李渔美学思想研究》，中国社会科学出版社 1998 年版。

7. 骆兵：《李渔文学思想的审美文化论》，江西人民出版社 2010 年版。

8.［日］岗晴夫：《李渔的戏曲及其评价》，中国艺术研究院戏曲研究所、《戏曲研究》编辑部：《戏曲研究》第十七辑，文化艺术出版社 1985 年版。

9. 邱剑颖：《李渔戏剧科诨平议》，《艺苑》2009 年第 3 期。

10. 陈星：《李渔建筑理念与兰溪明清古建筑之实践》，《长江文化论丛》第八辑，南京大学出版社 2012 年版。

11. 胡元翎：《李渔〈蜃中楼〉对"柳毅"故事的重写》，《文学遗产》2002 年第 2 期。

12. 林鹤宜：《清初传奇宾白的写实化倾向》，（台湾）《戏曲学报·创刊号》2007 年 6 月。

13. 郭英德：《稗官为传奇蓝本——论李渔小说戏曲的叙事技巧》，《文学遗产》1996 年第 5 期。

14. 杜书瀛：《论李渔的园林美学思想》，《陕西师范大学学报》（哲学社会科学版）

2010 年第 3 期。

二、中国古代文献

1. 杨伯峻：《论语译注》，中华书局 1980 年版。

2. 陈鼓应：《老子注译及评介》，中华书局 1984 年版。

3. 陈鼓应：《庄子今注今译》（最新修订版），商务印书馆 2007 年版。

4. 许维遹：《吕氏春秋集释》，中华书局 2009 年版。

5. 高亨：《周易大传今注》，齐鲁书社 2009 年版。

6.（清）王先谦：《荀子集解》，中华书局 1988 年版。

7.（清）郭庆藩辑：《庄子集释》，中华书局 1961 年版。

8.（汉）许慎：《说文解字》，中华书局 1963 年版。

9.（明）王守仁撰，萧无陂校释：《传习录校释》，岳麓书社 2012 年版。

10.（明）李贽著，陈仁仁校释：《焚书·续焚书校释》，岳麓书社 2011 年版。

11.（清）顾炎武著，黄汝成集释：《日知录集释》，上海古籍出版社 2006 年版。

12. 徐震堮：《世说新语校笺》，中华书局 1984 年版。

三、美学和艺术学文献

1. [古希腊] 亚里士多德：《诗学》，陈中梅译，商务印书馆 1996 年版。

2. [德] 康德：《判断力批判》，宗白华译，商务印书馆 1964 年版。

3. [德] 黑格尔：《美学》，朱光潜译，商务印书馆 1979 年版。

4. [俄] 巴赫金：《拉伯雷研究》，李兆林等译，河北教育出版社 1998 年版。

5. [俄] 巴赫金：《陀思妥耶夫斯基诗学问题：复调小说理论》，白春仁、顾亚铃译，生活·读书·新知三联书店 1988 年版。

6. [瑞士] 费尔迪南·德·索绪尔：《普通语言学教程》，高名凯译，商务印书馆 1980 年版。

7. [法] 热拉尔·热奈特：《叙事话语、新叙事话语》，王文融译，中国社会科学出版社 1990 年版。

8. [美] 简·布洛克：《现代艺术哲学》，滕守尧译，四川人民出版社 1998 年版。

9. [法] 让·鲍德里亚：《消费社会》，刘成富、全志钢译，南京大学出版社 2000 年版。

10. [日] 笠原仲二：《古代中国人的美意识》，杨若薇译，生活·读书·新知三联书店 1988 年版。

11. [美] 本尼迪克特原著，孟凡礼导读：《〈菊与刀〉导读》，天津人民出版社 2009 年版。

12. [德] 顾彬：《中国传统戏剧》，华东师范大学出版社 2012 年版。

13. [英] 马丁·艾思林：《戏剧剖析》，罗婉华译，中国戏剧出版社 1981 年版。

14. [日] 河竹登志夫：《戏剧概论》，陈秋峰、杨国华译，中国戏剧出版社 1983 年版。

15. （明）计成著，陈植注释：《园冶注释》，中国建筑工业出版社 1988 年版。

16. （明）文震亨著，陈植校注：《长物志校注》，江苏科学技术出版社 1984 年版。

17. （清）李斗：《扬州画舫录》，中华书局 1960 年版。

18. （清）刘熙载：《艺概》，上海古籍出版社 1978 年版。

19. （宋）渔阳公：《渔阳公石谱》，见贾祥云主编：《中国赏石文化发展史》上，上海科学技术出版社 2010 年版。

20. 朱光潜：《诗论》，生活·读书·新知三联书店 1998 年版。

21. 朱光潜：《西方美学史》，商务印书馆 2011 年版。

22. 宗白华：《宗白华全集》，安徽教育出版社 2008 年版。

23. 李泽厚：《中国古代思想史论》，生活·读书·新知三联书店 2008 年版。

24. 徐复观：《中国艺术精神》，商务印书馆 2010 年版。

25. 蒋孔阳：《德国古典美学》，人民文学出版社 1980 年版。

26. 陈从周主编：《中国园林鉴赏辞典》，华东师范大学出版社 2001 年版。

27. 张法：《中西美学与文化精神》，北京大学出版社 1994 年版。

28. 朱良志：《中国艺术的生命精神》，安徽教育出版社 1995 年版。

29. 朱志荣：《中国艺术哲学》，东北师范大学出版社 1997 年版。

30. 凌继尧主编：《艺术设计十五讲》，北京大学出版社 2006 年版。

31. 凌继尧、徐恒醇：《艺术设计学》，上海人民出版社 2006 年版。

32. 刘成纪：《形而下的不朽——汉代身体美学考论》，人民出版社 2007 年版。

33. 邓启耀：《视觉人类学导论》，中山大学出版社 2013 年版。

34. 廖奔：《中国古代剧场史》，中州古籍出版社 1997 年版。

35. 蒋瑞藻：《小说考证》，商务印书馆 1935 年版。

36. 郑振铎：《插图本中国文学史》，上海人民出版社 2005 年版。

37. 中国戏曲研究院编：《中国古典戏曲论著集成》，中国戏剧出版社 1959 年版。

38. 陈多、叶长海选注：《中国历代剧论选注》，湖南文艺出版社 1987 年版。

39. 郭绍虞选编：《中国历代文论选》，上海古籍出版社 2001 年版。

40. 北京大学哲学系选编：《中国美学史资料选编》，中华书局 1981 年版。

41. 北京大学哲学系美学教研室选编：《西方美学家论美和美感》，商务印书馆 1980 年版。

42. 蔡仲德注译：《中国音乐美学史资料注译》（增订版），人民音乐出版社 2004 年版。

43. 阿英编：《晚清文学丛钞 小说戏曲研究卷》，中华书局 1960 年版

44. 朱一玄编：《金瓶梅资料汇编》，南开大学出版社 2012 年版

45. 俞剑华选编：《中国古代画论类编》，人民美术出版社 2004 年版。

四、历史、方志、风俗类文献

1.（南朝）范晔著，李贤等编：《后汉书》，中华书局 2005 年版。

2.（元）脱脱等：《宋史》（第三一一三六册），中华书局 1977 年版。

3.（清）张廷玉等：《明史》，中华书局 1974 年版。

4.（明）陈子龙等：《明经世文编》，中华书局 1962 年版。

5.（清）贺长龄、魏源：《清经世文编》（全三册），中华书局 1992 年版。

6.（明）宋应星：《野议 论气 谈天 思怜诗》，上海人民出版社 1976 年版。

7.（明）王铸：《寓圃杂记》，中华书局 1984 年版。

8.（明）张岱：《陶庵梦忆·西湖梦寻》，作家出版社 1995 年版。

9.（明）沈德符：《万历野获编》，中华书局 1959 年版。

10.（清）欧阳兆熊、金安清：《水窗春呓》，中华书局 1984 年版。

11.（清）钱泳：《履园丛话》，中国书局 1979 年版。

12.（唐）段成式：《酉阳杂俎》，浙江古籍出版社 1987 年版。

13.（明）管志道：《从先维俗议》，海南出版社 2001 年版。

14.（明）张萱：《西园闻见录》，华文书局股份有限公司，民国二十九年北平哈佛燕京学社排印本。

15.（清）阿克当阿修，姚文田等纂：《嘉庆重修扬州府志》，广陵书社 2006 年版。

16. 史松：《清史编年》（雍正朝第四卷），中国人民大学出版社 1991 年版。

17. 周学浚等：《湖州府志》（一、二、三、四、五），（台湾）成文出版社有限公司 1970 年版。

18.《中国地方志集成》（江苏府县志辑 19），江苏古籍出版社 2008 年版。

19. 曹一麟：《嘉靖吴江县志》（1—3），台湾学生书局 1987 年版。

20. 戴鞍钢、黄苇主编：《中国地方志经济资料汇编》，汉语大词典出版社 1999 年版。

21. 陈梦雷原著，杨家骆主编：《鼎文版古今图书集成·中国学术类编·职方典 515》，（台湾）鼎文书局 1977 年版。

22. 江苏省博物馆：《江苏省明清以来碑刻资料选集》，生活·读书·新知三联书店 1959 年版。

23. 傅谨主编：《京剧历史文献汇编·清代卷叁·清宫文献》，凤凰出版社 2011 年版。

24. 赵恒烈、徐锡祺主编：《中国历史资料选》（古代部分），河北人民出版社 1986 年版。

25. 韩大成：《明代城市研究》，中国人民大学出版社 1991 年版。

后　记

　　本书是在 2011 年度教育部人文社会科学研究一般项目"李渔生活美学思想研究"（11YJA760024）的成果基础上修改而形成的。从最初申报项目到最终完成项目、书稿付梓出版，值得记述的事项如下。

　　2010 年 5 月，东南大学教授凌继尧先生来河北大学主持研究生答辩，凌先生向我介绍了教育部项目的申报、评审和立项的程序、规则，热情鼓励我申报教育部的项目。当时，正在参与由我的博士导师、中国人民大学教授张法先生和北京大学教授朱良志先生为首席专家的教育部哲学社会科学研究重大攻关项目"中国美学史"（09JZDMG026），本人负责"清代美学"部分。在清代美学研究中对李渔生活美学有所感悟和了解，便以之为题申报并获准立项。

　　2013 年项目通过了教育部的中期检查。中期检查的相关论文也收录到本书之中，它们是本书的有机组成部分，除个别字句有改动之外，基本保持原貌。

　　2016 年项目完成后，由东南大学凌继尧教授、中国人民大学张法教授、华东师范大学朱志荣教授、北京师范大学刘成纪教授、河北大学刘桂荣教授五位专家组成的鉴定小组，对项目最终成果进行鉴定，给予好评意见。

　　书稿能够得以出版，与人民出版社编审方国根先生的热诚支持是分不开的。数十年来，方国根先生率真质朴、兢兢业业，为学术事业甘做"嫁衣"、成人之美，令人尊敬。同时，感谢责任编辑郭彦辰女士为本书付出的心血。

　　近年来，在李渔生活美学研究方面出现了多部（篇）高质量的研究成果，在汉语学术圈中，也出现了多部（篇）高质量的明清生活美学研究成果，这些成果对本书的研究提供了很好的启示。本书的出版，可以看作是对目前学术界相关问题讨论的一种参与。记得 2004 年 5 月，在主持本人的博士论文答辩时，北京大学朱良志教授说，从贺志朴的博士论文中能够读到一种平和的心态，这是学术研究的必备素质。在这本书的撰写中，朱良志先生的教诲和鼓励言犹在耳，本人力求在正确解读文本的基础上讨论问题、得出结论，对李渔的生活美学思想有述有评，述则追求准确把握原意，评则力图结合当代生活并有所心得。

　　学术研究令人敬畏，本书可能存在不少的误读、错讹。如果能够得到读者的批评，将是本人的很大荣幸。因为，读者的批评会给本人带来更多启示，它是一种理性的幸福。

贺志朴

2018 年 11 月 20 日

责任编辑:方国根　郭彦辰

图书在版编目(CIP)数据

李渔的生活美学思想/贺志朴 著. —北京:人民出版社,2019.8
ISBN 978－7－01－020477－2

Ⅰ.①李…　Ⅱ.①贺…　Ⅲ.①李渔(1611-约1679)-生活-美学
　Ⅳ.①B834.3

中国版本图书馆 CIP 数据核字(2019)第 039096 号

李渔的生活美学思想
LIYU DE SHENGHUO MEIXUE SIXIANG

贺志朴　著

人民出版社 出版发行
(100706　北京市东城区隆福寺街 99 号)

天津文林印务有限公司印刷　新华书店经销

2019 年 8 月第 1 版　2019 年 8 月北京第 1 次印刷
开本:710 毫米×1000 毫米 1/16　印张:18.25
字数:262 千字

ISBN 978－7－01－020477－2　定价:56.00 元

邮购地址 100706　北京市东城区隆福寺街 99 号
人民东方图书销售中心　电话 (010)65250042　65289539